高等职业教育旅游与酒店管理类专业“十四五”规划系列教材

烘焙食品加工技术

主　编　钟志惠

副主编　汪海涛　朱海涛　徐向波

参　编　李燮昕　周　航　尹贺伟
黄益前　尤香玲

东南大学出版社
·南京·

图书在版编目(CIP)数据

烘焙食品加工技术/钟志惠主编. 一南京:东南大学出版社,2015.7(2024.8 重印)

高等职业教育旅游与酒店管理类专业“十四五”规划系列教材

ISBN 978-7-5641-5880-4

Ⅰ. ①烘… Ⅱ. ①钟… Ⅲ. ①烘焙一糕点加工一高等职业教育一教材 Ⅳ.① TS213.2

中国版本图书馆 CIP 数据核字(2015)第 144132 号

东南大学出版社出版发行
(南京四牌楼 2 号 邮编 210096)
新华书店经销 大丰科星印刷有限责任公司印刷
开本:787mm×1092mm 1/16 印张:18 字数:518千
2015年7月第1版 2024年8月第6次印刷
ISBN 978-7-5641-5880-4
定价:56.00元

出版说明

当前职业教育还处于探索过程中，教材建设“任重而道远”。为了编写出切实符合旅游管理专业发展和市场需要的高质量的教材，我们搭建了一个全国旅游管理类专业建设、课程改革和教材出版的平台，加强旅游管理类各高职院校的广泛合作与交流。在编写过程中，我们始终贯彻高职教育的改革要求，把握旅游管理类专业课程建设的特点，体现现代职业教育新理念，结合各校的精品课程建设，每本书都力求精雕细琢，全方位打造精品教材，力争把该套教材建设成为国家级规划教材。

质量和特色是一本教材的生命。与同类书相比，本套教材力求体现以下特色和优势：

1. 先进性：(1)形式上，尽可能以“立体化教材”模式出版，突破传统的编写方式，针对各学科和课程特点，综合运用“案例导入”、“模块化”和“MBA任务驱动法”的编写模式，设置各具特色的栏目；(2)内容上，重组、整合原来教材内容，以突出学生的技术应用能力训练与职业素质培养，形成新的教材结构体系。

2. 实用性：突出职业需求和技能为先的特点，加强学生的技术应用能力训练与职业素质培养，切实保证在实际教学过程中的可操作性。

3. 兼容性：既兼顾劳动部门和行业管理部门颁发的职业资格证书或职业技能资格证书的考试要求又高于其要求，努力使教材的内容与其有效衔接。

4. 科学性：所引用标准是最新国家标准或部颁标准，所引用的资料、数据准确、可靠，并力求最新；体现学科发展最新成果和旅游业最新发展状况；注重拓展学生思维和视野。

本套丛书聚集了全国最权威的专家队伍和由江苏、四川、山西、浙江、上海、海南、河北、新疆、云南、湖南等省市的近60所高职院校参加的最优秀的一线教师。借此机会，我们对参加编写的各位教师、各位审阅专家以及关心本套丛书的广大读者，致以衷心的感谢，希望在以后的工作和学习中为本套丛书提出宝贵的意见和建议。

高等职业教育旅游与酒店管理类专业
“十四五”规划系列教材

高等职业教育旅游与酒店管理类专业
“十四五”规划系列教材
编委会名单

前言

焙烤食品加工技术专业是近几年才获批准的高职高专餐饮管理与服务类专业目录外专业，为适应新的专业教学改革，更好地贯彻高等职业教育餐饮服务类专业的教学改革思想，满足经济社会发展对技术技能人才的需求，满足不同学校在人才培养与课程教学中的需求以及与行业的有机联系，在这样的背景和前提下我们编写了本教材。

本教材的编写本着以能力培养为本位，立足实用，紧扣高职高专焙烤食品加工技术专业人才培养目标，体现焙烤食品行业发展要求，对接焙烤职业标准和岗位能力要求，理论适度，重视应用。在内容编排上以循序渐进掌握烘焙加工知识与技术的学习规律，分成基础知识篇和加工技术篇两部分共九个项目。基础知识篇包括烘焙食品认知、烘焙食品常用原料认知、烘焙食品常用设备器具认知、烘焙食品配方表示方式及用料量计算和配方平衡五个项目。加工技术篇包括面包加工技术、蛋糕加工及装饰技术、西式点心加工技术和中式糕点加工技术四个项目，每个项目下面列出了若干工作任务，学生通过这些工作任务的完成，可切实掌握面包、蛋糕、西式点心和中式糕点加工工艺原理、技术要求和典型品种的制作。

本教材由四川旅游学院钟志惠教授任主编，辽宁现代服务职业技术学院汪海涛、北京市商业学校朱海涛、四川旅游学院徐向波担任副主编，四川旅游学院李燮昕、周航、黄益前、尤香玲及郑州市商业技师学院尹贺伟参编。编写分工如下：钟志惠编写项目一至项目五以及项目六的工作任务七、八、九；汪海涛编写项目七的工作任务一、二、三、四、七（单元一至五）；朱海涛编写项目六的工作任务一至六；徐向波编写项目八的工作任务一、二；李燮昕编写项目八的工作任务三、四、五；周航编写项目九的工作任务三至六；尹贺伟编写项目九的工作任务一、二；黄益前编写项目七的工作任务五、七（单元六）；尤香玲编写项目七的工作任务六。全书由徐向波前期统稿，钟志惠后期总纂修改定稿。

本教材在编写过程中参考和借鉴了许多学者的研究成果和教改成果，在此一并表示感谢。由于编写时间仓促，水平有限，书中疏漏在所难免，敬请广大读者不吝赐教，以便修订，使之日臻完善。

编者

基础知识篇

加工技术篇

基础知识篇

项目一 烘焙食品

学习目标

◎ 了解烘焙食品概念及发展概况

◎ 熟悉烘焙食品的分类

课前思考

1. 什么是烘焙食品?
2. 烘焙食品包括哪几大类产品?
3. 什么是面包? 面包如何分类?
4. 什么是糕点? 糕点如何分类?
5. 什么是饼干? 饼干有哪些种类?

一、烘焙食品的概念

烘焙(Bake,Bakery)亦称烘烤、焙烤。烘焙食品即焙烤食品,是指用面粉及各种粮食及其半成品与多种辅料相调配,经过发酵或直接经高温焙烤而成的色、香、味、形、质俱佳的固态方便食品。烘焙食品是食品工业中的一大门类,也是关系到国计民生,与人们日常生活密切相关的重要产业。

二、烘焙食品的分类

烘焙食品主要包括面包、糕点、饼干三大类产品。

(一) 面包的分类

面包(Bread)是一种发酵的烘焙食品,它以面粉、酵母、盐和水为基本原料,添加适量糖、油脂、乳品、鸡蛋、果料、添加剂等,经搅拌、发酵、成形、醒发、烘焙而制成的组织松软、富有弹性的方便食品。目前,国际上尚无统一的面包分类标准,分类方法较多,主要的分类方法有以下几种:

1. 按面包的柔软程度分类

按面包柔软程度可分为软式面包和硬式面包。

(1) 软式面包配方中使用较多的糖、油脂、鸡蛋、水等柔性原料,糖、油用量皆为4%以上,组织松软,结构细腻。

(2) 硬式面包配方中使用小麦粉、酵母、水、盐为基本原料,糖、油脂用量皆少于4%,表皮硬脆,有裂纹,内部组织柔软,咀嚼性强,麦香味浓郁。

2. 按面包内外质地分类

按面包内外质地可分为软质面包、硬质面包、脆皮面包和松质面包。

(1) 软质面包具有组织松软而富弹性,体积膨大,口感柔软等特点。

(2) 硬质面包其特点是组织紧密,有弹性,经久耐嚼。面包的含水量较低,保质期较长。

(3) 脆皮面包具有表皮脆而易折断、内心较松软的特征。原料配方较简单,主要有面粉、食盐、酵母和水。在烘烤过程中,需要向烤箱中喷蒸汽,使烤箱中保持一定湿度,有利于面包体积膨胀爆裂和表面呈现光泽,以达到皮脆质软的要求。

(4) 松质面包又称起酥面包,是以小麦粉、酵母、糖、油脂等为原料搅拌成面团,冷藏松弛后裹入奶油,经过反复压片、折叠,利用油脂的润滑性和隔离性使面团产生清晰的层次,然后制成各种形状,经醒发、烘烤而制成的口感特别酥松、层次分明、入口即化、奶香浓郁的特色面包。

3. 按面包用途分类

按面包用途可分为主食面包、餐包、点心面包、快餐面包。

(1) 主食面包亦称配餐面包,食用时往往佐以菜肴、抹酱。

(2) 餐包一般用于正式宴会和讲究的餐食中。

(3) 点心面包多指休息或早餐时当点心的面包,配方中加入了较多的糖、油、鸡蛋、奶粉等高级原辅料,亦称高档面包。

(4) 快餐面包是为适应工作和生活快节奏应运而生的一类快餐食品。

4. 按面包成型方法分类

按面包成型方法可分为普通面包和花式面包。

(1) 普通面包指以小麦粉为主体制作的成型比较简单的面包。

(2) 花色面包指成型比较复杂,形状多样化的面包。

5. 按面包用料特点分类

按面包用料特点可分为白面包、全麦面包、黑麦面包、杂粮面包、水果面包、奶油面包、调理面包、营养保健面包等。

6. 按地域分类

面包按地域分类具有代表性的有法式面包、意式面包、德式面包、俄式面包、英式面包、美式面包等。

(1) 法式面包以棍式面包为主,皮脆心软。

(2) 意式面包式样多,有橄榄形、棒形、半球形等。有些品种加入很多辅料,营养丰富。

(3) 德式面包以黑麦粉为主要原料,多采用一次发酵法,面包的酸度较大,维生素C的含量高于其他主食面包。

(4) 俄式面包以小麦粉面包为主,也有部分燕麦面包。形状有大圆形或梭子形等,表皮硬而脆(冷后发韧),酸度较高。

(5) 英式面包多数产品采用一次发酵法制成,发酵程度较小,典型的产品是夹肉、蛋、菜的三明治。

(6) 美式面包以长方形白面包为主,松软、弹性足。

7. 按国家标准规定分类

国家标准GB/T 20981—2007《面包》中按照产品的物理性质和食用口感将面包分为软式面包、硬式面包、起酥面包、调理面包和其他面包五类,其中调理面包又分为热加工和冷加工两类。

（二）糕点的分类

我国人们所称的"糕点"，至今虽无统一的定义，但是"糕"字最初是指"米类"制品，"点"字一般是指"点心"的意思。"糕点"，实际上是指各种含油量大，含糖、蛋、奶、果料等较多，水量较少的食品。在国家标准 GB/T 12140—2007《糕点术语》中将糕点定义为：以粮、油、糖、蛋等为主料，添加（或不添加）适量辅料，经调制、成型、熟制等工序制成的食品。

糕点种类繁多，按照商业习惯可分为中式糕点、西式糕点。

1. 中式糕点的分类

中式糕点即具有中国传统风味和特色的糕点。中式糕点品种繁多，各具特色，因地区差异很大，分类标准不一，常见分法如下：

（1）按成品特色分

根据成品形态或口感特色简单分为糕、饼、酥等。

（2）按帮式流派分

中国幅员辽阔，物产丰富，民族众多，风俗习惯不同，口味各异，再加上制作方法和原料、辅料不同，逐渐形成了各种帮式的地方风味。中式糕点主要的帮式流派有京式、苏式、粤式、闽式、潮式、川式、扬式、宁绍式、高桥式、湘式、滇式、清真糕点等等。

（3）按加热成熟方法分

按成熟方法可分为烤制品、炸制品和蒸制品三种。过去简称"炉货""油货""蒸货"。

（4）按皮坯性质分

根据制品的皮坯性质可分为层酥类、混酥类、糖皮类、糕（团）类、上浆类等。

（5）按国家标准规定分类

国家标准 GB/T 20977—2007《糕点通则》中将糕点按热加工和冷加工进行分类：

① 热加工糕点分为烘烤糕点类、油炸糕点类、水蒸糕点类、熟粉糕点类及其他。烘烤糕点分为酥类、松酥类、松脆类、酥层类、酥皮类、水油皮类、糖浆皮类、松酥皮类、硬酥皮类、发酵类、烘糕类、烤蛋糕类；油炸糕点分为酥皮类、水油皮类、松酥类、酥层类、水调类、发酵类、糯糍类；水蒸糕点分为蒸蛋糕类、印模糕类、韧糕类、发糕类、松糕类；熟粉糕点分为热调软糕类、印模糕类、切片糕类；其他类包括除烘烤糕点、油炸糕点、水蒸糕点、熟粉糕点外的熟加工糕点。

② 冷加工糕点分为冷调韧糕类、冷调松糕类、蛋糕类、油炸上糖浆类、萨其马类及其他。

2. 西式糕点

西式糕点泛指从外国传入我国的糕点的统称，具有西方民族风格和特色。主要包括蛋糕类、起酥类、油酥类、小西饼类、泡芙类、冷冻甜点类、布丁类等。

（1）蛋糕

蛋糕是以鸡蛋、糖、油脂、面粉为主料，配以水果、奶酪、巧克力、果仁等辅料，经一系列加工而制成的具有浓郁蛋香、质地松软或酥散的食品。蛋糕根据面糊性质一般分为三种类型，即海绵蛋糕、油脂蛋糕和戚风蛋糕，它们是各类蛋糕制作和品种变化的基础。

蛋糕品种繁多，变化多样，在烘焙市场中占有重要的一席之地，故本书特将蛋糕单独作为一个项目进行介绍。

（2）起酥类

起酥类点心又称帕夫点心，在国内称作清酥或麦酥点心，与塔、派点心一起被看作传统西式点心的两个主要类型。起酥类点心具有独特的酥层结构，通过用水调面团包裹油脂，经反复擀制折叠，形成了一层面与一层油交替排列的多层结构，制成品体轻、分层、酥松而爽口。

(3) 油酥类

油酥类点心是以面粉、奶油、糖等为主要原料(有的需添加适量疏松剂)，调制成面团，经擀制、成型、成熟、装饰等工艺而制成的一类酥松而无层次的点心。油酥点心的主要类型是派、塔等。

(4) 小西饼类

小西饼亦称干点，通常体积、重量都较小，食用时以一口一个为宜，口感香酥、松脆。主要类型有蛋白类、甜酥类、面糊类等。

(5) 泡芙类

泡芙是指用奶油、水或牛奶煮沸后，烫制面粉，再搅入鸡蛋制成面糊，通过挤注成型、烘焙或油炸而成的空心酥脆食品，内部夹入馅心后方作食用。

(6) 冷冻甜点类

冷冻甜点是通过冷冻成型的甜点总称。它的种类繁多，口味独特，造型各异，主要的类型有果冻、慕斯、冰淇淋等。

(7) 布丁类

布丁是以淀粉、油脂、糖、牛奶和鸡蛋为主要原料，搅拌呈糊状，经过水煮、蒸或烤等不同方法制成的甜点。

(三) 饼干的分类

饼干是以小麦粉、糖、油脂、乳品、蛋品等为主要原料经调制、成型、烘烤(或煎烤)等工艺制成的口感酥松或松脆的食品。

饼干的花色品种很多，根据国家标准 GB/T 20980—2007《饼干》，按加工工艺分为 13 种，主要有：酥性饼干、韧性饼干、发酵饼干、压缩饼干、曲奇饼干、夹心(或注心)饼干、威化饼干、蛋圆饼干、蛋卷、煎饼、装饰饼干、水泡饼干及其他饼干。

三、烘焙食品发展概况

(一) 烘焙食品的发展历史

烘焙食品具有非常悠久的发展历史，它是随着社会生产力的进步和劳动人民的生活需求的变化而发展的。目前，每个国家都以多种方式生产各种各样的烘焙食品。我国和古埃及是最早生产烘焙食品的国家。

据记载，奠定现代烘焙食品工业的先驱者是古埃及人。古埃及人最早发现并采用了发酵的方法来制作面包。面包的雏形是在公元前 6000 年，古埃及人将面粉加水和马铃薯、盐混合搅拌在一起并放在温度较高的地方，利用空气中的野生酵母来发酵，待面团胀发到一定的程度后，再掺上面粉并揉和成团，放入泥土制作的土窖中进行烘烤，这可能就是最早的“老面法”制面包的开始。

公元前 1300 年，埃及人将发酵技术传到了地中海沿岸的巴基斯坦。到了耶稣时代，巴勒斯坦所有城市都有出售面包的作坊。公元前 1200 年，面包技术传到希腊，希腊人成了制作面包的能手。希腊人不仅对面包烤炉进行改良，在面包制作技术方面也做了大量改进，在面包中添加牛奶、奶油、奶酪和蜂蜜，大大改善了面包品质。

后来罗马人征服了希腊、埃及和希伯来，面包的制法又传到了罗马。罗马人进一步改进了面包制作方法，发明了平板式烤炉。用这种烤炉烤出来的面包特别香，到了今天欧洲和美国仍有这种烤炉存在，专门烤焙硬式面包。面包制作技术从罗马传播到德国、匈牙利、英国和欧洲各地，渐渐面包普遍成了主食，并统一了基本形式和做法。

罗马发明平板式烤炉后，面包的技法维持了数千年之久。直至十八世纪末欧洲工业革命，使大批家庭主妇离开家庭纷纷走进工厂，从此面包工业兴起，大规模的面包工厂纷纷设立。

为了增加生产速度，人们在1870年发明了面包搅拌机，1880年发明了面包整形机，1890年出现了面团自动分割机，1888年发明了可移动式钢壳自动式烤炉，使面包的制作完全迈进了机器操作时代。

直到第二次世界大战前，虽然面包制作已由手工发展到机器操作，但制作方法仍采用传统方法进行。第二次世界大战后，世界各国复员工作积极进行，百业待兴，欧美国家发生了严重人工短缺，传统的机器生产已不能达到大规模生产的要求。因此，1950年出现了面包制作新工艺，称为一贯作业法，或面包连续制作法。面包的发酵法改为液体发酵，从材料搅拌开始，分割、整形、装盘、醒发全部由机器自动操作，面包烘焙、出炉冷却、切片、包装全部是机器操作，人工使用量减到最低限度。这种大规模的一贯作业法维持到1970年，其最大缺点一是改良剂的味道影响面包本身的风味，二是由于发酵不足使面包缺乏发酵香味。渐渐人们又想起了传统制作法面包的芳香，新式的一贯作业法加入了传统作业法内容。

1970年后，为使消费者能吃到更新鲜的面包，出现了冷冻面团新工艺。即由大面包厂将面团发酵整形后快速冷冻，将此冷冻面团销到各面包零售店冰箱贮存，各零售店只需备有醒发箱、烤炉即可。视店内营销情况随时将冷冻面团从冰箱内取出放在醒发箱化冰松弛，然后进炉烘烤，这样顾客在任何时候都能买到刚出炉的新鲜面包。

面包技术传入各国后，随着各国人民的饮食习惯逐渐形成了具有本国特色的面包类型，如丹麦面包、德国面包、法式面包、美国甜面包等。

面包制作技术传入我国，一是约在明朝的万历年间由意大利的传教士利玛窦和在明末清初由德国传教士汤若望带入我国的，首先进入我国的沿海地区，如广州、上海后，逐渐传入内地的；二是俄罗斯帝国修建中东铁路（也称东清铁路）时，由俄国人将面包技术带入我国东北地区，至今东北等地还广泛流行并食用俄式风味的面包。

改革开放前，我国面包生产还不够普及，主要集中在大中型城市生产，农村、乡镇几乎没有面包生产，制作工艺和生产设备比较简单、落后，面包花色品种较少。改革开放后，随着我国经济水平的提高，人们对面包的需求量大增，面包行业发生了突飞猛进的变化，面包房如雨后春笋般地出现在全国各个城市，大大提高了面包的普及率。

中国糕点也和中国的古老文化一样具有悠久的历史，且制作技艺精湛，花色品种繁多，有着浓厚地方特色和民族风味。

据考古发掘的资料显示，在没有文字记载的新石器时代，距今约有4 000～7 000年，中国黄河流域、江南各地已经有了原始农业和畜牧业，所种植的粮食作物有黍、稷、稻、大豆和麦；所驯养的动物有猪、牛、羊、鸡；所栽种的果蔬有甜瓜、葫芦、芥菜、藕等。这时已有的农业和畜牧业为糕点的出现提供了原料。原始的粮食加工用具杵臼和石磨盘之类的设备出现使谷物可以脱壳，甚至破粒取粉，为糕点制作奠定了基础。熟化用具（炊具）起源很早，在陶器时代人们就已经发明了陶制的蒸、煮、烤烙设备了。由此可见，在新石器时代我国已经具备了制作糕点所需的原料和用具。

商、周、战国时期，农业和畜牧业有了很大发展；谷物加工技术得到了进一步提高，出现了双扇石磨、青铜炊具。由于物质条件的具备，春秋战国时期出现了不少糕点品种。《诗经·大雅·公刘》中提到的“糇粮”，是一种用谷物炒成的便于携带且可以存放较长时间的“干粮”，通常在行军或旅行时吃。“糇粮”应当就是“糕点”的早期雏形。先秦典籍《周礼·天官》中有“羞笾之实，糗饵粉粢”的记载。《尚书·周书·费誓》中孔颖达疏引郑玄注曰：“糗，捣熬谷也。谓熬米麦使熟，又捣之以为粉也。”这种糗，实际上如同后世的炒米粉或炒面。饵即一种蒸制的糕饼。根据《周礼·天官》郑玄注解：“粉稻米、黍米所为也，合蒸为饵”。粉粢，是指米或米粉为原料制作的食品。郑玄注：“周礼，馈食有粉粢，米粉也。”根据以上史料，说明中国糕点起源于商周时代，最初所用原料是稻米或黍米，糕点的熟化已经采用蒸和烙烤技术。

春秋战国时期，宋玉在《楚辞·招魂》中说：“粔籹蜜饵，有餦餭些。”朱熹的《楚辞集注》中有：“粔籹，环饼也。吴谓之膏环，亦谓之寒具，以蜜和米面煎熬作之。”这是我国迄今为止已知的发明甜味糕点的最早记载，“粔籹”即类似后代馓子的油炸食品。

酏食是中国最早的发酵饼。《周礼·天官·醢人》中郑司农注：“酏食，以酒酏为饼。”贾公彦进一步解释说：“以酒酏为饼，若今起胶饼”。“胶”又写作“教”，通“酵”之意。酒酏是一种发面引子，可使面发酵。说明我国很早就开始运用发面技术。

到了汉代糕点生产得到迅速发展，有了糕、饼的名称。西汉史游编撰的儿童识字课本《急就篇》中有“饼饵麦饭甘豆羹”之句，说明饼饵类食品已在民间流传。扬雄在《方言》中说“饵谓之糕”，许慎在《说文解字》中有：“糕，饵属”“饵，粉饼也”的话。汉末刘熙《释名·释饮食》中载道：“饼，并也。溲面使合并也。胡饼……蒸饼、汤饼……”炉烤的芝麻饼叫“胡饼”，上笼蒸制类似馒头的称“蒸饼”，水煮的面片称“汤饼”，是面条的前身。饼在当时成了面制品的通称，自汉代至明清都沿用这些名称。东汉崔寔在《四民月令》中记载的农家面食有蒸饼、煮饼、水溲饼、酒溲饼等。水溲饼为一种水调面粉制成的呆面饼，食后不易消化。酒溲饼“入水即烂”，为一种用酒酵和面制成的发面饼，说明汉代人们已经掌握面团发酵技术。汉代最知名的糕点要算“胡饼”，如《后汉书》中记载：“灵帝好胡饼，京师皆食胡饼”。

魏晋南北朝时期出现了有关面点的著作。晋人束皙的《饼赋》是目前已知最早的保存最完整的面点文献。赋中描绘了饼的起源、品名、食法以及厨师的制作过程。北魏农学家贾思勰的《齐民要术》中有两篇专门讲述饼的制作，记有白饼、烧饼、髓饼、膏环、细环饼、水引、馎饦、粉饼、豚皮饼、糉（粽）、米壹等近20个品种的成型、调味、成熟方法。魏晋南北朝时期面点的又一重要特点是文化色彩趋于浓厚，与民俗结合紧密。如元旦与五辛盘，立春与春饼，端午与粽子，伏日与汤饼等等。

唐宋时期，磨面业的产生为糕点的发展提供了充足的原料，商业的发展促进饮食业的繁荣，据有关文献记载，当时长安就有专门的糕饼铺，并有专门的饼师。糕饼店的出现，进一步推动了糕点的发展。已有的各类糕点也派生出若干新品种，制作技术进一步提高。如饼出现了许多著名品种：胡麻饼、古楼子、五福饼、石鏊饼、同阿饼、红绫饼餤、莲花饼餤等。糕在这一时期发展很快，品种很多，如北宋孟元老的《东京梦华录》记载的糕就有：“糍糕、麦糕、蒸糕、黄糕、花花油饼、油蜜蒸饼、乳饼、胡饼、油饼、炊饼、脂麻团子……”南宋吴自牧所撰的《孟梁录》中记载的市食糕点有：“丰糕、乳糕、栗糕、枣糕、重阳糕、镜面糕、牡丹糕、荷叶糕、月饼、芙蓉饼、菊花饼、梅花饼、酥皮烧饼、油酥饼、薄脆、糍团……”著名诗人苏东坡曾在诗中赞扬月饼：“小饼如嚼月，中有酥和饴。”说明当时的月饼等糕点已使用油酥和饴糖为原料，使糕点香甜、酥松适口。周密所著《武林旧事》中就有月饼在临安市肆出售的记载。

元代时期，少数民族糕点发展较快。蒙古族、回族、女真族、维吾尔族等民族的糕点有较多发展，出现不少名品，如秃秃麻食、八耳塔、黑子儿烧饼、牛奶子烧饼、春盘面、红丝、高丽栗糕等。少数民族糕点在制作上善用牛羊奶及酥油和面，喜用羊肉做馅，喜用胭脂调色，具有浓郁的少数民族风味。

到了明清时期，糕点加工作坊遍布全国各地，品种更加丰富，制作技术达到相当高的水平。糕点的主要类别已经形成，每一类面点中都派生出许多具体品种，各地出现许多名品，如北京的豌豆黄、驴打滚、萨其马、酥饼等；苏州的糕团。经过漫长的历史发展，中国糕点的主要风味流派帮式大体形成，如北京京式、江苏苏式和扬式、广东粤式和潮式、浙江宁式、湖南湘式、云南滇式以及回族清真糕点。

近代，随着中外饮食的交流，西方的面包、蛋糕、西饼、布丁等品种传入中国，更加促进了中国糕点的发展。

饼干起源于19世纪30年代的英国，而我国饼干生产起步较晚，生产技术比较落后。改革开放以来，国际知名品牌的饼干制造企业通过合资途径纷纷在国内建厂，虽然这些三资企业进入中国市场时间不长，但是由于其具有起点高、规模大、产品质量好、经营方式灵活等优势，很快占领了市场。三资企业在国内的发展带动了我国饼干业的整体进步。近年来，饼干业的生产工艺、原辅材料、自动化机械设备、包装技术明显地提高，使饼干业快速发展。

（二）烘焙食品的发展动态与趋势

随着经济的发展，人们生活水平的不断提高，人们对生活质量有了更高的要求。如今，饮食结构的变化，使得人们对烘焙食品的需求量越来越大，品质要求也越来越高，这大大促进了食品行业的发展。因此烘焙食品逐渐成为食品工业中的一个重要组成部分，在国民经济中占有重要的地位。

但是，纵观国内外烘焙食品业发展，国内烘焙产业发展的布局还不平衡，中西部与东部发展水平存在较大差距，与国际先进的烘焙业相比我国烘焙业不论是在加工技术、成品质量，还是在生产规模、花色品种等方面仍有相当大的差距。

根据国内外烘焙食品工业的生产实践，以及21世纪的发展前景，我国烘焙食品行业今后的发展态势主要有以下三个方面。

1. 基础原辅材料的规格化和专用化

烘焙食品所需用的原辅材料分为基本材料和辅助材料两大类。基本材料主要有小麦粉、油脂、糖、乳制品、蛋制品等；辅助材料有各类食品添加剂等。

改革开放前，我国的原辅材料基本上是通用型的，很难满足不同烘焙食品的质量要求。如小麦粉种类单一，仅仅有特制一等粉、特制二等粉、标准粉和普通粉四种类型。这四种面粉很难满足面包、糕点、蛋糕和饼干的品质要求。改革开放以来，特别是“九五”期间，烘焙食品的基础原料工业发展迅速，面包粉、糕点粉、蛋糕粉等系列专用粉，面包、饼干、糕点、蛋糕专用的人造黄油和起酥油，月饼专用油等规格化的专用原辅料大量面世；乳化剂、面团改良剂、复合膨松剂、增稠剂、香精香料等各类食品添加剂，粉末糖浆、粉末油脂、果冻粉、塔塔粉等新材料广泛用于烘焙食品中。规格化、专用化的原辅材料的大量使用，从整体上提高了我国烘焙食品的质量和档次，正在缩小与发达国家的差距。因此，21 世纪我国烘焙食品的原辅材料应全部达到规格化和专用化，这是提升我国烘焙食品档次和质量的根本措施。

2. 生产工艺的改进和日趋成熟

20 世纪 80 年代前，我国的烘焙食品生产工艺较落后，大多数工序以手工操作为主，机械化程度较低，生产条件简陋，产品质量不稳定。改革开放促进了国内外烘焙食品行业的技术交流和技术进步。我国在传承传统独特生产工艺技术的基础上，不断总结、提高、完善和发扬光大，如面包的一次发酵法、二次发酵法；饼干的热粉面团操作法、冷粉面团操作法、辊印成型技术、冲印成型技术；面包生产的冷冻面团法、过夜面团法、低温发酵法、快速发酵法；糕点的叠层起酥技术；蛋糕面糊的一次搅拌法、快速发泡技术、分蛋搅拌法等。同时，焙烤工业生产设备、生产线的大量更新，使烘焙食品生产由手工、半机械化向全自动化的转变，为提高烘焙食品的生产技术与质量档次起到重要作用。

3. 行业管理体系不断加强，产品标准不断完善

烘焙食品工业的不断发展，促进了本行业的管理及科技水平的提高，各地科研部门成立了烘焙食品研究机构，许多大学、专科院校开设烘焙食品工艺学、烘焙食品加工技术等课程。有些院校专门开设烘焙食品教育研究中心，推广焙烤技术、培训技术人员，这些对促进我国烘焙食品工艺的发展十分有利。

中国烘焙食品糖制品工业协会于 1995 年 6 月成立，使全国轻工、商业、农业、供销系统的烘焙食品行业管理人员、教育人员、科技人员集合在一起，进一步促进了行业的交流、新技术的推广，振兴和加强了焙烤行业的发展。协会成立后组织专家修订了一系列行业技术标准，使烘焙食品的技术标准规范化。

项目二　烘焙食品常用原料

学习目标

◎ 了解小麦粉的化学成分及性质；了解果料、香辛料的种类及在烘焙食品中的运用；了解卡士挞粉、预拌粉在烘焙食品中运用

◎ 熟悉面粉、糖、油脂、蛋品、乳品、膨松剂的分类及特点；熟悉可可粉、巧克力、乳化剂、增稠剂、食用色素、赋香剂的分类及其在烘焙食品中的运用；熟悉食盐在烘焙食品中的作用

◎ 掌握面粉、糖、油脂、乳品和蛋品的烘焙加工性能

◎ 熟悉面粉的感官鉴别

◎ 能够根据烘焙产品要求选择适合的原辅材料

课前思考

1. 面粉的品质与小麦的种类、性质有关吗?
2. 什么是面筋? 面筋工艺性受哪些因素影响?
3. 为什么面粉可以形成有筋力的面团而其他谷物粉料不能?
4. 烘焙食品常用的糖有哪些? 糖的一般性质对烘焙食品有何影响?
5. 烘焙食品中常用的油脂有哪些? 油脂对烘焙食品有何影响?
6. 蛋有什么烘焙工艺性能?
7. 烘焙食品常用的乳品有哪些? 乳品有什么烘焙工艺性能?
8. 烘焙食品的膨松方式有哪些?
9. 膨松剂、乳化剂、增稠剂等食品添加剂在烘焙食品中有何作用?
10. 巧克力、可可粉、果料、香辛料等在烘焙食品中有何作用?

一、小麦粉

小麦粉即面粉，由小麦籽粒磨粉而成，是生产面包、糕点、饼干等烘焙食品的最主要原料。面粉的性质对烘焙食品制作工艺和品质有着决定性的影响。不同的烘焙食品对小麦粉的性能和质量有不同要求，而小麦粉的性能和质量取决于小麦的种类、品质和制粉方法。了解和掌握小麦的结构、种类、性质以及面粉的化学组成、加工性能，将有助于我们更好地学习、掌握烘焙食品加工技术，使得我们在生产实际中根据其变化调节工艺操作，生产出品质优良的食品，并能够帮助我们解决加工过程中以及开发研制过程中遇到的各种问题。

(一) 小麦的结构、种类与性质

小麦籽粒是由皮层、糊粉层、胚乳和胚芽等几部分构成。皮层包括种皮和果皮，约占麦粒总重的8%～12%，由纤维素和半纤维素组成，磨粉时被除去。糊粉层由纤维素、半纤维

素、非面筋蛋白质、少量脂肪和维生素组成，约占麦粒总重的7%～9%。糊粉层在磨粉时也应被除去，但其紧贴胚乳，韧性很强，不易与胚乳分离，磨粉时不易完全除去。一般制粉精度越低的面粉，糊粉层含量越高，反之越低。糊粉层与皮层一起构成小麦的麸皮，制粉时皮层较容易与其他部分分离，因而残留在面粉中的麸皮主要是糊粉层部分。在评价面粉工艺性能时，麸皮含量越少越好，因为麸皮会影响面团的结合力、持气力以及制品色泽。

包裹在糊粉层内部的就是胚乳。小麦胚乳是构成面粉的主体，约占麦粒总重的80%，由淀粉和蛋白质组成。整个麦粒所含的淀粉和面筋蛋白质都集中在胚乳中，面粉的质量、性质也都由这部分物质所决定。

胚芽位于麦粒的下端，占麦粒总重的1.4%～2.2%，含有大量的脂肪和酶类，此外还有蛋白质、糖类、维生素等。脂肪和酶易使面粉在贮藏中酸败变质。胚芽在磨粉时与麸皮一起被除去。

小麦按播种季节可分为冬小麦和春小麦。一般来说春小麦较冬小麦产量低，但作为面包用小麦，性质优良的品种较多。

小麦按皮色可分为红麦和白麦，还有介于其间的所谓黄麦、棕麦。白麦大多为软麦，粉色较白，出粉率较高，但多数情况下筋力较红麦差一些。红麦大多为硬麦，粉色较深，麦粒结构紧密，出粉率较低，但筋力较强。

小麦按胚乳质地可分为角质小麦和粉质小麦。一般识别方法是将小麦以横断面切开，其断面呈粉状就称作粉质小麦，呈半透明状就称作角质小麦或玻璃质小麦，介于两者之间的称作中间质小麦。角质小麦又称硬质小麦或硬麦，其胚乳中的蛋白质含量较高，蛋白质充塞于淀粉分子之间，淀粉之间的空隙小，蛋白质与淀粉紧密结成一体，因而粒质呈半透明玻璃质状态，硬度大。通常小麦蛋白质含量越高，粒质越紧密，麦粒硬度越高。硬质小麦磨制的面粉一般呈砂粒性，大部分是完整的胚乳细胞，面筋质量好，面粉呈乳黄色，适宜制作面包、馒头、饺子等食品，不易制作蛋糕、饼干。粉质小麦又称软质小麦或软麦，其胚乳中蛋白质含量较低，淀粉粒之间的空隙较大，粒质呈粉质状态，硬度低，粒质软。软质小麦磨制的面粉颗粒细小，破损淀粉少，蛋白质含量低，适宜制作蛋糕、酥点、饼干等。

(二) 小麦和面粉的化学成分及性质

小麦和面粉的化学成分主要指碳水化合物、蛋白质、脂肪、矿物质、水分和少量的维生素、酶等。小麦籽粒的化学成分由于品种、产区、气候和栽培条件的不同而变化范围很大，尤其是蛋白质含量相差最大。面粉的化学成分则不仅随小麦品种和栽培条件而异，而且还受制粉方法和面粉等级的影响。

1. 碳水化合物

碳水化合物是小麦和面粉含量最高的化学成分，分别占麦粒总重的70%、面粉总重的73%～75%，主要包括淀粉、可溶性糖、戊聚糖、纤维素。

(1) 淀粉。淀粉是小麦和面粉中最主要的碳水化合物，分别占麦粒总重的57%、面粉总重的67%左右。小麦在磨粉中会产生部分破损淀粉。破损的淀粉在酶或酸的作用下，可水解为糊精、高糖、麦芽糖、葡萄糖。淀粉的这种性质在面包的发酵、烘焙和营养等方面具有重要意义。淀粉是面团发酵期间酵母所需能量的主要来源。淀粉粒外层有一层细胞膜，能保护内部免遭外界物质(如酶、水、酸)的侵入。如果淀粉粒的细胞膜完整，酶便无法渗入细胞膜内与淀粉作用。但在小麦磨粉时，由于机械碾压作用，有少量淀粉粒外层细胞膜受损而使淀粉粒裸露出来。通常，小麦粉质越硬，磨粉时破损淀粉含量越高，意味着淀粉酶活性越高。面团发酵需要一定数量的破损淀粉，使面团能够产生充足的二氧化碳，形成膨松多孔的结构。在烘焙、蒸煮成熟过程中，淀粉的糊化可以促进制品形成稳定的组织结构。淀粉损伤的允许程度与面粉蛋白质含量有关，最佳淀粉损伤程度在4.5%～8%。

(2) 可溶性糖。小麦和面粉中含有少量的可溶性糖。糖在小麦籽粒各部分分布不均匀，胚芽含糖2.96%，皮层和糊粉层含糖2.58%，而胚乳中含糖仅0.88%。因此出粉率越高，面粉含糖量越高。面粉中的可溶性糖主要有葡萄糖、果糖、蔗糖、麦芽糖、蜜二糖等。它们的含量虽少，但作为发酵面团中酵母的碳源，有利于酵母的迅速繁殖和发酵，并且有利于制品色、香、味的形成。

(3) 戊聚糖。戊聚糖是一种非淀粉粘胶状多糖，主要由木糖、阿拉伯糖、少量的半乳糖、已糖、已糖醛和一些蛋白质组成。小麦粉中含有2%～3%的戊聚糖，其中25%为水溶性戊聚糖，75%为水不溶性戊聚糖。戊聚糖对面粉品质、面团流变性以及面包的品质有显著的影响。小麦粉的出粉率越高，其戊聚糖的含量则越高。

小麦中的水溶性戊聚糖有利于增加面包的体积，并且可以改善面包内质结构以及表面色泽，延长产品保鲜期。水溶性戊聚糖对于提高面团的吸水率、提高面团流变性、保持面团气体、增加面包的柔软度、增大面包体积以及防止面包老化方面均有较好的作用。

(4) 纤维素。纤维素坚韧、难溶、难消化，是与淀粉很相似的一种碳水化合物。小麦中的纤维素主要集中在皮层和糊粉层中，麸皮纤维素含量高达10%～14%，而胚乳中纤维素含量很少。面粉中麸皮含量过多，不但影响制品口感和外观，而且不易被人体消化吸收。但食物中适量的纤维素有利于人体胃肠蠕动，能促进对其他营养物质的消化吸收。尤其现代，食物加工过于精细，纤维素含量不足，以全麦粉、含麸面粉制作的保健食品越来越受到人们欢迎。

2. 蛋白质

小麦中蛋白质的含量和品质不仅决定小麦的营养价值，而且小麦蛋白质是构成面筋的主要成分，因此它与面粉的烘焙性能有着极为密切的关系。小麦和面粉中蛋白质的含量随小麦品种、产地和面粉等级而异。一般来说，蛋白质含量越高的小麦质量越好。目前，不少国家把蛋白质含量作为划分面粉等级的重要指标。

小麦的蛋白质含量大部分在12%～14%之间，面粉中蛋白质含量约为8%～12.5%。小麦籽粒中各个部分蛋白质的分布是不均匀的。胚芽和糊粉层的蛋白质含量高于胚乳，但胚乳占小麦籽粒的比例最大，因此胚乳蛋白质含量占麦粒蛋白质含量的比例也最大，约为70%左右。因而出粉率高、精度低的面粉的蛋白质含量高于出粉率低、精度高的面粉。

面粉中的蛋白质主要有麦胶蛋白(醇溶蛋白)、麦谷蛋白、麦球蛋白、麦清蛋白和酸溶蛋白五种。麦球蛋白、麦清蛋白和酸溶蛋白在面粉中的含量很少，可溶于水和稀盐溶液，称为可溶性蛋白质，也称为非面筋性蛋白质。麦胶蛋白和麦谷蛋白不溶于水和稀盐溶液，称为不溶性蛋白质。麦胶蛋白可溶于60%～70%的酒精中，又称醇溶蛋白；麦谷蛋白可溶于稀酸或稀碱中。这两种蛋白质占面粉蛋白质总量的80%以上，与水结合形成面筋，因而麦胶蛋白和麦谷蛋白又称为面筋性蛋白质。面筋富有弹性和延伸性，使面团筋力良好，有持气能力。麦胶蛋白具有良好的延伸性，缺乏弹性；而麦谷蛋白富有弹性，缺乏延伸性。

小麦各个部分的蛋白质不仅在数量上不同，种类也不同。胚乳蛋白质主要由麦胶蛋白和麦谷蛋白组成，麦球蛋白、麦清蛋白、酸溶蛋白很少。皮层和胚芽蛋白质主要由麦球蛋白和麦清蛋白组成。糊粉层中包含麦胶蛋白、麦清蛋白、麦球蛋白，而不含麦谷蛋白。

3. 脂肪

小麦籽粒中的脂肪含量为2%～4%，面粉中脂肪含量为1%～2%。小麦胚芽中脂肪含量最高，胚乳中脂肪含量最少。小麦中的脂肪主要由不饱和脂肪酸构成，易因氧化和酶水解而酸败。因此，磨粉时要尽可能除去脂肪含量高的胚芽和麸皮部分。

4. 酶

小麦和面粉中重要的酶有淀粉酶、蛋白酶、脂肪酶、脂肪氧化酶等。

(1) 淀粉酶。淀粉酶主要有α-淀粉酶和β-淀粉酶，它们能按一定方式水解淀粉分子中一定种类的葡萄糖苷键。α-淀粉酶和β-淀粉酶对淀粉的水解作用产生的麦芽糖为酵母发酵提供主要能量来源。当α-淀粉酶和β-淀粉酶同时对淀粉起水解作用时，α-淀粉酶从淀粉分子内部进行水解，而β-淀粉酶则从非还原末端开始。α-淀粉酶作用时会产生更多新的末端，便于β-淀粉酶的作用。两种酶对淀粉的同时作用将会取得更好的水解效果。其最终产物主要是麦芽糖、少量葡萄糖和20%的极限糊精。

β-淀粉酶对热不稳定，它只能在面团发酵阶段起水解作用。而α-淀粉酶热稳定性较强，在70～75℃仍能进行水解作用，温度越高作用越快。因此α-淀粉酶不仅在面团发酵阶段起作用，而且在面包入炉烘焙后，仍在继续水解作用。这对提高面包的质量起很大作用。

(2) 蛋白酶。小麦和面粉中的蛋白酶可分为两种，一种是能直接作用于天然蛋白质的蛋白酶；另一种是能将蛋白质分解过程中产生的多肽类再分解的多肽酶。搅拌发酵过程中起主要作用的是蛋白酶，它的水解作用可以降低面筋强度，缩短和面时间，使面筋易于完全扩展。

(3) 脂肪酶。脂肪酶是一种对脂肪起水解作用的水解酶。在面粉贮藏期间水解脂肪成为游离脂肪酸，使面粉酸败，从而降低面粉的品质。小麦中的脂肪酶主要集中在糊粉层中。因此精制粉比标准粉的贮藏稳定性高。

(4) 脂肪氧化酶。脂肪氧化酶是催化某种不饱和脂肪酸的过氧化反应的一种氧化酶，通过氧化作用使胡萝卜素变成无色。因此脂肪氧化酶也是一种酶促漂白剂，它在小麦和面粉中含量很少，主要商业来源是全脂大豆粉。全脂大豆粉广泛用作面包添加剂，以增白面包心，改善面包的组织结构和风味。

5. 矿物质

小麦及面粉中的矿物质含量是用灰分来表示的。灰分是指小麦或面粉燃烧后剩下的物质。小麦籽粒的灰分(干基)含量为1.5%～2.2%。小麦各部分的灰分分布极不均匀，胚乳中的灰分含量最低，糊粉层中的灰分含量最高。磨粉过程中糊粉层长伴随麸皮同时存在于面粉中，故面粉中的灰分含量与制粉精度有很大关系，面粉中灰分含量的高低是评定面粉等级的重要指标。

(三) 面粉的种类

1. 按加工精度分

各国面粉的种类和等级标准一般都是根据本国人民的生活水平和食品工业发展的需要来制定的。我国现行的面粉等级标准主要是按加工精度来分的。国家标准GB 1355—

1986《小麦粉》中将面粉分为四等：特制一等粉、特制二等粉、标准粉、普通粉。分类的标准和各项指标不是针对某种专门的或特殊的食品来制定的，按此标准生产的面粉实际上是一种“通用粉”。

2. 按面筋含量分

小麦粉按面筋含量可分为高筋粉、中筋粉、低筋粉。

(1) 高筋粉。即高筋面粉、高筋小麦粉，由硬质小麦加工而成，蛋白质含量大于12.2%，湿面筋含量大于30%，适宜生产面包等高筋食品。其质量标准参见GB 8607—1988《高筋小麦粉》、GB/T 17892—1999《优质小麦　强筋小麦》。

(2) 低筋粉。即低筋面粉、低筋小麦粉，由软质小麦加工而成，蛋白质含量低于10%，湿面筋含量小于24%，适宜制作糕点、蛋糕等低面筋食品。其质量标准参见GB 8608—1988《低筋小麦粉》、GB/T 17893—1999《优质小麦　弱筋小麦》。

(3) 中筋粉。即中筋面粉、中筋小麦粉，是介于高筋粉、低筋粉之间的一种具有中等筋度的面粉，适宜制作发酵型糕点、广式月饼、饼干等食品。特制一等粉、特制二等粉就属于中筋粉类。

3. 按用途分

随着人们生活水平的提高和食品工业的发展，我国食品专用小麦粉生产的发展速度很快，目前已有十几个品种，主要有面包专用粉、糕点专用粉、蛋糕专用粉、饼干专用粉、面条专用粉、馒头专用粉、油炸食品专用粉以及自发小麦粉等。

(1) 面包用小麦粉。即面包粉，湿面筋含量大于30%，属于高筋粉类，是以小麦为原料制成的供制作主食面包和花色面包用的小麦粉。其质量标准参见SB/T 10136—1993《面包用小麦粉》。

(2) 糕点用小麦粉。即糕点粉，湿面筋含量小于24%，属于中筋粉类，是以软质小麦为原料制成的供制作酥类糕点用的小麦粉。其质量标准参见SB/T 10143—1993《糕点用小麦粉》。

(3) 蛋糕用小麦粉。即蛋糕粉，湿面筋含量小于24%，属于低筋粉类，是以软质小麦为原料制成的供制作蛋糕用的小麦粉。其质量标准参见SB/T 10142—1993《蛋糕用小麦粉》。

(4) 发酵饼干用小麦粉。湿面筋含量介于24%～30%之间，属于低筋粉类，是以软质小麦为原料制成的供制作发酵饼干用的小麦粉。其质量标准参见SB/T 10140—1993《发酵饼干用小麦粉》。

(5) 酥性饼干用小麦粉。湿面筋含量为22%～26%，面粉筋度介于中筋粉与低筋粉之间，是以软质小麦为原料制成的供制作酥性饼干用的小麦粉。其质量标准参见SB/T 10141—1993《酥性饼干用小麦粉》。

4. 其他种类面粉

(1) 全麦面粉。又称全麦粉，是将整个麦粒研磨而成。全麦含丰富的维生素B_1、B_2、B_6及烟碱酸，它的营养价值很高。但因为麸皮的含量多，全麦粉的筋性不足，用100%全麦面粉做出来的面包体积会较小，组织也会较粗，而且太多的全麦会加重消化系统的负担，因此在使用全麦粉时，可以加入部分高筋面粉调整比例来改善它的口感及组织。

(2) 自发小麦粉。即自发粉，是一种以小麦粉为原料，添加使用膨松剂，不需要发酵便可制作馒头以及蛋糕等膨松食品的小麦粉。其质量标准参见SB/T 10144—1993《自发小麦粉》。

(3) 营养强化面粉。营养强化面粉是以小麦粉为原料,按照 GB14880—2012《食品安全国家标准　食品营养强化剂使用标准》规定的营养强化剂品种和使用量,添加一种或多种营养素的小麦粉。

(四) 面粉的加工特性

1. 面筋和面筋工艺性能

将面粉加水经过机械搅拌或手工揉搓后形成的具有粘弹性的面团放入水中搓洗,淀粉、可溶性蛋白质、灰分等成分渐渐离开面团而悬浮于水中,最后剩下一块具有黏性、弹性和延伸性的软胶状物质就是所谓的粗面筋。粗面筋含水量达 65%～70%,故又称为湿面筋,是面粉中面筋性蛋白质吸水胀润的结果。湿面筋经烘干水分即是干面筋。面团因有面筋形成,才能通过发酵制成面包类产品。

一般情况下,湿面筋含量在 35%以上的面粉称为高筋面粉;湿面筋含量在 26%～35%的称为中筋面粉;湿面筋含量在 26%以下的是低筋面粉。

面筋蛋白质具有很强的吸水能力,虽然它们在面粉中的含量不多,但调粉时吸收的水量却很大,约占面团总吸水量的 60%～70%。面粉中面筋含量越高,面粉吸水量越大。在适宜条件下,1 份干面筋可吸收自重大约 2 倍的水。

影响面筋形成的因素有:面团温度、面团放置时间和面粉质量等。一般情况下,在 30℃～40℃之间,面筋的生成率最大,温度过低则面筋因胀润过程延缓而生成率降低。蛋白质吸水形成面筋需要经过一段时间,将调制好的面团静置一段时间有利于面筋的形成。

面粉的筋力好坏、强弱不仅与面筋的数量有关,也与面筋的质量或工艺性能有关。通常,评定面筋质量和工艺性能的指标有延伸性、可塑性、弹性、韧性和比延伸性。

延伸性:指面筋被拉长到某种程度而不断裂的性质。延伸性好的面筋,面粉的品质一般也较好。

弹性:指湿面筋被压缩或被拉伸后恢复原来状态的能力。面筋的弹性可分为强、中、弱三等。

韧性:指面筋在拉伸时所表现的抵抗力。一般来说,弹性强的面筋,其韧性也好。

可塑性:指湿面筋被压缩或拉伸后不能恢复原来状态的能力,即面筋保持被塑形状的能力。一般面筋的弹性、韧性越好,可塑性越差。

比延伸性:以面筋每分钟能自动延伸的厘米数来表示。面筋质量好的强力粉一般每分钟仅自动延伸几厘米,而弱力粉的面筋可自动延伸高达 100 多厘米。

不同的烘焙食品对面筋工艺性能的要求也不同。制作面包要求弹性和延伸性都好的面粉;制作蛋糕、饼干、糕点则要求弹性、延伸性都不好,但可塑性良好的面粉。如果面粉的工艺性能不符合所制食品的要求,则需添加面粉改良剂或用其他工艺措施来改善面粉的性能,使其符合所制食品的要求。

2. 面粉吸水率

面粉吸水率是检验面粉烘焙品质的重要指标。它是指调制单位重量的面粉成面团所需的最大加水量。面粉吸水率高,可以提高面包的出品率,而且面包中水分增加,面包心柔软,保鲜期相应延长。

面团的最适吸水率取决于所制作面团的种类和生产工艺条件。最适吸水率意味着形成的面团具有理想烘焙制品(如面包)所需要的操作性质、机械加工性能、醒发及烘焙性质以及最终产品特征(外观、食用品质)。

3. 面粉糖化力和产气能力

面粉糖化力是指面粉中淀粉转化成糖的能力。面粉糖化力对于面团的发酵和产气影响很大。因为酵母发酵时所需糖的来源主要是面粉糖化,并且发酵完毕剩余的糖与面包的色、香、味关系很大,对无糖的主食面包的质量影响较大。

面粉在面团发酵过程中产生二氧化碳气体的能力称为面粉的产气能力。面粉产气能力取决于面粉糖化力。一般来说,面粉糖化力越强,生成的糖越多,产气能力也越强,所制作的面包质量就越好。在使用同种酵母和相同的发酵条件下,面粉产气能力越强,制出的面包体积越大。

4. 面粉的熟化

面粉的熟化亦称成熟、后熟、陈化。刚磨制的面粉,特别是新小麦磨制的面粉,其面团黏性大,筋力弱,不宜操作,生产出来的面包体积小,弹性、疏松性差,组织粗糙、不均匀,皮色暗、无光泽,扁平,易塌陷收缩。但这种面粉经过一段时间贮存后,其烘焙性能得到大大改善,生产出的面包色泽洁白、有光泽、体积大、弹性好、内部组织均匀细腻。特别是操作时不粘,醒发、烘焙及面包出炉后,面团不跑气塌陷,面包不收缩变形。这种现象被称为面粉的"熟化""陈化"、"成熟"或"后熟"。

面粉"熟化"的机理是,新磨制面粉中的半胱氨酸和胱氨酸含有未被氧化的硫氢基(—SH),这种硫氢基是蛋白酶的激活剂。面团搅拌时,被激活的蛋白酶强烈分解面粉中的蛋白质,从而造成前述的烘焙结果。新磨制的面粉经过一段时间贮存后,硫氢基被氧化而失去活性,面粉中的蛋白质不被分解,面粉的烘焙性能也因而得到改善。

面粉熟化时间以3～4周为宜。新磨制的面粉在4～5天后开始"出汗",进入面粉的呼吸阶段,发生某种生化和氧化作用,而使面粉熟化,通常在3周后结束。在"出汗"期间,面粉很难被制作成高质量的面包。除氧气外,温度对面粉的"熟化"也有影响,高温会加速"熟化",低温会抑制"熟化",一般以25℃左右为宜。

除自然熟化外,还可用化学方法处理新磨制的面粉,使之熟化。最广泛使用的化学处理方法是在面粉中添加面团改良剂溴酸钾、维生素C等。用化学方法熟化的面粉,在5日内使用,可以制作出合格的面包。近年来医学研究证明溴酸钾属于致癌物质,国外已采用维生素C广泛取代溴酸钾,国内也出现了以酶制剂为主体的面粉品质处理剂。

(五)面粉的包装与贮藏

市售的面粉包装,一般每袋重量为25kg,家用面粉多为0.5kg、1kg、5kg装。一般糕点店大多整批大量采购贮存备用,以保证烘焙食品品质良好的统一性,同时可使面粉在贮存期间因本身的呼吸作用而熟化。

面粉贮藏保管时应注意以下事项:①放置在阴凉通风处;②防止面粉吸潮;③防止面粉吸收异味。

(六)面粉筋度的感官鉴别

在实际生产中,难免会出现因放置错误或贴错标签而无法正确区分面粉种类的情况。因此通过视觉和手感来辨别面包粉、蛋糕粉、糕点粉和通用面粉是很有必要的。

面包粉在指尖揉搓时会有粗糙感,如果在手中捏成小块,松手以后,粉块会立即散开,其颜色为乳白色。蛋糕粉、糕点粉的手感非常光滑细腻,捏成小块,松手后会保持原状,蛋糕粉颜色为纯白色，糕点粉颜色偏乳白。通用面粉的手感介于面包粉和糕点粉之间，捏成小块，松手后粉块似散非散，颜色与面包粉相近，为乳白色。

二、糖

除小麦粉外，糖是烘焙食品中用量最多的一种原料。糖对烘焙食品的色、香、味、形均起到重要作用。

（一）烘焙食品常用的糖

1. 蔗糖

蔗糖是由甘蔗、甜菜榨取而来，根据精制程度、形态和色泽大致可分为白砂糖、绵白糖、赤砂糖、红糖、冰糖、糖粉等。

(1) 白砂糖。白砂糖简称砂糖，纯度很高，蔗糖含量在99%以上。白砂糖为粒状晶体，根据晶粒大小可分为粗砂、中砂、细砂三种。细砂糖又称作食用糖，溶解较快，在烘焙食品中运用最多。而粗砂糖较为经济，常用于含水量较高的产品和各种需要烹煮的产品。

(2) 绵白糖。绵白糖晶粒细小、均匀，颜色洁白，在制糖过程中加入了2.3%左右的转化糖浆，故质地绵软、细腻。绵白糖纯度低于白砂糖，含糖量在98%左右，还原糖和水分含量高于白砂糖，甜味较白砂糖高。绵白糖因成本高，通常只用于高档产品。

(3) 糖粉。糖粉是粗砂糖经过粉碎机磨制成粉末状砂糖粉，并混入少量的淀粉，以防止结块。糖粉颜色洁白、体轻、吸水快、溶解快速，适用于含水量少、搅拌时间短的产品，如酥性饼干类、油酥类糕点、面包馅、各式面糊类产品等。糖粉还是西点装饰的常用材料，如白帽糖膏、札干等。

(4) 赤砂糖与红糖。赤砂糖又称赤糖，是制造白砂糖的初级产物，是未脱色、洗蜜精制的蔗糖制品，蔗糖含量大约为85%～92%，含有一定量的糖蜜、还原糖及其他杂质，颜色呈棕黄色、红褐色或黄褐色，晶粒连在一起，有糖蜜味。红糖属土制糖，是以甘蔗为原料土法生产的蔗糖，按其外观不同可分为红糖粉、片糖、碗糖、糖砖等。土制红糖纯度较低，糖蜜、水分、还原糖、非糖杂质含量较高，颜色深，结晶颗粒细小，容易吸潮溶化，滋味浓，稍有甘蔗的清香味和糖蜜的焦甜味。赤砂糖与红糖因其具有特殊风味，且在烘焙中使制品易于着色，因而有一定的应用，但需化成糖水并滤去杂质后使用。

(5) 冰糖。冰糖是一种纯度高、晶体大的蔗糖制品，由白砂糖溶化后再结晶而制成，因其形状似冰块，故称冰糖。冰糖有单晶冰糖和多晶冰糖之分。

2. 糖浆

(1) 饴糖。又称米稀、糖稀或麦芽糖浆，是以谷物为原料，利用淀粉酶的作用水解淀粉而制得。饴糖呈黏稠状液体，色泽淡黄而透明，含糊精、麦芽糖和少量葡萄糖。

(2) 葡萄糖浆。葡萄糖浆又称化学稀或淀粉糖浆，是淀粉经酸或酶水解制成的含葡萄糖较高的糖浆。其主要成分是葡萄糖、麦芽糖、高糖(三糖、四糖等)和糊精。葡萄糖浆的黏度和甜度与淀粉水解糖化程度有关，糖化率越高，味越甜，黏度越低。

(3) 果葡糖浆。果葡糖浆是将淀粉经酶水解制成的葡萄糖，再用异构酶将葡萄糖异构化制成甜度很高的糖浆。该糖浆的组成成分是葡萄糖和果糖，故称为果葡糖浆。果葡糖浆在一些西点产品中可代替蔗糖，如面包，特别是在低糖主食面包中使用更有效，因为该糖浆中的主要成分葡萄糖和果糖可被酵母直接利用，故令面团发酵速度加快。果葡糖浆能直接被人体吸收，尤其对糖尿病、肝病、肥胖病等患者更为适宜。

(4) 蜂糖。蜂糖是一种天然糖浆，主要成分是葡萄糖和果糖，以及少量的蔗糖、糊精、淀粉酶、有机酸、维生素、矿物质、蜂蜡及芳香物质等，味道很甜，风味独特，营养价值较高。蜂糖因来源不同，在味道和颜色上存在较大差异。

(5) 转化糖浆。转化糖浆是蔗糖在酸的作用下加热水解生成的含有等量葡萄糖和果糖的糖溶液。蔗糖在酸的作用下的水解称为转化。1 分子葡萄糖和 1 分子果糖的混合物称为转化糖。含有转化糖的水溶液称为转化糖浆。

转化糖的溶解度大于蔗糖，转化糖的存在可提高糖溶液的溶解度，防止蔗糖分子的重结晶。在高甜度食品中(如豆沙馅、羊羹等)可代替蔗糖使用，防止蔗糖结晶返砂。

转化糖浆为澄清的浅黄色溶液，一般应随用随配，不宜作长时间贮放。在缺乏饴糖和葡萄糖浆的情况下可用转化糖浆代替。

熬制转化糖浆常用的转化剂是柠檬酸、酒石酸。转化糖浆中转化糖的生成量与酸的种类和用量有关。酸度越大，酸的用量越大，转化糖的生成量越大。转化糖的生成量还与熬糖时糖液的沸腾速度有关，沸腾愈慢，转化糖生成量愈大，故熬制转化糖浆不宜用急火、旺火。

(二) 糖的一般性质

1. 甜度

糖的甜度没有绝对值，目前主要是利用人的味觉来比较。测量方法是在一定量的水溶液内，加入能使溶液被尝出甜味的最少量糖，一般以蔗糖的甜度为 100 来比较各种甜味物质的甜度。糖的甜度受若干因素的影响，比甜时口感甜味的大小与温度、含甜物的种类、浓度、杂质含量有关，与品甜时舌的部位有关。特别是浓度，糖的浓度越高，甜度越高。不同的糖品混合时，有互相提高甜度的效果。各种糖的相对甜度见表 2-1。

表 2-1　糖的相对甜度

糖的名称	相对甜度	糖的名称	相对甜度
蔗糖	100	葡萄糖浆(葡萄糖值 42)	50
果糖	114～175	果葡糖浆(转化率 42%)	100
葡萄糖	74	糖精	20 000～50 000
转化糖	130	甜味素	10 000～20 000
半乳糖	30～60	甜蜜素	3 000～4 000
麦芽糖	32～60	甜菊苷	150～20 000
乳糖	12～27	甘草酸钠	20 000～25 000
山梨醇	50～70	阿力甜	200 000
麦芽糖醇	75～9 540	安赛蜜	20 000
甘露醇	70	二氢查耳酮	30 000～200 000

2. 溶解度

糖可溶于水，不同的糖在水中的溶解度不同，果糖最高，其次是蔗糖、葡萄糖。糖的溶解度与温度有关，随着温度升高而增大，故冬季化糖时最宜使用温水或开水。此外，糖晶粒的大小、有无搅拌及搅拌速度等均与糖的溶解度有密切关系。

3. 结晶性

蔗糖极易结晶，晶体能生长得很大。葡萄糖也易于结晶，但晶体很小。果糖则难于结晶。饴糖、葡萄糖浆是麦芽糖、葡萄糖、低聚糖和糊精的混合物，为黏稠状液体，具有不结晶性。一般来说不易结晶的糖，对结晶的抑制作用较大，有防止蔗糖结晶的作用。如熬制糖浆时，加入适量饴糖或葡萄糖浆，可防止蔗糖析出或返砂。

4. 吸湿性和保潮性

吸湿性是指在较高空气湿度的情况下吸收水分的性质。保潮性是指在较高湿度下吸收水分和在较低湿度下失去水分的性质。糖的这种性质对于保持糕点的柔软和贮藏具有重要的意义。蔗糖和葡萄糖浆的吸湿性较低，转化糖浆和果葡糖浆的吸湿性较高，故可用大量的转化糖浆和果葡糖浆、蜂糖来增加饼坯的滋润性，并在一定时期内保持柔软。

葡萄糖经氢化生成的山梨醇具有良好的保潮性质，作为保潮剂在烘焙食品工业中正在得到广泛应用。

5. 渗透性

糖溶液具有较强的渗透压，糖分子很容易渗透到吸水后的蛋白质分子或其他物质中间而把已吸收的水排挤出来。如较高浓度的糖溶液能抑制许多微生物的生长，是由于糖液高渗透压力的作用夺取了微生物菌体的水分，使微生物的生长受到抑制。因此，糖不仅可以增加制品的甜味，又能起到延长保存期的作用。又如面团中添加糖或糖浆，可降低面筋蛋白质的吸水性，使面团弹性和延伸性减弱。

糖液的渗透压随浓度的增高而增加。单糖的渗透压是双糖的两倍，葡萄糖和果糖比蔗糖具有较高的渗透压和食品保存效果。

6. 黏度

不同的糖黏度不同，蔗糖的黏度大于葡萄糖和果糖，糖浆黏度较大。利用糖的黏度可提高产品的稠度和可口性。如搅打蛋泡、蛋白膏时加入蔗糖、糖浆可增强气泡的稳定性，在某些产品的坯团中添加糖浆可促进坯料的黏结，利用糖浆的黏度防止蔗糖的结晶返砂等。

7. 焦糖化作用和美拉德反应

焦糖化作用和美拉德反应是烘烤制品上色的两个重要途径。

(1) 焦糖化作用。焦糖化作用说明糖对热的敏感性。糖类在没有含氨基化合物存在的情况下加热到其熔点以上的温度时，分子与分子之间互相结合成多分子的聚合物，生成黑褐色的色素物质——焦糖，同时在强热作用下部分糖发生裂解，生成一些挥发性的醛、酮类物质。因此，把焦糖化控制在一定程度内，可使烘烤产品产生令人悦目的色泽与风味。

不同的糖对热的敏感性不同。果糖的熔点为 95℃，麦芽糖为 102～103℃，葡萄糖为 146℃，这三种糖对热非常敏感，易形成焦糖。因此，含有大量这三种成分的饴糖、转化糖、果葡糖浆、中性的葡糖糖浆、蜂糖等在西点中使用时，常作为着色剂，加快制品烘烤时的上色速度，促进制品颜色的形成。而在西点中应用广泛的蔗糖，其熔点为 186℃，对热敏感性较低，即呈色不深。

糖的焦糖化作用还与 pH 值有关。溶液的 pH 值低，糖的热敏感性就低，着色作用差；相反，pH 升高，则热敏感性增强，例如 pH 值为 8 时焦糖化速度比 pH 值为 5.9 时快 10 倍。

因此，有些 pH 值低的转化糖浆、葡萄糖浆在使用前，最好先调成中性，才有利于糖的着色反应。

(2) 美拉德反应。美拉德反应亦称褐色反应，是指氨基化合物(如蛋白质、多肽、氨基酸及胺类)的自由基与羰基化合物(如醛、酮、还原糖等)的羰基之间发生的羰-氨反应，最终产物是类黑色素的褐色物质。美拉德反应是使烘烤制品表面着色的另一个重要途径，也是烘烤制品产生特殊香味的重要来源。在美拉德反应中除了产生色素物质外，还产生一些挥发性物质，形成特有的烘焙香味。这些物质主要是乙醇、丙酮醛、丙酮酸、乙酸、琥珀酸、琥珀酸乙酯等。

影响美拉德反应的因素有：温度、还原糖量、糖的种类、氨基化合物的种类、pH 值。温度升高，美拉德反应趋强烈；还原糖(葡糖糖、果糖)含量越多，美拉德反应越强烈；pH 值呈碱性，可加快美拉德反应的进程。果糖发生美拉德反应最强，葡萄糖次之，故中性的葡萄糖浆、转化糖浆、蜂蜜极易发生美拉德反应；非还原性的蔗糖不发生美拉德反应，呈色作用以焦糖化为主，但在面包类发酵制品中由于酵母分泌的转化酶的作用，使部分蔗糖在面团发酵过程中转化成了葡萄糖和果糖，从而参与褐色反应。不同种类的氨基酸、蛋白质引起的褐变颜色不同，如鸡蛋蛋白质引起的褐变颜色鲜亮红褐，小麦蛋白质引起的褐变颜色灰褐不佳。

8. 抗氧化性

糖溶液具有抗氧化性，因为氧气在糖溶液中的溶解量比在水溶液中的多，故糖在含油脂较高的食品中有利于防止油脂氧化酸败，增加保存时间。同时，糖和氨基酸在烘焙中发生美拉德反应生成的棕黄色物质也具有抗氧化作用。

(三) 糖在烘焙食品中的作用

1. 糖是良好的着色剂

由于糖的焦糖化作用和美拉德反应，可使烤制品在烘焙时形成金黄色或棕黄色表皮和良好的烘焙香味。面包类发酵制品的表皮颜色深浅程度取决于面团内剩余糖量的多少。所谓剩余糖是指面团内酵母发酵完成后剩余下来的糖，一般 2% 的糖就足以供给发酵所需，但通常面包配方中的糖量均超过 2%，故有剩余糖残留。剩余糖越多，面包表皮着色越快，颜色越深，烘焙香味越浓郁。配方内不加糖的面包，如法国面包、意大利面包，其表皮为淡黄色。

2. 改善制品的风味

糖使制品具有一定甜味和各种糖特有的风味。在烘焙成熟过程中，糖的焦糖化作用和美拉德反应的产物使制品产生良好的烘焙香味。

3. 改善制品的形态和口感

糖在糕点中起到骨架作用，能改善组织状态，使制品外形挺拔。糖在含水较多的制品内有助于产品保持湿润柔软；在含糖量高、水分少的制品内，糖能促进产品形成硬脆口感。

4. 作为酵母的营养物质，促进发酵

糖作为酵母发酵的主要能量来源，有助于酵母的繁殖和发酵。在面包生产中加入一定量的糖，可促进面团的发酵。但也不宜过多，如点心面包的加糖量不应超过 20%～25%，否则会抑制酵母的生长，延长发酵时间。

5. 改善面团物理性质

面粉和糖都具有吸水性。当调制面团时，面粉中面筋蛋白质吸水胀润的第二步反应是依靠蛋白质胶粒内部浓度造成的渗透压使水分子渗透到蛋白质分子中去，增加吸水量，面筋大量形成，面团弹性增强，黏度相应降低。如果在面团中加入一定量的糖或糖浆，它不仅吸收蛋白质胶粒之间的游离水，同时会使胶粒外部浓度增加，使胶粒内部水分向外渗透，从而降低蛋白质胶粒的胀润度，造成搅拌过程中面筋形成程度降低，弹性减弱。因此，糖在面团搅拌过程中起反水化作用，调节面筋的胀润度，增加面团的可塑性，使制品外形美观、花纹清晰，还能防止制品收缩变形。

关于糖对面粉的反水化作用，双糖比单糖的作用大，因此加入砂糖糖浆比加入等量的葡萄糖浆的作用强烈。砂糖糖浆比糖粉的作用大，因为糖粉虽然在搅拌时易于溶化，但此过程仍较缓慢和不完全。而砂糖的作用更比糖粉差，因此调制混酥面团时使用糖粉比砂糖有更好的效果。

6. 对面团吸水率及搅拌时间产生影响

正常用量的糖对面团吸水率影响不大。但随着糖量的增加，糖的反水化作用也愈强烈，面团的吸水率降低，搅拌时间延长。大约每增加1%的糖，面团吸水率降低0.6%。高糖配方（20%～25%糖量）的面团若不减少加水量或延长面团搅拌时间，则面团搅拌不足，面筋得不到充分扩展，易造成面包产品体积小，内部组织粗糙。其原因是糖在面团内溶解需要水，面筋形成、扩展也需要水，这就形成糖与面筋之间争夺水分的现象，糖量愈多，面筋能吸收到的水分愈少，因而延迟了面筋的形成，阻碍了面筋的扩展，故必须增加搅拌时间来使面筋得到充分扩展。

一般高糖配方的面团，其充分扩展的时间比普通面团增加50%左右。

7. 提高产品的货架寿命

糖的高渗透压作用能抑制微生物的生长和繁殖，从而增进产品的的防腐能力，延长产品的货架寿命。由于糖具有吸湿性和保潮性，可使面包、蛋糕等西点产品在一定时期内保持柔软。故而，含有大量葡萄糖和果糖的糖浆不能用于酥类制品，否则吸湿返潮后制品失去酥性口感。此外由于糖的上色作用，含糖量高的面包等产品在烘烤时着色快，缩短了烘烤时间，产品内可以保存更多的水分，从而达到柔软的效果。而对于加糖量较少的面包等产品，为达到同样的颜色程度，就要增加烘烤时间，这样产品内水分蒸发得多，易造成制品干燥。

8. 装饰美化产品

利用砂糖粒晶莹闪亮的质感、糖粉的洁白如霜，撒在或覆盖在制品表面起到装饰美化的效果。利用以糖为原料制成的膏料、半成品，如白马糖、白帽糖膏、札干等装饰产品，美化产品，在西点中的运用更为广泛。

三、油脂

油脂是烘焙食品重要原料之一，对改善制品品质、风味和提高营养价值起着重要作用。

（一）烘焙食品常用的油脂

烘焙食品常用的油脂主要有植物油、动物油、氢化油、人造奶油、起酥油等。

1. 食用植物油

食用植物油中主要含有不饱和脂肪酸，其营养价值高于动物油脂，但加工性能不如动物油脂或固态油脂。食用植物油根据精制程度和商品规格可分为普通（精制）植物油、高级烹调油和色拉油3个档次品级。西点中使用的植物油以经精制后的色拉油为主。在西点制作时，应避免使用具有特殊气味的油脂而破坏西点成品应有的风味。色拉油因为油性小、熔点低，具良好的融合性，掺在蛋糕里有使蛋糕体柔软的作用。植物油在西点中还常作为油炸制品用油和制馅用油。

常见的食用植物油有大豆油、花生油、葵花籽油、芝麻油、菜籽油、玉米胚芽油、橄榄油、米糠油、茶油、棕榈油、椰子油和可可脂等。

2. 动物油

动物油大都具有熔点高、可塑性强、起酥性好的特点。烘焙食品常用的动物油有奶油和猪油。奶油又称黄油或白脱油，港澳地区亦称牛油，分含盐奶油和无盐奶油。奶油是从牛奶中分离出的乳脂肪，其乳脂含量约为80%，水分含量为16%。奶油因有特殊的芳香和营养价值而备受人们欢迎。奶油添加在烘焙食品中能大大提高产品的风味，但价格较昂贵。其在高温下易受细菌和霉菌污染，应低温冷藏。猪油在中式糕点中使用广泛，在西式糕点中应用不多。

3. 氢化油

氢化油又称硬化油。油脂氢化就是将氢原子加到动、植物油脂中不饱和脂肪酸的双键上，生成饱和度较高的固态油脂，使液态油脂变为固态油脂，提高油脂可塑性、起酥性，提高油脂的熔点，有利于加工操作。氢化油多采用植物油和部分动物油为原料，如棉籽油、葵花籽油、大豆油、花生油、椰子油、猪油、牛油和羊油等。氢化油很少直接食用，多作为人造奶油、起酥油的原料。

4. 人造奶油（人造黄油）

人造奶油又称麦淇淋和玛琪琳，是以氢化油为主要原料，添加水和适量的牛乳或乳制品、色素、香料、乳化剂、防腐剂、抗氧化剂、食盐和维生素，经混合、乳化等工序而制成的。人造奶油的软硬度可根据各成分的配比来调整。人造奶油的乳化性能和加工性能比奶油要好，是奶油的良好代用品。人造奶油中油脂含量约为80%，水分含量为14%～17%，食盐含量为0%～3%，乳化剂含量为0.2%～0.5%。

人造奶油的种类很多，分为家庭消费型人造奶油和行业用人造奶油。用于面包的有：通用人造奶油、面包用人造奶油、起酥用人造奶油等。

5. 起酥油

起酥油是指精炼的动物油、植物油、氢化油或这些油脂的混合物，经混合、冷却塑化而加工出来的具有可塑性、乳化性等加工性能的固态或流动性的油脂产品。起酥油不能直接食用，而是作为产品加工的原料油脂，因而具有良好的加工性能。起酥油与人造奶油的主要区别是起酥油中没有水相。

起酥油外观呈白色或淡黄色，质地均匀，具有良好的滋味、气味。起酥油的加工特性主要是指可塑性、起酥性、乳化性、吸水性和稳定性，起酥性是其最基本的特性。

起酥油的种类很多，用于面包加工的主要有通用型起酥油、乳化型起酥油、面包用液体起酥油等。通用型起酥油的适用范围很广，但主要用于加工面包、饼干等。乳化型起酥油中乳化剂的含量较高，具有良好的乳化性、起酥性和加工性能，适用于重油、重糖类西点以及面包、饼干的制作，可增大面包、蛋糕体积，令制品不易老化、松软、口感好。面包用液体起酥油以食用植物油为主要成分，添加了适量的乳化剂和高熔点的氢化油，使之成为具有加工性能、乳白色并有流动性的油脂。乳化剂在起酥油中作为面包的面团改良剂和组织柔软剂，可使面团有良好的延伸性，吸水量增加；使面包柔软，老化延迟；使面包内部组织均匀、细腻，体积增大。面包用液体起酥油适用于面包、蛋糕、饼干等的自动化、连续化生产。

（二）油脂的加工特性

1. 油脂的起酥性

起酥性是指油脂用在饼干、酥饼等烘焙制品中，使成品酥脆的性质。起酥性是通过在面团中限制面筋形成，使制品组织比较松散来达到起酥作用的。猪油、起酥油、人造奶油都有良好的起酥性，植物油的起酥效果不好。稠度适度的油脂，其起酥性较好；如果过硬，在面团中会残留一些块状部分，起不到松散组织的作用；如果过软或为液态，那么会在面团中形成油滴，使成品组织多孔、粗糙。

起酥性是油脂在烘焙食品中的最重要作用之一。影响面团中油脂起酥性的因素有以下几点：

（1）油脂中适度的脂肪酸饱和程度，使油脂稠度适中、性能稳定，起酥性好。如固态油脂比液态油脂的起酥性好。

（2）油脂的用量越多，起酥性越好。

（3）油脂的起酥性与温度有关。

（4）鸡蛋、乳化剂、奶粉等原料对起酥性有辅助作用。

（5）油脂和面团搅拌混合的方法及程度要适当，乳化要均匀，投料顺序要正确。

2. 油脂的可塑性

固态油脂在适当的温度范围内有可塑性。所谓可塑性就是柔软性，指油脂在很小的外力作用下就可以变形，并保持变形但不流动的性质。可塑性是奶油、人造奶油、起酥油、猪油的最基本特性。固态油在面包、派皮、蛋糕、饼干面团中能呈片状、条状和薄膜状分布，就是由油脂可塑性决定的。而在相同条件下液态油可能分布成点状、球状，因而固态油要比液态油润滑更大的面团表面积。一般可塑性不好的油脂，其起酥性和融合性也不好。

3. 油脂的熔点

固态油脂变为液态油脂的温度称为油脂的熔点。熔点是衡量油脂起酥性、可塑性和稠度等加工特性的重要指标。油脂的熔点既影响其加工性能又影响到其在人体内的消化吸收。用于烘焙食品制作的固态油脂的熔点最好在30～40℃之间。

4. 油脂的融合性（充气性）

融合性是指油脂在经搅拌处理后，油脂包含空气气泡的能力，或称为拌入空气的能力。油脂的融合性与其成分有关，油脂的饱和程度越高，搅拌时吸入的空气越多。起酥油的融合性比奶油和人造奶油好，猪油的融合性较差。融合性是油脂在制作含油量较高的西点时非常重要的性质。调制油酥面团时，首先要搅打油、糖和水，使之充分乳化。在搅拌过程中，油脂结合一定量的空气。油脂结合空气的量除了与油脂成分有关，还与搅打程度和糖的颗粒状态有关。糖的颗粒越细，搅拌越充分，油脂结合的空气就越多。

5. 油脂的乳化性

油和水是互不相溶的。但在烘焙产品制作中经常会碰到油和水混合的问题。如果油脂中添加一定量的乳化剂，则有利于油滴均匀稳定地分散在水相中，或水相均匀分散在油相中，使成品组织酥松、体积大、风味好。因此添加了乳化剂的起酥油、人造奶油最适宜制作重油、重糖的蛋糕、酥类制品。

6. 油脂的润滑性

油脂在面包中充当面筋和淀粉之间的润滑剂。油脂能在面筋和淀粉之间的分界面上形成润滑膜，使面筋网络在发酵过程中的摩擦阻力减小，有利于膨胀，增加了面团的延伸性，增大了面包体积。并且可防止水分从淀粉向面筋转移，防止淀粉老化，延长面包的保存期。固态油的润滑作用优于液态油。

7. 改善面团的物理性质

调制面团时加入油脂，经调制后油脂分布在蛋白质、淀粉颗粒周围形成油膜，由于油脂中含有大量的疏水基，阻止了水分向蛋白质胶粒内部渗透，从而限制了面粉中的面筋蛋白质吸水和面筋的形成，使已形成的面筋微粒相互隔离。油脂含量越高，这种限制作用就越明显。从而使已形成的微粒面筋不易黏结成大块面筋，降低面团的弹性、黏度、韧性，增强了面团的可塑性。

面粉的吸水率随油脂用量增加而减少。在一般主食面包中，油脂用量为2%～6%，对面团吸水率影响不大，但对高成分面包则有较大影响。在高油脂含量的油酥点心中，由于含水量低，可促使制品保存期延长。

8. 油脂的热学性质

油脂的热学性质主要表现在油炸食品中。油脂作为炸油，既是加热介质又是油炸食品的营养成分。当炸制食品时，油脂将热量迅速而均匀地传给食品表面，使食品很快成熟。同时，还能防止食品表面马上干燥和可溶性物质流失。

(1) 油脂的热容量。油脂的热容量是指单位重量的油脂升高1℃所需的热量，一般用J/(kg·℃)来表示。油脂的热容量平均为2.06×10^3J/(kg·℃)，水的热容量为4.2×10^3J/(kg·℃)。由此可见，在供给相同热量和相同重量的情况下，油比水的温度可提前升高一倍。因此，油炸食品要比水煮或蒸制品成熟快得多。

油脂的热容量与脂肪酸有关。液态油脂的热容量随其脂肪酸链长的增加而增加，随其不饱和度的降低而减少。固态油脂的热容量很小，热容量随温度的升高而增加。在相同温度下，固态油脂的热容量小于液态油脂。

(2) 油脂的发烟点、闪点和燃点。发烟点是指油脂在加热过程中开始冒烟的最低温度；闪点是指油脂在加热时有蒸汽挥发，其蒸汽与明火接触瞬间内发生火光而又立即熄灭时的最低温度；燃点指发生火光而继续燃烧的最低温度。

油脂的发烟点、闪点和燃点均较高。发烟点一般大于200℃，这样有利于油炸食品时，能在较高温度作用下使食品迅速成熟。油脂的发烟点、闪点和燃点与游离脂肪酸含量有关，它们随游离脂肪酸含量的增高而降低。反复多次使用的炸油，游离脂肪酸含量增高，发烟点、闪点和燃点降低。因此，应选用游离脂肪酸少、发烟点等较高的油脂作炸油，多次使用后应更换新油。

(三) 油脂对烘焙食品的影响

1. 促进起酥类制品形成均匀的层状组织

可塑性良好的油脂能与面团一起延伸，有利于起酥类制品层状组织形成，使酥层均匀、清晰。

2. 促进面包体积增大

油脂在面包面团中充当面筋和淀粉之间的润滑剂。油脂的润滑作用，使面团发酵过程中的膨胀阻力减小，面团的延伸性增强，从而增大面包体积。

3. 促使酥类制品口感酥松

在油酥点心、饼干等烘焙食品中，油脂发挥着重要的起酥作用。在这类制品中油脂的用量都比较高，油脂的存在限制了面团中面筋的形成，并可在面团中以薄膜状分布，包裹大量空气，使制品在烘焙中因气体膨胀而酥松。

4. 促进制品体积膨胀、酥性增强

油脂的融合性（充气性）可使油脂类蛋糕体积增大，使油酥类点心、饼干的面团在调制中包含更多空气，增加制品酥松度。

5. 促进乳化，使产品质地均匀

奶油、人造奶油、起酥油等所具备的乳化性，有利于面团调制中油、水、蛋液的均匀混合，使产品光滑、油亮、着色均匀、花纹清晰、新鲜柔软，显著提高产品的外观品质。

6. 用作传热介质，形成油炸制品特色

油脂有较高的热容量和发烟点、闪点、燃点，作为油炸食品的传热介质，具有使制品成熟迅速、上色快、质感丰富、香味浓郁等作用。

7. 增进制品风味

各种油脂都有自身独特的香味，加入烘焙食品中不仅可使产品带有油脂特殊的风味，而且通过烘焙，在水、高温以及缺氧条件下，少量油脂发生分解、酯化反应，形成特殊芳香。

四、蛋品

蛋的营养价值高，用途广泛，是烘焙食品的重要原材料之一，尤其在蛋糕类制品中用量很大，不可或缺。蛋及蛋制品在改善烘焙食品的生产工艺及制品的色、香、味、形和营养价值等方面都起到良好的作用。

烘焙食品中运用最多的是鲜蛋，又以鸡蛋为主。鸡蛋不仅产量大、成本较低，而且味道温和，性质柔软，在烘焙食品中的功用也较其他鲜蛋优越，是烘焙食品用蛋的最佳原料。

（一）蛋的结构与化学组成

蛋由蛋壳、蛋白、蛋黄三个主要部分组成，各构成部分的比例因产蛋季节、家禽的品种、饲养条件等的不同而异。鸡蛋的结构如图 2-1 所示。鸡蛋全蛋中，蛋壳重量约占 10%～12%，蛋黄占 26%～33%，蛋白占 45%～60%。鸡蛋一般平均重量为 50～60 g，在此重量范围内的鸡蛋，其蛋黄、蛋白重量的比例约为 1∶2。若蛋太大或太小，则蛋黄比例减少，蛋白比例渐大。

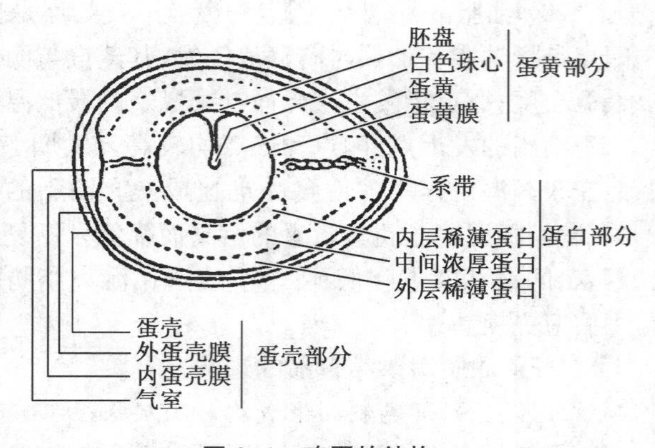

图 2-1　鸡蛋的结构

蛋的化学成分取决于家禽的种类、品种、饲料、饲养条件和产卵时间等。蛋的化学成分很丰富，含有为胚胎发育所必需的一切营养物质。鸡蛋的化学组成见表 2-2。

蛋中的蛋白质分布在蛋的各个构成部分，蛋白中占 50%，蛋黄中占 44%，蛋壳中占

2.1%，蛋壳膜中占3.5%。蛋中的脂类亦很丰富，其中99%都存在于蛋黄中。主要脂肪酸为棕榈酸、油酸和亚麻酸。在蛋黄内含有34%的饱和脂肪酸和66%的不饱和脂肪酸。蛋中含有少量的糖类，主要是葡萄糖，平均含量为0.5%，其中75%在蛋白部分。全蛋中的矿物质约有94%存在于蛋壳中，而在蛋白与蛋黄中各约占3%。

表2-2　鸡蛋的化学组成　　单位：%

禽蛋各构成部分	水	蛋白质	脂类	矿物质
全蛋（带壳）	65.5	11.9	9.3	0.9
全蛋液	75	13.3	11.1	1.0
蛋黄	49.5	15.7	33.3	1.1
蛋白	88	10.4	—	0.7

注：蛋壳成分除外。

蛋白亦称蛋清，是一种微黄色半透明的黏性半流体，其中含固形物约12%，呈弱碱性，pH值为7.2～7.6。蛋白由浓厚蛋白与稀薄蛋白组成。蛋白分为三层，分别是外层稀薄蛋白、中间浓厚蛋白、内层稀薄蛋白。蛋白黏度的高低，主要与蛋白内的粘蛋白含量有关。粘蛋白多者，粘度大、稠，反之则稀。越新鲜的蛋，浓厚蛋白越多。而随贮存时间的延长，在酶的作用下，浓厚蛋白逐渐减少，稀薄蛋白逐渐增加。

蛋黄是浓稠不透明而呈半流动的乳状液，含有50%左右的固形物，约为蛋白的4倍，而其组成成分比蛋白复杂得多。pH值为6～6.4，呈酸性。蛋黄包括浅色蛋黄、深色蛋黄、胚胎三部分。深色蛋黄含量高，约占全蛋黄的95%。在蛋黄与蛋白之间有一层膜将二者分开并包围着蛋黄，称为蛋黄膜。蛋黄与蛋白之间的化学成分，除有机和无机部分不同外，水分的含量相差很大，蛋白含水分88%左右，蛋黄含水分58%左右，因此，两者之间因不同浓度的水溶性盐类而产生渗透压作用。贮存较久的蛋，蛋黄水分逐渐增高，而蛋白水分逐渐减少，就是因为蛋白中的水分有一部分由于渗透作用，渗透入蛋黄中所致。蛋黄中的主要化学成分为蛋白质、脂肪、碳水化合物，其他成分则为水分、无机盐类、蛋黄素及维生素等。蛋黄中的脂肪含量约为30%～33%，其中有1/3为磷脂质，约有2/3是由各种脂肪酸所构成的混合三甘酯，在室温下是桔黄色的半流动液体。蛋黄本身就是水包油型（O/W）的乳状液，蛋黄的乳化性主要是卵磷脂的作用。

（二）常用蛋及蛋制品

1. 鲜蛋

鲜蛋包括鸡蛋、鸭蛋、鹅蛋等，其中以鸡蛋使用最多，因鲜鸭蛋和鲜鹅蛋带有异味，故使用不多。

2. 蛋制品

（1）液蛋。液蛋是鲜鸡蛋在洗蛋、检蛋后，用机器打开，并根据用户要求或全蛋混合，或分成蛋黄、蛋白，过滤掉卵黄膜和系带，用60℃左右、3～5 min巴氏低温杀菌，然后装入塑料桶或金属桶中。如不经杀菌，0℃下可保存3～4天。

（2）冰蛋。为了便于保存，常把蛋加工成冰蛋。冰蛋可分为冰全蛋、冰蛋黄、冰蛋白。冰蛋的处理方法：先将蛋液采用巴士杀菌（60℃，3.5 min），冷却后再于－15～－18℃冻结。冰蛋使用前应先行解冻成蛋液，使用方法与鲜蛋相同。蛋白部分经过冻结，浓厚蛋白的比例有所下降，其他特性几乎不发生变化。如果是全蛋或蛋黄，经冷冻处理，还会产生冷冻变性，使黏度增加，蛋白胶质化，使其较难复原。为了减轻这种变性，可在冷冻前在蛋黄中加适量食盐(3%～5%)、蔗糖(约10%)和聚磷酸盐。

(3) 蛋粉。为了使运输、保管更加方便，将蛋液的大部分水分除去，可加工成干燥蛋，即蛋粉。蛋粉分为全蛋粉和蛋黄粉。

由于蛋白质的热变性会使其加工性能变劣，而且鸡蛋中含有少量游离葡萄糖，在干燥中会与蛋白质发生羰氨发应，产生褐变和难闻的臭味，因此在干燥前要进行脱糖处理。脱糖处理主要有两个方法：微生物发酵脱糖法和葡萄糖氧化酶脱糖法。脱糖处理后的蛋液经过滤后，用喷雾干燥法或盘子干燥法干燥。

喷雾干燥法：将蛋液喷成细雾状与热空气接触，使水分蒸发，得到干燥粉末。此制品含水量为4%～8%。

盘子干燥法：将蛋白倒入一个个浅盘中，利用50～55℃的热风干燥。干燥后的产品为片状结晶，约含14%～16%的水分，经筛选、粉碎、包装成蛋粉。这种产品溶解性好，加水复原时间短。

蛋粉在使用前应先将其溶化成为蛋液，检查其溶解度。凡溶解度低的蛋粉，虽其营养价值差异不大，但因其起泡性和乳化能力较差，使用时必须加以注意。

(三) 蛋的烘焙工艺性能

1. 蛋白的起泡作用

蛋白是一种亲水性的胶体，具有良好的起泡性(亦称打发性)，在糕点、面包生产中具有重要意义。

蛋白经过强烈搅打，蛋白薄膜将混入的空气包围起来形成泡沫，由于受表面张力制约，迫使泡沫成为球形，由于蛋白胶体具有黏度，加入的原材料附着在蛋白泡沫层四周，使泡沫层变得浓厚坚实，增强了泡沫的机械稳定性。制品在烘焙时，泡沫内的气体受热膨胀，增大了产品的体积，这时蛋白质遇热变性凝固，使制品疏松多孔并具有一定的弹性和韧性，因此蛋在蛋糕等产品中起到了膨胀、增大体积的作用。

蛋白之所以容易打发并且气泡稳定，主要是由于蛋白是一种亲水性胶体物质，有较小的表面张力，表面容易被外力扩展成薄膜而包裹住空气，而且自身黏度较大，使形成的泡沫较稳定。关于形成薄膜的理论，普遍的说法是认为卵蛋白由于机械力的搅拌，使得缠绕折叠成团的多肽链被表面的能拉伸，即所谓表面作用引起蛋白质变性。在气液界面上的蛋白质分子由于受到不平衡力的作用，使得被拉开的肽链排列成与表面平行的状态。这些与表面平行的多肽便组成了薄膜。因此，当搅拌过度时，表面变性进一步发展，泡沫将变得白浊，生成棉花样絮状凝固，成为不稳定泡沫。

蛋白可以单独搅打成泡沫用于蛋白类品种的制作和装饰料的制作，如天使蛋糕、蛋白饼干、奶白膏等；也可以全蛋的形式用于各种海绵蛋糕、手指饼干等品种的制作。

搅打蛋白或全蛋液是糕点制作中的重要工序，影响蛋液泡沫形成与稳定的因素主要有：温度、黏度、油脂、pH值、蛋的品质等。

(1) 温度。温度与气泡的形成有直接关系。温度较高的蛋白比温度较低的蛋白的打发性好，但稳定性较差。蛋白打发界限温度为30～40℃，在30℃时鲜蛋蛋白的起泡性最好，黏性也最稳定。温度太高或太低均不利于蛋白起泡。夏季温度较高，有时界限温度范围内也打不起泡,但在冰箱里放一会后反而能打起来,这是什么原因呢?因为夏季气温较高,而鸡蛋本身的温度也较高,在打蛋过程中,搅拌桨的高速旋转与蛋白形成摩擦,产生热量,会使蛋白的温度升高,甚至超过界限温度,黏度降低,自然起泡性、稳定性不好。在冰箱里放置一会后,将温度降下来再打则容易发泡了。

(2) 黏度。黏度对蛋白的稳定性的影响很大,粘度大的物质有助于泡沫的形成和稳定。因为蛋白具有一定的黏度,所以打起的蛋白泡沫比较稳定。在打蛋白时常加入糖,就是因为糖具有黏度这一性质。由于糖可使蛋液黏度增大,并抑制卵蛋白的表面变性,使蛋白起泡性降低,也就是打发时需要较长的搅拌时间,但在打发操作中不易打发过度,对于形成稳定的气泡有良好效果。因此,在打发时先不放糖,打发到一定程度后再加入糖搅打比较好。

在生产中一般使用化学性质较稳定的蔗糖,而不宜加入葡萄糖、果糖和淀粉糖浆。这是因为葡萄糖、果糖和淀粉糖浆都具有还原性,在中性和碱性情况下化学性质不稳定,受热易与蛋白质等含氮物质起羰氨反应而产生有色物质。蔗糖不具有还原性,在中性和碱性情况下化学稳定性高,不易与含氮物质起反应生成有色物质。

(3) 油脂。油脂是一种消泡剂,因此打蛋白时千万不能碰上油。油的表面强力很大,而蛋白气泡膜很薄,当油接触到蛋白气泡时,油的表面张力大于蛋白膜本身的延伸力而将蛋白膜拉断,气体从断口处冲出,气泡立即消失。蛋黄和蛋清分开使用,就是因为蛋黄中含有油脂的缘故。

(4) pH 值。pH 值对蛋白泡沫的形成和稳定性的影响很大。蛋白在偏酸性的情况下气泡较稳定,而在 pH 值为 6.5~9.5 时形成泡沫能力很强但泡沫不稳定。打蛋白时加入酸或酸性物质,如酸性磷酸盐、酸性酒石酸钾、醋酸及柠檬酸等,就是要调节蛋白的 pH 值。蛋白的 pH 值较小时,泡沫形成虽慢,但形成的泡沫比较稳定。

酸的种类不同,对蛋白起泡性影响不同,酸性磷酸盐、酸性酒石酸钾比醋酸及柠檬酸对增加蛋白起泡性更为有效。

(5) 蛋的品质。起泡性最好的是蛋白,其次是全蛋,蛋黄的起泡性最差。在利用蛋白打发时,如果加入很少量的蛋黄或 1%含量以下的油脂,起泡性会明显降低,甚至打不起来。蛋黄的打发虽需要更长时间的搅拌,但最后可形成比较稳定的稀奶油状的泡液。蛋黄的脂蛋白可以在含油脂的结构下产生表面变性,形成气泡。而且由于它的固体成分多,浓度大,粘度高,使其稳定性较好。海绵蛋糕的制作实际就是依靠蛋的打发来膨松的。

稀薄蛋白较多时蛋白起泡性较好,这是由于蛋白表面张力较小的缘故。但是泡沫的稳定性较差,容易打发过头。浓厚蛋白较多时,蛋白黏度较大,打发性稍差,但泡沫稳定性好。这便是新鲜蛋较陈蛋易于形成稳定蛋泡的原因。新鲜蛋含浓厚蛋白较多,而陈蛋在放置过程中由于浓厚蛋白逐渐向稀薄蛋白转化,浓厚蛋白含量减少,稀薄蛋白含量增加,泡沫稳定性降低,容易搅打过度。

2. 蛋的乳化作用

蛋白、全蛋和蛋黄都具有乳化性,尤其是蛋黄具有很强的乳化能力,它们对油脂和水都有很强的亲和力。这在一些产品,如蛋黄酱、海绵蛋糕的加工工艺中非常有用。蛋黄中的卵磷脂是 O/W 型(水包油型)乳化剂,胆固醇又是 W/O 型(油包水型)乳化剂,但一般认为蛋黄的乳化性主要是卵磷脂和蛋白质结合而成的卵磷脂蛋白的作用。卵磷脂蛋白不仅显示了 O/W 型乳化能力,使水油界面张力下降,而且由于蛋白的表面变性,使之成为分散相的界面保护膜，即可将油滴包起来，使得乳液的稳定性加强。蛋白的乳化性大约是蛋黄的1/4。向蛋黄中加入食盐，可使乳化量稍有增大。

蛋的乳化性有助于油、水和其他材料均匀地分布到一起，促进制品组织细腻，质地均匀，疏松可口，使制品保持一定的水分，在贮存期内保持柔软。

目前国内外烘焙食品工业使用蛋黄粉来生产面包、蛋糕和饼干。它既是天然乳化剂，又是人类的营养物质。在使用前，可将蛋黄粉和水按1∶1的比例混合，搅拌成糊状，再添加到面团或面糊中。

3. 蛋的热凝固作用

蛋白对热极为敏感，受热后凝结变性。温度在54～57℃时，蛋白开始变性，60℃时变性加快，超过70℃时蛋黄变稠，达到80℃时蛋白就完全凝固变性，蛋黄表面凝固，100℃时蛋黄也完全凝固。蛋液受热过程中，变性蛋白质的黏度增大，起泡性能降低，但容易被蛋白酶水解，提高消化吸收率。如果在蛋液受热过程中将蛋急速搅动可以减缓蛋液的变性作用。蛋白内加入高浓度的砂糖能提高蛋白的变性温度。当pH值为4.6～4.8时蛋白的变性最佳最快，因为这正是蛋白内主要成分白蛋白的等电点。

蛋液在凝固前，它们的极性基和羟基、氨基、羧基等基团位于外侧，能与水互相吸引而溶解。当蛋液被加热到一定温度时，原来联系脂键的弱键被分裂，肽键由折叠状态转而呈伸展状态。整个蛋白质分子结构由原来的立体状态变成长的不规则状态，亲水基由外部转到内部，疏水基由内部转到外部。很多这样的变性蛋白质分子互相撞击而相互贯穿缠结，形成凝固物体。这种凝固物体经高温烘焙便失水分成为带有脆性、光泽的凝胶片。故在面包、点心表面涂上一层蛋液，可增加制品表皮的光亮度，增加其外形美；添加蛋的制品经烘焙或油炸后，会更加酥脆。

4. 改善制品色、香、味、形

在面包、西饼的表面涂上蛋液，经烘烤后呈现漂亮的红褐色及发亮的光泽，这是美拉德反应的结果。加蛋的制品成熟后具有特殊的蛋香味，且滋味美好。以蛋为膨松介质制作的蛋糕类制品体积膨大，疏松柔软。

5. 装饰美化产品

利用蛋白制成的膏料进行裱花，对西点产品可起到装饰美化的效果。

6. 提高制品的营养价值

禽蛋的营养成分极其丰富，含有人体所必需的优质蛋白质、脂肪、类脂质、矿物质及维生素等营养物质，而且消化吸收率非常高，是优质的营养食品。将蛋品加入到面包、蛋糕等产品中，提高了产品的营养价值。此外鸡蛋和乳品在营养上具有互补性。鸡蛋中铁含量相对较多，钙含量较少，而乳品中钙含量相对较多，铁含量较少。因此，在烘焙食品中将蛋品和乳品混合使用，使得营养成分可以互相补充。

五、乳品

乳品是烘焙食品的高档优质辅料，具有很高的营养价值和特殊的芳香风味，在改善工艺性能方面也发挥着重要作用。用于烘焙食品生产的乳品主要是牛乳及其制品。

(一) 牛乳的化学组成

牛乳是多种物质组成的混合物，化学成分很复杂，主要包括水分、脂肪、蛋白质、乳糖、矿物质、维生素、灰分和酶等。牛乳的化学成分受牛的品种、个体、泌乳期、育龄、饲料、季节、挤奶情况及健康状态等因素影响而有差异，其中变化最大的是脂肪，其次是蛋白质，乳糖和矿物质则相对稳定。牛乳的主要成分见表2-3。

表2-3 牛乳的主要成分

成分	比例%	平均值%	成分	比例%	平均值%
水分	85.5～89.5	87.0	蛋白质	2.9～5.0	3.4
总乳固体	10.5～14.5	13.0	乳糖	3.6～5.5	4.8
脂肪	2.5～6.0	4.0	矿物质	0.6～0.9	0.8

1. 乳蛋白质

一般原料乳中含有3.3%～3.5%的乳蛋白质。乳蛋白质属于完全蛋白质，大约含有20种以上的氨基酸，包括人体必需的氨基酸。从牛乳蛋白质的氨基酸组成来看，牛乳蛋白质的营养价值非常高，是一种非常经济的优质蛋白质来源。乳蛋白质可分为溶解的乳清蛋白和悬浮的酪蛋白两大类。

酪蛋白是乳蛋白质中最丰富的一类蛋白质，约占乳蛋白质的80%～82%。酪蛋白因含有磷酸根又被称为磷蛋白。在牛乳中，酪蛋白以酪蛋白酸钙-磷酸钙的复合形式存在。酪蛋白是制造乳酪和乳酪素的主要原料。酪蛋白能与钙、磷等无机离子结合成酪蛋白胶粒，以胶体悬浮液的状态存在于牛乳中。酪蛋白胶粒对pH的变化很敏感，调节脱脂乳的pH，酪蛋白胶粒中的钙离子与磷酸盐逐渐游离出来，pH到达酪蛋白的等电点时，酪蛋白沉淀。另外，由于微生物的作用，乳中的乳糖分解为乳酸，当乳酸量足以使pH达到酪蛋白的等电点时，同样可发生酪蛋白的酸沉淀，这就是牛乳的自然酸败现象。酸乳及乳酪的制造即基于此。

原料乳除去酪蛋白之后，仍留在乳中的蛋白质统称为乳清蛋白，占乳蛋白质的18%～20%。乳清蛋白有很高的营养价值和生理功能，但牛乳中酪蛋白含量多、乳清蛋白含量少，与人乳的组成正好相反。为使乳制品的蛋白质组成接近于人乳，可以利用乳清蛋白来调整牛乳组成成分，生产出高质量的婴儿营养乳粉和其他营养食品。可以将乳清浓缩、干燥、分离成各种成分，如蛋白质、乳糖、矿物质、脂肪及它们的复合物，作为食品加工用原料。目前常用的乳清制品有乳清粉和乳清浓缩蛋白。

2. 乳脂肪

乳中含有3%～5%的脂质，它具有很复杂的成分和结构，比其他天然脂肪复杂得多。乳脂肪不仅与乳的风味有密切关系，而且是稀奶油、奶油、乳酪、乳粉等的主要成分。乳脂肪不溶于水，而以脂肪球状态分散于乳浆中形成乳浊液。乳中的脂肪呈极细小的球体，均匀地分布在乳汁中，脂肪球的外面包有一层乳清或蛋白质薄膜。乳脂肪球的直径通常为0.1～10 μm，平均为3 μm左右。脂肪球的大小与乳脂肪的芳香程度和消化率有密切关系。一般来说，大脂肪球芳香味浓，但消化率不如小脂肪球。

3. 乳糖

乳中所含糖类的98.8%以上是乳糖，此外，还有少量的葡萄糖、果糖、半乳糖等。牛乳中含有4.7%的乳糖。乳糖是哺乳动物乳汁中特有的糖类，甜味比蔗糖低，其甜度为蔗糖的

1/6 左右。乳糖不易溶于水，但可溶于乳汁的水分中呈溶液状态。乳糖是一种具有还原性的双糖，经水解后生成一分子的葡萄糖和一分子的半乳糖。

4. *矿物质*

牛乳中矿物质含量在 0.7%～0.75%，主要有磷、钙、镁、氯、钠、硫、钾等矿物元素，以及一些微量元素如铁、锌、硼等。乳中矿物质的含量虽微，但对机体特别是婴幼儿的成长是必需的。矿物质对乳蛋白质的热稳定性有重要影响，可保持乳蛋白质较高的热稳定性。牛乳中的铁含量比人乳少，因此在儿童烘焙食品中有必要予以强化。

（二）常用乳品的种类及特性

烘焙食品常用的乳品有鲜乳、乳粉、炼乳、淡奶、酸奶、鲜奶油、酸奶油、乳酪等。

1. 鲜乳

鲜乳（即鲜奶）是哺乳动物分泌的乳汁，主要有牛乳（牛奶）、羊乳（羊奶）等。西式糕点生产中所说的鲜乳一般是指生鲜牛乳。鲜乳多在传统西点中使用。生鲜牛乳呈乳白色或稍带微黄色；具有新鲜牛乳固有的香味，无其他异味；呈均匀的胶态流体，无沉淀、无凝块、无杂质和无异物等。

2. 乳粉

乳粉是以鲜乳为原料，经浓缩后喷雾干燥制成的。乳粉包括全脂乳粉和脱脂乳粉两大类。由于乳粉脱去了水分，因此便于贮存、携带和运输，可以随时取用，不受季节限制，容易保持产品的清洁卫生，因此在面包、西点产品中被广泛应用。

乳粉的性质与原料乳的化学成分有密切关系，加工良好的乳粉不仅保持着鲜乳的原有风味，按一定比例加水溶解后，其乳状液也应和鲜乳极为接近，这一点对面包、糕点的生产及产品质量关系密切。

3. 炼乳

炼乳分甜炼乳（加糖炼乳）和淡炼乳（无糖炼乳）两种，其中甜炼乳销售量较大，在面包、糕点生产中使用较多。所谓甜炼乳，即在原料牛乳中加入 15%～16%的蔗糖，然后将牛乳的水分加热蒸发，浓缩至原体积的 40%。浓缩至原体积的 50%时不加糖者为淡炼乳。甜炼乳是利用高浓度蔗糖进行防腐的，如果生产条件符合规定、包装卫生严密，它在 8～10℃下长时间贮存也不腐坏。由于炼乳的携带和食用非常方便，因此，在缺乏鲜乳供应的地区，炼乳可作为面包、西点生产的理想原料。

4. 淡奶

淡奶又称奶水或蒸发奶，是将鲜牛乳经蒸馏去除一些水分后得到的乳制品，如雀巢公司的三花淡奶即是此类产品。淡奶没有炼乳浓稠，但比牛奶稍浓，其乳糖含量较一般牛奶高，奶香味较浓，可以给予西点特殊的风味。以 50%的淡奶加上 50%的水混合即成全脂鲜奶。淡奶也可用乳粉加水调配来代替，乳粉和水的比例为 1∶9 或 2∶8。

5. 酸奶

酸奶是在牛奶中添加乳酸菌使之发酵、凝固而得到的产品，根据其性状可分为硬质酸奶和软质酸奶。这类产品作为健康和疗效食品近年来发展很快，种类也十分多，在蛋糕、点心中运用得越来越广泛。

6. 乳酪

乳酪又称奶酪、干酪、芝士、起司等，是用皱胃酶或胃蛋白酶将原料乳凝聚，再将凝块加工、成型、发酵、成熟而制得的一种乳制品。乳酪的营养价值很高，其中含有丰富的蛋白质、脂肪和钙、磷、硫等矿物质及丰富的维生素。乳酪在制造和成熟过程中，在微生物和酶的作用下发生复杂的生物化学变化，使不溶性蛋白质混合物转变为可溶性物质，乳糖分解为乳酸与其他混合物。这些变化使乳酪具有特殊的风味并促进消化吸收率的提高。乳酪是西式糕点重要的营养强化物质。

乳酪在乳品中是种类最多的，由于成熟工艺的不同，会使乳酪具有不同的风味、口感和贮藏性能。常见的乳酪有：软质乳酪、半硬质乳酪、硬质乳酪、超硬质乳酪、奶油乳酪、乳酪粉等。

7. 鲜奶油（稀奶油）

牛乳中的脂肪是以脂肪球的形式存在，它的相对密度约为0.94，所以牛乳在静置之后，往往由于脂肪球上浮形成一层奶皮，这就是鲜奶油。鲜奶油不仅是制造奶油的原料，而且也可直接用来制造冰淇淋和用作蛋糕装饰奶油及西点馅料等。鲜奶油（Cream）和奶油（Butter）的区别在于鲜奶油的乳化状态是O/W，而奶油是W/O。

鲜奶油的种类较多，通常以其中乳脂含量的不同来区分。最常见的有：

① 咖啡饮料用鲜奶油：乳脂含量在20%以下，无法打发。

② 淡奶油：乳脂含量在18%～30%，是一种应用最广泛的鲜奶油，可用于沙司（Sauce）的调味和增白，也是糕点制作常用原料。

③ 发泡鲜奶油：乳脂含量在30%，其中添加有少许稳定剂和乳化剂，可以打发至两倍体积。目前有以植物性脂肪代替乳脂肪而制造的植物性鲜奶油，又称人造鲜奶油，主要成分是棕榈油、玉米糖浆及其氢化物。植物性鲜奶油通常是已经加糖的，而动物性鲜奶油一般不含糖。

④ 厚奶油（重奶油）：乳脂含量在48%～50%，因其成本较高，通常情况下为增进风味时才使用。

鲜奶油的保存方式视厂牌不同而有所不同，应仔细阅读产品包装上的保存方法和保存期限说明。

8. 酸奶油

酸奶油是在鲜奶油中添加乳酸菌，置于约22℃的环境发酵，至乳酸含量达到0.5%后而制得。酸奶油可用于特色蛋糕、慕斯等产品的制作。

（三）乳品的烘焙工艺特性

1. 提高面团的吸水率

乳粉中含有大量蛋白质，其中酪蛋白占蛋白质总含量的80%～82%，酪蛋白含量的多少会影响面团的吸水率。乳粉的吸水率为自重的100%～125%，因此每增加1%的乳粉，面团吸水率就要相应增加1%～1.25%，烘焙食品的产量和出品率相应增加，成本下降。

但脱脂乳粉本身亦有其吸水涨润过程，当一开始使用较高的加水量时，调粉若干分钟后，面团可能还比较软。此时切不可加干粉来调节面团软硬度，这是乳粉还未充分水化的关系，过一段时间，面团自然会表现出正常的软硬度。可见使用脱脂乳粉将延长完全水化的时间，且推迟整个调粉的进程。

2. 提高面团筋力和搅拌能力

乳品中含有大量乳蛋白质，其对面筋具有一定的增强作用，提高了面团筋力和面团的强度，令面团不会因搅拌时间延长而导致搅拌过度。筋力弱的面粉较筋力强的面粉受乳粉的影响大。加入乳粉的面团更能适合于高速搅拌，改善面包的组织和体积。

3. 改善面团的物理性质

面团中加入经适当热处理的乳粉后，面团的吸水率增加，面团筋力提高，搅拌耐力增强。但若使用未经热处理的鲜牛乳或乳清蛋白质，不仅不能改善面团的物理性质，而且会减少面团的吸水率，使面团粘软，面包体积小。这是因为未经处理的鲜乳中含有较多的硫氢基(—SH)，硫氢基是蛋白酶的激活剂，蛋白酶作用于面筋蛋白质，就会降低面团的筋力。通过热处理使乳蛋白质中的硫氢基失去活性，则可减低其对面团的不良影响。

4. 提高面团的发酵耐力

乳品可以提高面团发酵耐力，令面团不至于因发酵时间延长而成为发酵过度的老面团。这是因为在乳品中含有的大量蛋白质，对面团发酵 pH 的变化具有一定缓冲作用，使面团的 pH 不会发生太大的变化，保证面团的正常发酵。乳品还可抑制淀粉酶的活性，减缓酵母的生长繁殖速度，使面团发酵速度适当放慢，有利于面团均匀膨胀，增大面包体积。另外，乳品可刺激酵母内酒精酶的活性，提高了糖的利用率，有利于二氧化碳气体的产生。

5. 改善制品的组织

由于乳品提高了面团筋力，改善了面团发酵耐力和持气性，因此含有乳品的制品组织均匀、柔软、酥松并富有弹性。含有制品的面包颗粒细小，组织均匀，柔软富有光泽，体积增大。

6. 延缓制品的老化

乳品中的蛋白质及乳糖、矿物质等有抗老化作用。乳品中含有大量蛋白质，使面团吸水率增加，面筋性能得到改善，面包体积增大，这些因素都有助于使制品老化速度减慢，提高其保鲜期。

7. 是制品良好的着色剂

乳品中含有具有还原性的乳糖，不能被酵母所利用，发酵后仍全部留在面团中。在烘焙期间，乳糖与蛋白质中的氨基酸发生褐变反应，形成诱人的色泽。乳品用量越多，制品的表皮颜色就越深。乳糖的熔点较低，在烘烤期间着色快。因此，凡是使用较多乳制品的烘焙食品，都要适当降低烘焙温度和延长烘焙时间。否则，制品着色过快，易造成外焦内生的现象。

8. 赋予制品浓郁的奶香风味

乳品中的脂肪使人感到一种奶香风味。将乳品加入烘焙食品中，在烘烤时，低分子脂肪酸挥发，令制品的奶香更加浓郁，食用时风味清雅，有促进食欲，提高制品食用价值的显著作用。

9. 提高制品的营养价值

乳粉是面包、蛋糕等烘焙食品的主要原料。乳中含有丰富的蛋白质和人体所必需的氨基酸，维生素和矿物质也很丰富。烘焙食品中添加乳品，可以提高成品的营养价值。

六、食盐

食盐虽为咸味调味品，但在烘焙食品中其作用不仅限于提供咸味。食盐是制作面包的四大基本原料之一，虽用量不多，但不可缺少，即使最简单的硬式面包如法国面包等，可以不用糖，但必须用盐。

(一) 食盐在烘焙食品中的作用

1. 增进制品风味

食盐的浓度达到0.2%就能刺激人的味觉神经。盐为百味之源,不仅给人咸的口感,还能更好地衬托出原料自身的风味和面团发酵后的酯香味。适量的盐能使制品给人以咸香适口,香而不腻的感觉。

2. 调节和控制发酵速度

一般微生物在食盐的用量超过1%(以面粉计)时能产生明显的渗透压,对酵母发酵有抑制作用,能降低发酵速度。因此可以通过增加或减少配方中食盐的用量来调节和控制面团发酵速度。

如果面包中不加盐,会使酵母繁殖过快,面团发酵速度过快,面筋网络不能均匀膨胀,局部组织气泡多、气压大,面筋过度延伸,极易造成面团破裂、跑气而塌陷,制品组织不均匀,有大气孔,表面粗糙无光泽。加入一定量食盐,使酵母活性受到一定程度的抑制,就会使面团内产气速度缓慢,气压均匀,使整个面筋网络均匀膨胀、延伸,面包体积大、组织均匀,无大孔洞。

3. 增强面筋筋力

盐可使面筋质地变细密,增强面筋的立体网状结构,易于扩展延伸。同时能使面筋产生相互吸附作用,从而增加面筋的弹性。

4. 改善面包的内部颜色

食盐虽不能直接漂白面包的内部色泽,但由于食盐改善了面筋的立体网状结构,使面团有足够的能力保持发酵产生的二氧化碳气体。同时,由于食盐能够控制发酵速度,使产气均匀,面团均匀膨胀、扩展,使面包内部组织细密、均匀,气孔壁薄呈半透明,阴影少,当光线照射制品内部时,光线易于透过气孔壁,投射的暗影较小,故面包内部色泽变得洁白。

5. 增加面团调制时间

如果调粉开始时即加入食盐,会增加面团调制时间50%～100%,因此现代面包生产技术都采用后加盐法。即一般在面团中的面筋已经扩展,但还未充分扩展或面团搅拌完成前的5～6 min加入。

(二) 食盐在面包中的使用量和使用方法

1. 食盐在面包中的使用量

面包中的用盐量应从以下几个方面考虑:

(1) 面粉的筋力大小与食盐用量有关。低筋面粉应多用盐,高筋面粉应少用盐。

(2) 配方中糖的用量较多时,食盐用量应减少,因两者均产生渗透压作用。

(3) 配方中油脂用量较多时,食盐用量应增加。

(4) 配方中乳粉、鸡蛋、面团改良剂较多时,食盐用量应减少。

(5) 夏季温度较高时应增加食盐的用量,冬、秋季温度较低时应减少食盐的用量。

(6) 水质较硬时应减少食盐的用量,水质软时应增加食盐的用量。

(7) 需要延长发酵时间时可增加用盐量,需要缩短发酵时间时则应减少用盐量。

2. 后加盐法(迟加盐法)

制作面包时宜采用后加盐法,即在面团搅拌的最后阶段加入食盐。一般在面团的面筋扩展阶段后期，即面团不再粘附搅拌机缸壁时，盐作为最后加入的辅料加入，然后再搅拌5～6 min即可。

七、可可粉与巧克力

巧克力(Chocolate)不仅是世界上最流行的甜食之一，同时也是制作装饰品的理想材料，从简单甜食到精心准备的展示品都可以用巧克力制作。巧克力和可可粉常作为烘焙食品的馅心、夹层和表面涂层、装饰配件，赋予制品浓郁而优美的香味、华丽的外观品质、细腻润滑的口感和丰富的营养价值。

制造巧克力的主要原料是可可豆，来自可可树。可可豆是世界上重要的热带经济作物，原产于南美洲的亚马逊河流域。由于受自然条件的限制，现在可可豆的主要产区在非洲，其次是拉丁美洲，亚洲的户区主要集中在印尼和马来西亚。

可可豆主要用于生产巧克力制品，也被用来制造糖果、饮料和烘焙食品。一般首先将可可豆制成可可浆、可可脂浆、可可脂和可可粉，然后再生产品种繁多的巧克力。

(一) 可可浆

可可浆又称可可液块，是以纯可可豆为原料经清理、焙炒、裂碎簸筛和分离、研磨而成的浆体，又称可可料或苦料。可可浆在温热状态下具有流散性，冷却后则凝固成块。可可浆含有极多的脂肪和其他化学成分。

(二) 可可脂

可可脂是以纯可可豆为原料，经筛选、烘焙、磨浆、机榨而成的植物性油脂，又称为可可白脱。可可脂是巧克力中的凝固剂，具有可可独特的香味，在常温(27℃以下)下可可脂为固体，坚硬并有脆裂性，呈淡黄色或乳黄色，从27.7℃开始至35℃时完全融化。因此，它入口很容易溶化，并且没有油腻感。可可脂在西点中主要用于制作巧克力，稀释较浓、较干燥的巧克力制品。在可可脂含量较低的巧克力中加入适量的可可脂，可以提高巧克力的黏稠度，增强巧克力沾浸、脱模后的光亮效果，使其质地细腻。

由于可可脂资源有限，市场价格昂贵，为满足食品工业需求，近年来已开发出许多新型的类可可脂和代可可脂产品。类可可脂(简称CBE)是从天然植物油脂中制取的，把最接近于可可脂的脂肪和具有相近甘油酯成分的脂肪称为类可可脂。只要对所选油脂进行适当的分馏和加工处理，并对所得甘油酯混合物进行适当调配，就能生产性质接近于可可脂的类可可脂。类可可脂在生产巧克力制品中的应用不受工艺限制，与可可脂的工艺技术是相一致的。在制作巧克力时，类可可脂需要进行调温，故也称为调温型硬脂。代可可脂(简称CBS)是能部分模拟天然可可脂特点的硬化油。由于在应用代可可脂制作巧克力时无需进行调温，因此也称其为非调温型硬脂。

(三) 可可粉

可可粉是以可可豆为原料，经脱脂而成的粉状物。可可浆经压榨除去部分可可脂后即为可可饼，再将可可饼粉碎、磨油、筛分后即制得可可粉。可可粉按其加工工艺可分为天然可可粉和碱化可可粉两类。天然可可粉带有少许酸性，用它做蛋糕时，可以使用小苏打(中和酸)来改善制品色泽。碱化可可粉是将可可豆或可可液块进行碱化处理后制成的可可粉，其酸度降低，呈中性或微碱性，色泽棕红，有光泽，香味温和，溶解性高。可可粉中含脂量一般在20%，可分为无味可可粉和甜可可粉。无味可可粉可与面粉混合制作蛋糕、面包、饼干，还可以与奶油一起调制巧克力奶油膏。甜可可粉多用于夹心巧克力、热饮或筛在蛋糕表面做装饰。

（四）巧克力

巧克力是由可可浆、可可粉、可可脂、类可可脂、代可可脂、乳制品、白砂糖、香料和表面活性剂等为基本原料，经过混合、精磨、精炼、调温、浇模成形等工序的科学加工，具有独特的色泽、香气、滋味和精细质感的、精美的、耐保藏的、高热值的香甜固体食品。

巧克力按其配方中原料油脂的性质和来源的不同，可分为天然可可脂纯巧克力和代可可脂纯巧克力两大类。天然可可脂纯巧克力所用原料油脂是从可可豆中榨取的，而代可可脂纯巧克力所用原料油脂有部分或大部分是由植物油加氢分馏后所制成的代可可脂。

巧克力按照所加辅料不同，有黑巧克力、牛奶巧克力、白巧克力等品种。

(1) 黑巧克力。黑巧克力是一种外表呈棕褐或棕黑色泽，具有明显苦味的巧克力，它具有明显的可可香味和苦味，并兼有一定的提神健脑作用。黑巧克力由可可浆、可可粉、可可脂、代可可脂、砂糖、香兰素和表面活性剂（磷脂）等原料组成。

可可固体物与糖的用量决定了巧克力的味道：半甜、苦、特苦。可可固形物比例越高，糖的比例就越低。半甜巧克力含 50%～60%的可可固形物。可可固形物含量超过此比例，则称为苦巧克力和特苦巧克力。

黑巧克力的硬度较大，可可脂含量较高。根据可可脂含量的不同，黑巧克力又有不同规格。如软质黑巧克力，可可脂含量为 32%～34%；硬质黑巧克力，可可脂含量为 38%～40%；超硬质黑巧克力，可可脂含量为 38%～55%。可可脂含量越高的巧克力越有利于脱模和操作。

(2) 牛奶巧克力。牛奶巧克力具有棕色或浅棕色的色泽，具有可可和牛乳的优美风味。它具有营养丰富、发热量高等特点。牛奶巧克力由可可浆、可可粉、代可可脂、乳和乳制品、白砂糖、香料和表面活性剂等原料组成，通常含有 36%的可可固形物和不高于55%的糖。

(3) 白色巧克力。白色巧克力的配方与牛奶巧克力基本相同，只是不含非脂可可固形物（即可可粉），乳制品和糖的含量相对较多，甜度较高。

(4) 特色巧克力。特色巧克力是以上述几种巧克力为基础，对配方和工艺进行修改处理后，制成富有特殊风味和特性的纯巧克力，如咖啡巧克力、柠檬巧克力、草莓巧克力等，该类产品具有色泽、风味丰富多彩的特点。

八、果料

果料在烘焙食品中应用广泛，是烘焙食品制作的重要辅助原料之一。果料的使用方法主要是在制品加工中将其加入面团、馅心或用于装饰表面。常用的果料有籽仁、果仁、干果、果脯、蜜饯、果酱、果泥、新鲜水果、罐头水果、冻干水果等。

（一）果料在烘焙食品中的作用

1. 提高制品的营养价值

果品中含有人体所需的矿物质、维生素、有机酸、糖等，果仁还含有较多的脂肪，有些成分对人体有治疗作用。因此，将它们加入制品中也就自然地增加了制品的营养价值，提高了食品质量。

2. 改善制品的风味

不同的果料有各自独特的风味，将它们加入制品中，都能显现出各自的香气和香味，特别是含芳香成分较多的果料更能提高制品风味，促进人们的食欲。

3. 调节和增加制品的花色品种

西点的花色品种有许多是以果料的形、香、味来调节和命名的，如果味酥、香蕉条、果酱排、果酱面包、菠萝面包等。

4. 美饰制品外观

在西点制品的表面，有的放几瓣杏仁，有的沾一层核桃碎或其他碎果仁，有的撒些色彩各异的果脯丁，有的拼摆上各色水果，有的还装饰成各种图案，使制品醒目、美观、增强色彩，起到装饰美化效果。

(二) 烘焙食品中常用果料种类

1. 果仁和籽仁

果仁和籽仁含有较多的蛋白质与不饱和脂肪酸，营养丰富，风味独特，被视为健康食品，广泛用作西点的馅料、配料(直接加入面团或面糊中)、装饰料(装饰产品的表面)。

常用的籽仁主要有芝麻仁、花生仁和瓜子仁；常用的果仁有核桃仁、杏仁、松子仁、橄榄仁、榛子仁、栗子、椰蓉(丝)等，西式糕点加工中以杏仁使用得最多。

使用果仁时应除去杂质，有皮者应焙烤去皮，注意色泽不要烤得太深。由于果仁中含油量高，而且以不饱和脂肪酸含量居多，因此容易酸败变质，应妥善保存。

2. 水果

水果在烘焙食品中主要做装饰料和馅料，如水果塔、苹果派等。根据水果的存贮方式可分为新鲜水果、罐头水果、冷冻水果等几类，后两类不受季节影响，且保存、使用方便。

3. 干果

干果有时也称果干，是水果脱水干燥之后制成的产品。烘焙食品中常用的干果有葡萄干、蓝莓干、覆盆子干、蔓越莓干、樱桃干、醋栗干、草莓干、苹果干、梨干、杏干、红枣等。水果在干燥过程中，水分大量减少，蔗糖转化为还原糖，可溶性固形物与碳水化合物含量有较大的提高。果干可直接加入面团或面糊中使用，如水果蛋糕、水果面包等，或用于馅料加工，有时也作装饰料用。

4. 蜜饯

蜜饯是以干鲜果品、瓜蔬等为主要原料，经糖渍蜜制或盐渍加工而成的食品，其含糖量为40%～90%。蜜饯在烘焙食品中可直接加入面团或面糊中使用，或用于馅料加工及作为装饰料使用。

5. 果酱

果酱是由植物的果实与糖等其他辅料经加工制作而成的酱料，在烘焙食品中主要用作馅料和装饰料。

果酱包括水果酱和果仁酱两大类。水果酱是采用新鲜水果与糖等其他辅料制作而成的酱膏，常以所用水果品种命名，例如：苹果酱、草莓酱、龙眼酱等。用于水果酱加工的水果分两类：一类含有果胶质，如桃子、苹果等，果胶有很强的凝结性，能使果酱有黏性而变浓稠；另一类不含果胶质，如杨梅、菠萝等，在加工时需加进果胶、明胶、琼脂或淀粉以增加其稠度。

果仁酱是指用果实的种子(即果仁)与糖为主料制作而成的果酱馅料,其命名也是以其所用果仁为主,例如:杏仁酱,花生仁酱等。果仁,作为植物的种子大多都富含脂肪,同时还含有较多的醇、甘油脂等芳香性物质。因此,果仁酱具有吃口油润、芳香味浓、香甜可口、富有营养等特点。

6. 果泥

果泥,即水果的泥状流体形态,其制作工序为:在工厂将水果清干净并去皮、去核、去渣,压榨为泥状,迅速冷冻。食用时,将其解冻即可。果泥较好地保持了新鲜水果的天然味道和香气,营养丰富,四季皆有,是较理想的一种果类原料。果泥主要用于慕斯、果冻、风味蛋糕、冰淇淋、布丁、饮料等食品的制作。

九、香辛料

香辛料是一类能带给食品各种香辛、麻辣、苦甜等典型气味的植物香料的简称,它可在食品中提供令人愉快的风味。香辛料不仅是人们日常生活的调味品,也是烘焙食品生产的重要辅料。香辛料在食品中起调香、调味和调色作用。对于喜肉食的欧美人而言,香辛料更是不可缺少的。在西餐制作中,由于香味调料的广泛使用,形成了西餐独有的风味特征。在使用香料时,通常是为了抑制、消除动物性原料的异味,有时也用于单纯的增香目的,并且常按一定比例混合使用。

香辛料在使用时可以不经任何加工而使用其完整物料,如香叶、罗勒叶、迷迭香叶、花椒;也可将香辛料经过晒干、烘干等过程,再粉碎成颗粒或粉末后使用,如辣椒粉、五香粉、咖喱粉;还可以将香辛料通过蒸馏、萃取等工艺,提取其精油,经稀释后使用,如芥末油、姜油、香料油等。

香辛料有芳香料、苦香料、辛香料之分。烘焙食品中常用的芳香料有八角、小茴香、丁香、肉桂、多香果、芫荽籽、百里香、迷迭香、罗勒等;苦香料有橙皮、肉豆寇等;辛香料有胡椒、花椒、辣椒、咖喱粉、芥末、姜等。

十、膨松剂

膨松剂(又称疏松剂、膨胀剂、膨大剂)是烘焙食品的重要添加剂,以使制品在烘焙、蒸煮、油炸时增大体积,组织疏松柔软,使之更适于食用、消化及形态变化,满足人们的消费需要。

膨松剂有化学膨松剂和生物膨松剂两大类。化学膨松剂主要用于蛋糕、饼干等重油、重糖类食品及油条、麻花等中式面点中。酵母作为常用的生物膨松剂,主要用于面包、发酵饼干等西点及馒头、包子等中式发酵面点中。

(一)烘焙食品的膨松方式

烘焙食品膨松的方式主要有三种:生物膨松法、物理膨松法、化学膨松法。

1. 生物膨松法

生物膨松法指利用酵母发酵作用使制品膨松的方法。酵母发酵时不仅产生二氧化碳使烘焙食品膨松,更重要的是还能产生发酵食品特有风味并增加制品营养价值,如面包、馒头、发酵饼干等制品的膨松。

2. 物理膨松法

物理膨松法又有机械力胀发法和水蒸气膨胀作用之分。机械力胀发法是指由机械搅拌作用将空气拌入并保存在面糊或面团内的膨松方法。主要有两种形式:①以油脂作膨松介质,通过搅拌将空气打入油脂内,在烘焙时空气受热,体积膨胀,气体压力增加而使产品质地疏松,体积膨大。如制作水果磅蛋糕时,奶油等油脂成分越高,打入的空气也就越多。在此情况下,发粉的使用量可以减少甚至不用。②以蛋液作膨松介质,打发蛋液成泡沫,烘焙时这些气泡膨胀,使产品的体积膨大。例如海绵蛋糕由蛋糖搅拌打发,天使蛋糕则由蛋白及糖的搅拌而打发,这些都不另外加入发粉即可疏松。

泡芙类产品所拥有的膨胀性源于水蒸气的膨胀作用。当烫搅泡芙面团时面粉中的淀粉充分糊化,蛋白质受热变性形成良好的弹性胶状体,使制品在烘焙时,面团内部的水分及油脂受热分离,产生爆发性强蒸汽压力,像吹气球般使外皮膨胀并将气体包起来。蛋糕面糊或面包面团在烘焙时温度升高,内部水分蒸发,体积膨胀,促进了制品体积增大。

3. 化学膨松法

化学膨松法是指利用小苏打、发粉、碳酸氢铵等化学膨松剂加热时产生二氧化碳气体的性质,使制品疏松膨胀的方法。

(二) 生物膨松剂——酵母

酵母是面包生产中不可缺少的重要原料之一。烘焙食品生产中所用的酵母为面包酵母,它是以糖蜜、淀粉质原料经发酵法通风培养酿酒酵母制得的有发酵力的酵母。

1. 酵母的作用

(1) 使面团膨胀,使产品疏松柔软。这是酵母的重要作用之一。在发酵中,酵母利用面团中的糖进行繁殖、发酵,产生大量二氧化碳气体,最终使面团膨胀,经烘焙后使制品体积膨大,组织疏松柔软。

(2) 改善面筋。面团的发酵过程也是一个成熟过程,发酵产物除二氧化碳以外,还有酒精、酯类和有机酸等。这些生成物往往能增加面筋的伸展性和弹力,使面团最终得到细密的气泡和很薄的膜状组织。

(3) 改善制品风味。面团在发酵过程中形成了酒精、有机酸、醛、酮、酯类等风味物质,在制品烘烤后形成发酵制品特有的香味。

(4) 增加产品营养价值,易于人体消化吸收。在面团的发酵过程中,酵母中的各种酶有利于面粉中的各种营养成分的分解,这对人体的消化吸收非常有益,提高了谷物的生理价值。此外,酵母本身就是营养价值很高的物质,它含有丰富的蛋白质、多种维生素及矿物质。面团发酵过程中生长繁殖的大量酵母使面包等制品的营养价值明显提高。

2. 面包酵母的种类与特点

(1) 鲜酵母。鲜酵母亦称压榨酵母,是酵母液经除去一定量水分后压榨而成,含水分71%~73%。鲜酵母的特点有:①耐糖、耐冻性好;②发酵力旺盛;③水溶性好;④对阻碍发酵物质的抵抗力强;⑤酶活力高;⑥保质期短,贮存条件严格;⑦活性不稳定。

虽然现在在面包制造业已大量使用干酵母,但新型的鲜酵母质量稳定,发酵耐力强,后劲大,入炉膨胀好,面包体积大,风味好。如有条件,还是可以选择鲜酵母制作面包。

(2) 活性干酵母。活性干酵母是干酵母的最早形式,由鲜酵母经低温干燥而成。其特点:①使用起来比鲜酵母更方便;②活性稳定,发酵力强,使用量也较稳定;③不需低温贮存,可在常温下贮藏一年,保质期不低于6个月;④使用前需用温水活化。

(3) 高活性干酵母。高活性干酵母又称即发活性干酵母、速溶干酵母、速效干酵母,与鲜酵母、活性干酵母相比,具有鲜明特点:①活性特别高;②活性特别稳定;③发酵速度快;④使用时不需活化处理,使用非常方便;⑤不需低温贮藏,只要贮藏于20℃以下阴凉、干燥处即可,贮存期可达2年,保质期12个月。

3. 影响酵母活性的因素

(1) 温度。酵母生长的适宜温度在27～32℃之间,最适温度为27～28℃。因此,面团前发酵阶段应该将发酵室温度控制在30℃以下。在27～28℃温度范围内主要是使酵母大量繁殖,为最后醒发积累后劲。酵母的活性随着温度升高而增强,面团内的产气量也大量增加,当面团温度达到38℃时,产气量达到最大。因此,面团醒发时的温度要控制在35～39℃之间。温度太高,酵母衰老快,也易产生杂菌,使面包变酸。但在10℃以下时,酵母活性几乎完全停止。故在面团搅拌时,不能用冰水与酵母直接接触,以免破坏酵母的活性。

(2) pH值。酵母适宜在酸性条件下(pH值为4～6)生长,在碱性条件下其活性大大减小。一般面团的pH值控制在5～6最好。pH值低于4或高于8,酵母活性都将大大受抑制。

(3) 渗透压。高浓度的糖、盐和其他可溶性的固体都足以抑制酵母的发酵。糖在面团中的含量超过6%(按面粉重量计),对酵母活性具有抑制作用,低于6%则有促进发酵的作用。干酵母比鲜酵母耐高渗透压环境。盐比糖抑制发酵的作用大。

即发干酵母有高糖酵母和低糖酵母之分,这里的“高糖”与“低糖”指的是酵母的耐糖性。酵母的耐糖性是指酵母对糖的适应能力,是酵母的重要质量指标,不同的酵母其耐糖性不同,故用途也不同。有些酵母耐糖性很低,适用于制作低糖的主食面包;有的酵母耐糖性很高,适用于制作高糖的点心面包。在实际生产中一定要根据面包的品种来正确选用酵母。

此外,酵母的耐盐性在面包生产中具有重要意义。盐是高渗透压物质,盐的用量越多,对酵母的活性及发酵速度的抑制作用越大。利用盐的高渗透压作用这一特性,可控制、调节面团的发酵速度,防止面团发酵过快,有利于面包组织的均匀细腻。故不加盐的面团的发酵速度很快,而面包组织非常粗糙,气孔较多。盐的用量超过1%(按面粉重量计)时,即对酵母有明显抑制作用。

(4) 水。水是酵母生长繁殖所必需的物质,许多营养物质都需要借助于水的介质作用而被酵母所吸收。因此,调粉时加水量较多、较软的面团,其发酵速度较快。

(5) 营养物质。酵母所需的营养物质有氮源、碳源、矿物质和生长素等。

4. 酵母的选择

酵母的选择直接关系到面团能否正常发酵和面包类发酵制品的质量。不同的酵母不仅发酵力不同,其发酵特性也有异,而且适用的产品配方、工艺要求也不同。有的发酵速度快,有的发酵速度慢;有的发酵耐力强、后劲大,有的发酵耐力差、后劲小,甚至无后劲;有的适用于高糖配方,有的适用于低糖配方。对面包酵母来说,其发酵耐力越强,后劲越大,面包的体积也越大、越疏松、有弹性。如果酵母发酵耐力差,后劲小,则面包体积小,组织紧密,缺乏弹性,面团在醒发过程中易塌陷。面包酵母的后劲是指酵母在面团发酵过程中,前一阶段发酵速度较慢，越往后发酵速度越快，产气量多，产气持续时间长，面团膨胀大，而且面团发酵适度后仍能在一定时间内(15～25 min)保持不塌陷。酵母的这一特性在面包生产工艺中是非常重要的，它有利于对发酵工序的控制，有利于醒发和烘焙工序之间的衔接，减少面团醒发期间的损失和次品的产生。

不管选用哪种酵母，首先应通过小型发酵试验了解酵母的发酵特性和规律，制定出正确的发酵工艺后再大批投入使用，以免造成不应有的损失。

选择酵母还必须考虑制品的发酵工艺和配方。高活性干酵母适用于快速发酵法，也可以用于一次发酵和二次发酵法生产面包，但效果不如鲜酵母。高活性干酵母包装上一般均注明适合高糖配方的产品或低糖配方的产品。

在选择高活性干酵母时，还应注意其生产日期和产品保质期，以保证在酵母的保质期内使用。超过了保质期的酵母，其生物活性降低，发酵力降低，会造成面团起发不好，甚至不能起发。

由于高活性干酵母采用真空、密封包装，其复合铝箔袋应该坚硬。如包装袋变软，说明已有空气进入袋内，将影响和降低酵母的活性。

5. 酵母的使用

正确使用酵母的原则是在制品生产过程中要保持酵母的活性，每道工序都要有利于酵母的充分繁殖和发酵。因此，在面团中如何添加酵母以及控制添加量对面团正常发酵和保证产品良好质量都是极为重要的。

(1) 酵母的添加方法

酵母对温度的变化最敏感，它的生命活动与温度的变化息息相关，其活性和发酵耐力随着温度变化而改变。影响酵母活性的关键工序之一是搅拌。对于无空调设备的加工场所，搅拌机不能恒温控制，需根据季节变化调整水温来控制面团的温度。在搅拌过程中酵母的添加方法应按照以下情况来决定：①春、秋季节多用 30～40℃的温水来搅拌，酵母可直接添加在水中。这样既保证了酵母在面团中均匀分散，又起到了活化作用。但水温千万不能太高，超过 50℃时酵母会被杀死。②初夏季节多用冷水搅拌，冬天多用热水搅拌。在这两个季节应先将酵母拌入面粉中再投入搅拌机进行搅拌，这样就可以避免酵母直接接触冷、热水而失活。酵母如果接触到 15℃以下的冷水，其活性大大降低，这在面包生产行业俗称“感冒”，造成面团发酵时间长，酸度大，面包有异味；酵母如果接触到 55℃以上的热水则很快被杀死。将酵母混入面粉中再进行搅拌，则面粉先起到了中和水温和酵母的保护作用。③盛夏季节室温超过 30℃以上的话，酵母应在面团搅拌完成前的 5～6 min 时，撒在面团上并搅拌均匀即可。盛夏高温季节调粉时，千万不可将酵母在水中活化，这样会使搅拌过程中面团产气发酵得更快，更无法控制面团的质量。在搅拌过程中，添加酵母时要尽量避免酵母直接接触到糖、盐等高渗透压物质。

(2) 酵母的使用量

酵母使用量与酵母种类、发酵方法、产品配方等因素有关，在实际生产中应根据具体情况来调整。

① 酵母种类。不同种类酵母的活性和发酵力不同，其产气能力不同，使用量也就不同。各种不同类酵母之间的用量换算关系为：

鲜酵母∶活性干酵母∶高活性干酵母=1∶0.5∶0.3。

② 发酵方法。发酵次数越多,酵母用量越少,反之越多。因此,快速发酵法酵母用量最多,一次发酵法次之,二次发酵法用量最少。

③ 产品配方。面包配方中辅料越多,特别是糖、盐用量高,对酵母产生的渗透压也大,应增加酵母用量;鸡蛋、奶粉用量多,面团韧性增强,也应增加酵母用量。因此,甜面包较主食面包酵母用量多。

④ 面粉品质。面粉筋力大,面团韧性强,应增加酵母用量;反之,应减少用量。

⑤ 气温。夏季气温高,发酵快,可减少酵母用量;春、秋、冬季气温低,应增加酵母用量,以保证面团正常发酵。

⑥ 面团软硬度。加水多的软面团,发酵快,可适量少加酵母;加水少的硬面团则应多加。

⑦ 水质。使用硬度较高的水时应增加酵母用量,使用较软的水时则应减少用量。

(三) 化学膨松剂

化学膨松剂可分为单质膨松剂和复合膨松剂两大类。

1. 单质膨松剂

单质膨松剂主要有碳酸氢钠和碳酸氢铵,它们受热时产生气体,使制品形成膨松多孔的组织结构。

(1) 碳酸氢钠。又称小苏打、苏打粉、小起子,分解温度为60~150℃,加热至270℃时失去全部二氧化碳。碳酸氢钠一般作为饼干和甜酥饼的膨松剂,用量为0.3%~1.0%。

碳酸氢钠分解后残留碳酸钠,使成品呈碱性,影响口味,使用不当时还会使成品表面呈黄色斑点。

(2) 碳酸氢铵。又称臭粉,对热不稳定,在空气中易风化,其固体在58℃、水溶液在70℃时分解出氨和二氧化碳,产气量为碳酸氢钠的2~3倍。由于碳酸氢铵的分解温度过低,因而不能单独使用。

碳酸氢钠与碳酸氢铵混合使用可以减弱各自的缺陷,获得较好的效果。用于饼干、桃酥一类糕点时碳酸氢钠与碳酸氢铵的配比为6∶4或7∶3,用于蛋糕时则为3∶7或4∶6。

2. 复合膨松剂

复合膨松剂又称发酵粉、泡打粉、发粉、焙粉,主要由碱性膨松剂、酸性物质和填充剂三部分组成。碱性膨松剂一般使用碳酸氢钠,含量为20%~40%;酸性物质含量为35%~50%,不仅可与碳酸氢钠反应生成二氧化碳,而且还能降低成品的碱性,常用的酸性物质有钾明矾、铵明矾、磷酸氢钙、磷酸二氢钙、酒石酸等;填充剂采用淀粉、脂肪酸,含量为10%~40%,起着有利于膨松剂保存、防止结块、吸潮和防止失效的作用,也有调节气体产生速度或均匀产生气泡的功效。

由于复合膨松剂是根据酸碱中和反应的原理而配制的,其生成物呈中性,消除了小苏打和臭粉各自使用时的缺点,因此运用复合膨松剂制作的产品组织均匀,质地细腻,无大孔洞,颜色正常,风味纯正。

各种复合膨松剂因其配比与酸性物质的不同,而使其气体发生速度与状态不同。发酵粉按反应速度的快慢或反应温度的高低可分为快速发酵粉、慢速发酵粉和双效发酵粉。

蛋糕类制品中使用的膨松剂多要求双效发酵粉。蛋糕面糊在搅拌时，一部分空气被拌入面糊内，快速发酵粉部分反应释放出的二氧化碳也保存在面糊内，这部分气体在烘烤时起气泡核心作用，这些核心分散越均匀，气泡的稳定性越好，烤出的蛋糕颗粒则细小，气孔壁薄。另一方面，面糊由于气体的介入，相对密度减轻，黏稠度降低，装烤盘时易于操作。蛋糕面糊由搅拌到烘焙完成的各个阶段，对发酵粉的二氧化碳释出量有一定要求。如加入的快性发酵粉太多，焙烤初期反应快，膨胀较快，但此时蛋糕组织尚未凝固定型，烘焙后期因产生的气体不足，膨胀力无法继续，成品容易塌陷，蛋糕组织粗。相反，如加入的慢速发酵粉太多，烘焙初期膨胀太慢，当二氧化碳还未完全释出时，制品已凝固定型，一部分发酵粉因此失去膨胀效果，造成蛋糕体积小，有顶部易于胀裂的缺陷。

不同的烘焙食品其大小、形状、组织不同，因此烘焙的温度、时间也不同，所以应按产品的特点选用适合的膨松剂。

十一、乳化剂

乳化剂是一种多功能的表面活性物质，可在许多食品中使用。由于它具有多种功能，因此也被称为面团改良剂、保鲜剂或抗老化剂、柔软剂、发泡剂等。在食品加工中常使用它来达到乳化、分散、起酥、稳定、发泡或消泡等目的，它还有改进食品风味，延长货架期的作用。

（一）乳化剂的特性

1. 乳化作用

许多食品如奶油蛋糕、饼干、糕点、冰淇淋等含有大量的油和水。由于油和水都具有较强的表面张力，互不相溶而形成明显的分界面，即使加以搅拌，一旦静置还会出现分层，形成不了稳定的乳浊液。如此易造成制品组织粗糙，质地不细腻，口感差，容易老化。如果在食品加工过程中加入少量的乳化剂，经过搅拌混合，油就会变成微小粒子分散于水中而形成稳定的乳浊液，使食品中的多相体系各组分相互融合，形成稳定、均匀的形态，改善内部结构，简化和控制加工过程，提高食品质量。

2. 面团改良作用

乳化剂添加到面包等发酵型食品中可起到面团改良作用，可以增加面团弹性、韧性、强度和搅拌耐力，提高面团吸水率，使面团发酵耐力、持气性增强，增大面包体积和柔软度，改善面包内部组织。

乳化剂的面团改良作用机理就是它能与面筋蛋白质互相作用形成复合物，即乳化剂的亲水基结合麦胶蛋白质，亲油基结合麦谷蛋白质，使面筋蛋白质分子互相连接起来由小分子变为大分子，进而形成结构牢固细密的面筋网络，增强了面团的持气性，增大了制品体积。

乳化剂在面团调制阶段（即常温下）就能与面筋蛋白质相互作用形成复合物，在这个阶段乳化剂几乎不与淀粉发生作用。

3. 抗老化保鲜作用

谷物食品如面包、蛋糕、馒头、米饭等放置几天后会由软变硬，组织松散、破碎、粗糙，弹性和风味消失，这就是老化现象。谷物食品的老化主要是由淀粉引起的。实践证明，延缓面包等食品老化的最有效办法就是添加乳化剂，因乳化剂是最理想的抗老化剂和保鲜剂。乳化剂抗老化保鲜的作用与直链淀粉和自身的结构有密切关系。

在面团调制阶段，乳化剂被吸附在淀粉粒表面，产生水不溶性物质，抑制了水分的移动，也抑制了淀粉粒的膨胀，阻止了淀粉粒之间相互连接。因为在面团调制阶段，面团内部还没有达到淀粉的糊化膨胀温度，所以淀粉粒没有膨胀，结构仍很牢固紧密，乳化剂进入不了淀粉粒内部与直链淀粉相互作用。

在烘培阶段，面团内部温度开始上升，当达到55℃以上时，淀粉受热膨胀并糊化。乳化剂与溶出淀粉粒外的直链淀粉和淀粉粒内的直链淀粉相互作用，乳化剂被紧紧地包在直链淀粉螺旋结构里形成强复合物。乳化剂的亲油基进入直链淀粉螺旋结构形成不溶性复合物，防止了淀粉粒之间因再结晶而发生老化。

乳化剂除与直链淀粉形成不溶性复合物而产生抗老化作用外，还直接影响面团中水分的分布，间接延缓老化。乳化剂在面团调制阶段吸附在淀粉粒表面及烘焙阶段形成复合物后，淀粉的吸水溶胀能力被降低，糊化温度被提高，从而使更多的水分向面筋转移，因而增加了面包心的柔软度，延缓了面包老化。

4. 发泡作用

蛋糕、蛋白膏、奶油膏等在制作时都需要充气发泡，以得到膨胀疏松的组织结构。泡沫形成的多少和是否稳定，是发泡食品质量好坏的关键。

泡沫是一种气体分散在液体介质中的多相不均匀体系，气体是分散相（不连续相），液体是分散介质（连续相）。由于气体与液体的密度相差太大，故在搅打情况下液体中的气体总是很快上升至液面，形成以少量液体构成的液膜隔开气体的气泡聚集物，即泡沫。简单地说，泡沫就是由液体薄膜包围着的气体。泡沫也是一种不稳定的热力学体系，其稳定性受表面张力、液膜强度、溶液黏度所影响。

加入乳化剂后，乳化剂吸附在气-液界面上，增加了液膜的机械强度，降低了界面张力，增加了液体和气体的接触面积，有利于发泡和泡沫的稳定。因此，乳化剂既是发泡剂又是泡沫稳定剂。

乳化剂的发泡及泡沫稳定作用还可用蛋糕糊的比重、体积、密度来说明。添加乳化剂的蛋糕糊和面糊的比重、密度都比不添加乳化剂的降低，而蛋糕的体积则增加，这充分说明乳化剂具有良好的发泡性和稳定性。此外，乳化剂还能使食品体系中的气泡分布均匀，大气泡明显减少，使食品从组织到质地都更加细腻、均匀。

（二）乳化剂在烘焙食品中的应用

1. 蛋糕类

乳化剂用于蛋糕制作时的作用如下：①缩短打发时间，使面糊稳定性更好，使蛋糕膨发得更大，组织结构得到改良；②在机械化操作时，改善原料在加工中对机械的适应性；③使成品结构更细腻、松软；④使原料耐油能力增强，特别适于制作油脂含量较高的蛋糕；⑤保水性好，使烘烤时水分不易流失而保持良好口感；⑥可以延长成品保质期。

制作蛋糕时直接向面粉中加乳化剂的情况不多，乳化剂一般作为起泡剂、乳化油、液体起酥油的成分使用。海绵蛋糕制作中常用的蛋糕油即一种蛋糕乳化起泡剂，具有发泡和乳化双重功能。制作油脂蛋糕时可以直接添加乳化剂，同时含有乳化剂的起酥油的添加对蛋糕品质也有比较大的影响。油脂蛋糕中添加的乳化剂通常制成发泡性乳化油来使用。在高含糖量的油脂蛋糕中，通常也采用高比例的起酥油，一般多用液体起酥油，这种起酥油具有良好的结合水性能，并且能改善所形成的乳状液的起酥性，增加体积，提高蛋糕质量，使新鲜蛋糕获得更均匀的组织结构。

2. 面包类

面包中使用乳化剂的主要目的是：改良面团的加工特性，防止产品老化。在大规模机械化、自动化制造面包时，乳化剂更是必不可少的添加物。美国把面包用乳化剂分为两种：一种是面团改良剂，另一种是软化剂，也称抗老化剂。乳化剂在制作面包中的作用主要有：①改良面团的物理性质，例如克服面团发黏的缺点，增强其延伸性等；②提高原料的机械耐性；③有利于将面团烘烤成柔软而体积大的面包，使面包组织细腻，触感、口感得到改善；④防止产品老化，保持产品新鲜。

3. 饼干类

饼干中添加乳化剂可起到以下作用：①使酥油乳化、分散，改善产品组织和口感；②提高面团亲水性，便于配料搅拌；③提高面团发泡性，使气体分散、致密。

（三）乳化剂的使用方法

乳化剂一般都具有多功能性，但都具有一种主要作用。如果添加乳化剂的主要目的是增强面筋，增大制品体积，就要选用与面筋蛋白质复合率高的乳化剂，如 SSL、CSLH 和 DATEM 等；如果添加的目的主要是防止食品老化，就要选择与直链淀粉复合率高的乳化剂，如各种饱和的蒸馏单酸甘油酯等。

乳化剂在面包、糕点、饼干中的添加量一般不超过面粉总量的 1%，通常为 0.3%～0.5%。如果添加目的主要是乳化，则应以配方中的油脂总量为添加基准，一般为油脂总量的 2%～4%。

十二、面团改良剂

面团改良剂是指能够改善面团加工性能、提高产品质量的一类添加剂的统称，还被称为面粉品质改良剂、面团调节剂、酵母营养剂等。面团改良剂现在多为混合制剂，它包括面粉处理剂、乳化剂、酶制剂、食品营养强化剂、水硬度和面团 pH 调节剂、缓冲剂、各种氧化剂和还原剂类物质。

氧化剂是指能够增强面团筋力，提高面团弹性、韧性和持气性，增大产品体积的一类食品添加剂。还原剂是指能降低面团筋力，使面团具有良好可塑性和延伸性的一类化学合成物质。烘焙食品中使用的酶制剂主要包括淀粉酶、蛋白酶、脂肪氧合酶和乳糖酶。钙盐的主要作用是调整水质硬度，面团改良剂最早就是为了改善水质而被使用的。常用的铵盐有氯化铵、硫酸铵、磷酸铵等，它们主要充当酵母食物，促进发酵。酸度调节剂主要用于面团 pH 的调节，如果面团的 pH 适宜于酵母的繁殖和发酵，将能有效抑制杂菌的繁衍和活动，就能得到风味优良的面包。常用的分散剂（或称填充剂）有食盐、淀粉、小麦粉、大豆粉、绿豆粉等。由于面团改良剂的有效成分的使用量都极低，因此要使上述物质充分混合均匀，便于称量计量和在面团中混合、分散均匀，充分发挥其作用与效果。

（一）面包类面团改良剂

现代化工厂中多使用混合型改良剂，表 2-4 主要介绍一种混合型（也称标准型）改良剂的组成和各种成分的作用。

表 2-4 混合型面包改良剂的组成和各成分的作用

改良剂名称	成分	主要效果	配比（%）	用量（g/100 g）
分散剂	淀粉或小麦粉	提高改良剂的保存性和便于称量	44	0.035 6
钙盐	碳酸钙、磷酸钙、磷酸氢钙	改善水质，调整 pH，使加工稳定、品质均一	25	0.018 2
铵盐	氯化铵、硫酸铵、磷酸铵	酵母营养，促进发酵，增大面包体积	15	0.010 9
酶制剂	α-淀粉酶、β-淀粉酶、蛋白酶	分解淀粉和蛋白质，为酵母提供食物，提高面包的风味和色泽，抑制面包老化	10	0.007 3
还原剂	失活的干酵母、L-半胱氨酸	改善面团性质，使调粉发酵时间缩短，增强面团伸展性	5	0.003 6
氧化剂	L-抗坏血酸、溴酸钾	改良面粉性质，增大面包体积，使面包组织良好	1	0.000 7

（二）饼干类面团改良剂

饼干对面团的要求与面包不同，需要面团有良好的塑性和松弛的结构。除选择低面筋含量的低筋粉、增加糖油比等方法外，还可添加面团改良剂。

1. 韧性面团改良剂

韧性饼干的配方中，由于油糖比例较小，加水量较多，因此面团的面筋可以充分地膨润，如果操作不当常会引起制品变形，所以要使用改良剂。饼干中使用的面团改良剂一般为还原剂和酶制剂，它们可使面团筋力减小、弹性减小、塑性增大，使产品形态平整、表面光泽好，还可使搅拌时间缩短。

2. 发酵面团改良剂

在饼干生产中，当使用面筋含量较高的面粉时，面团发酵后还保持相当大的弹性，在加工过程中会引起收缩，烘烤时表面起大泡，且产品的酥松性也会受到影响。利用蛋白酶分解蛋白质的特性来破坏面团的面筋结构，可改善饼干产品的形态，并且使产品变得易于上色。

在苏打饼干面团中使用 α-淀粉酶可促进淀粉糖化，供给酵母发酵的营养物质，促进发酵，防止发酵时间过长导致乳酸发酵、醋酸发酵而生成过多的酸。

3. 酥性面团改良剂

酥性面团中脂肪和糖的含量很大，足以抑制面团面筋的形成，但面团发粘，不易操作，常需使用卵磷脂来降低面团黏度。卵磷脂可使面团中的油脂部分地乳化，为面筋所吸收，改善面筋状态，使饼干在烘烤过程中容易生成多孔的疏松组织。此外卵磷脂还是一种抗氧化增效剂，可使产品保存期延长。由于卵磷脂有蜡质口感，所以用量一般在 1%左右，过量会影响产品风味。

（三）面团改良剂使用注意事项

面团改良剂的使用要针对性强，用量要适当，要从产品特性、加工设备、加工工艺特点、原料品质、气温等方面考虑，在能达到目的的情况下要尽量少用。表 2-5 列出了氧化剂、酶制剂用量与面团及面包形状之间的关系。

表 2-5　氧化剂、酶制剂用量与面团及面包形状之间的关系

<table>
<tr><th></th><th colspan="3">用量过少</th><th colspan="3">用量过多</th></tr>
<tr><td rowspan="3">氧化剂</td><td colspan="2">面团</td><td>发黏,强度低,柔软</td><td colspan="2">面团</td><td>拉力差,易断裂,不易搓成形,同时出现表皮皱裂</td></tr>
<tr><td rowspan="2">面包</td><td>外观</td><td>烘焙弹性差,体积小,烘焙色泽深,无光泽</td><td rowspan="2">面包</td><td>外观</td><td>烘焙时体积缩小,有裂缝,烘焙色泽浅,白色无光泽</td></tr>
<tr><td>瓤心</td><td>瓤心纹理组织呈圆形,气孔膜厚,色泽暗淡,触感较硬</td><td>瓤心</td><td>膜质厚,瓤心纹理不匀,有孔洞,且出现筋块和深浅不一的条纹</td></tr>
<tr><td rowspan="3">酶制剂</td><td colspan="2">面团</td><td>不光滑,操作性能差</td><td colspan="2">面团</td><td>吸水率减少,调粉时间短,发酵虽然较快,但发粘</td></tr>
<tr><td rowspan="2">面包</td><td>外观</td><td>烘焙弹性差,体积小,皮膜厚,烘焙色泽浅,白色无光泽</td><td rowspan="2">面包</td><td>外观</td><td>体积小,烘焙色泽红</td></tr>
<tr><td>瓤心</td><td>瓤心延展性差,膜质厚,缺乏面包特有的风味</td><td>瓤心</td><td>膜质厚,瓤心纹理组织呈圆形,颜色黄而暗淡</td></tr>
</table>

面团改良剂的使用量需根据原辅材料使用情况、烘焙食品生产工艺及品质要求进行适当调整,影响面团改良剂的使用量的因素概括起来主要有以下几方面:

1. 原料

(1) 小麦粉:新磨面粉要增加氧化剂用量,减少酶制剂用量;面筋含量过多的面粉可稍增加氧化剂的量;面筋过硬时应使用还原剂、酶制剂,减少氧化剂;面粉等级过低或需漂白的面粉,可稍增加氧化剂用量。

(2) 脱脂乳粉:脱脂乳粉含量多的面团可使用酸性的改良剂、酶制剂,增加氧化剂用量。

(3) 砂糖、糖浆:砂糖、糖浆含量多的面团可稍增加混合型改良剂用量。

(4) 水质:生产面包一般用硬水要比用软水好,最早改良剂就是用来调节水质的。但水质过硬时,则应减少改良剂用量,添加麦芽粉或麦芽糖浆。

2. 加工时间、发酵时间

要缩短发酵时间,加快加工进度,可增加面团改良剂使用量;反之,则减少使用量。

3. 机械化程度

手工操作时,面团改良剂用量可减少;机械生产时,为使面团延伸性好,可稍增加酶制剂、还原剂用量。

4. 温度

室温太低、面团温度低时,增加面团改良剂用量;室温过高时,则减少用量。

5. 产品品质

要使产品体积增大,加大改良剂用量;要使产品色泽好,增加酶制剂用量;要改善产品风味,使用酶制剂;要使产品外观显得丰满,则增加氧化剂用量。

6. 面包品种

对于一些特殊的面包品种,面团改良剂的用量和配方也不同。例如果料面包中葡萄干使用较多时,要增加酶制剂,减少氧化剂,使用小苏打。

十三、增稠剂

食品增稠剂是一种能改善食品的物理性质，增加食品的黏稠度，赋予食品以柔滑适口性，具有稳定乳化状态和悬浊状态作用的物质。增稠剂为亲水性高分子胶体化合物。我国允许使用的增稠剂中有天然增稠剂，如从含有多糖类粘物质的植物和海藻类中制取的琼脂、海藻酸钠、果胶、阿拉伯胶等，从含蛋白质的动物中制取的明胶，从微生物中制取的黄原胶；有人工合成的增稠剂，如羟甲基纤维素钠、羧甲基淀粉钠等。

烘焙食品使用增稠剂，目的是改善面团品质，保持产品风味，延长产品的货架期，并且有一定的膨松作用。常用增稠剂有琼脂、明胶、果胶、海藻酸钠等。

1. 琼脂

琼脂又称琼胶、洋菜、冻粉，为多糖类物质，是从石花菜和江篱等藻类中提取的。琼脂的主要成分是聚半乳糖苷。

琼脂为无色透明或类白色至淡黄色半透明细长薄片或鳞状碎片、无色或淡黄色粉末，无臭，味淡，口感黏滑，不溶于冷水，溶于沸水。含水时柔软而带韧性，不易折断；干燥后发脆而易碎。

琼脂可用作增稠剂、乳化剂、凝胶剂和稳定剂。琼脂在糕点中常用作表面胶凝剂，或制成琼脂蛋白膏等以装饰蛋糕及糕点表面，也可加入糕点馅中以增加稠度。

由于琼脂吸水性强，使用前应先用水浸泡 10 小时左右。琼脂作为糕点的保鲜剂时，添加量为 0.1%～1.0%。

2. 明胶

明胶又称食用明胶、鱼胶、全力丁、吉利丁。明胶为多肽混合物，是由动物胶原蛋白经部分水解的衍生物，为非均匀的多肽物质。明胶可用作增稠剂、稳定剂、澄清剂和发泡剂。明胶是制作大型糖粉西点所不可缺少的，也是制作冷冻点心的一种主要原料。

明胶为白色或淡黄色透明至半透明带有光泽的脆性薄片、颗粒或粉末，无臭，无味，不溶于冷水，可溶于热水，能缓慢地吸收 5～10 倍的冷水而膨胀软化，当它吸收 2 倍以上的水时加热至 40℃便溶化成溶胶，冷却后形成柔软而有弹性的凝胶，比琼脂的胶冻韧性强。依来源不同，明胶的物理性质也有较大的差异，其中以猪皮明胶较优，透明度高，且具有可塑性。明胶的凝固点为 20～25℃，30℃左右溶化。

片状明胶又叫吉利丁片，半透明黄褐色，有腥臭味，需要泡水去腥。经脱色去腥精制而成的吉利丁片颜色较透明，价格较高。吉利丁片须存放于干燥处，否则受潮会黏结。使用吉利丁片时应注意，吉利丁片要剪成小片(利于泡软)，浸泡时尽量不要重叠，水分用量约为吉利丁片用量的5倍，要淹没过材料；泡软后沥干水分，再与其他材料混和，所有材料加热至吉利丁片熔化即可，温度不宜太高，否则吉利丁片的凝结功效会降低。

粉状明胶又叫吉利丁粉，功效和吉利丁片完全一样。吉利丁粉使用时，先倒入冷水中，使粉末吸收足够的水分膨胀，不需搅拌，否则易造成粉末结块，待粉末吸足水份后，再加热搅拌至熔化。

3. 果胶

果胶存在于水果、蔬菜及其他植物细胞膜中，主要成分是多缩半乳糖醛酸甲酯。果胶为白色或带黄色，或浅灰色，或淡棕色的粗至细粉，几乎无臭，口感黏滑，溶于 20 倍水成乳白色黏稠状胶体溶液，与3倍或3倍以上砂糖混合则更易溶于水，对酸性溶液比较稳定。果胶分为高甲氧基果胶（即高酯果胶）和低甲氧基果胶（即低酯果胶），甲氧基含量大于7%的称为高酯果胶，也称普通果胶，甲氧基含量越高，凝冻能力越大。

果胶可用作增稠剂、胶凝剂、稳定剂和乳化剂，用于果酱、果冻中作增稠剂和胶凝剂；用于蛋黄酱作为中稳定剂；在糕点中起防硬化的作用。高酯果胶主要用于酸性果酱、果冻、凝胶软糖、糖果馅心及乳酸菌饮料等。低酯果胶主要用于一般的或低酸性的果酱、果冻、凝胶软糖以及冷冻甜点、冰淇淋等。

4. 海藻酸钠

海藻酸钠又称褐藻酸钠、藻朊酸钠、藻酸钠、海带胶。海藻酸钠为白色至黄色粉末或粗粉，基本无味、无臭，具有良好的增稠性、凝胶性、泡沫稳定性、保形性、保水性。海藻酸钠溶于水而成黏稠胶体溶液，1%水溶液的pH值为6～8，黏性在pH值为6～9时稳定，加热至80℃以上时黏度降低。

海藻酸钠水溶液可与钙、铜、铅等二价金属离子形成凝胶体，8%以上食盐溶液可使该凝胶盐析而失去黏性。海藻酸钠形成的凝胶有耐冻结性，且黏度越高凝胶越脆。增加钙离子和胶的含量，凝胶强度可增大。海藻酸钠制成的凝胶是热不可逆凝胶，即具有受热后不再稀化的特点。

海藻酸钠的增稠能力是一般果胶的10倍。配制海藻酸钠水溶液时要注意使用软化水，最适水温为50～60℃，搅拌要均匀，忌用水冲，应在搅拌下缓慢撒入水中，待静置到颗粒湿透再搅拌至全溶。

十四、食用色素

食用色素是以食品着色为目的的食品添加剂。食用色素在烘焙食品中一般用于制品的表面装饰、馅心调色等，可使制品色彩鲜艳悦目，色调和谐宜人，起到美化装饰作用，具有提高商品价值和促进人们食欲等作用。

食品色调的选择依据是人们心理或习惯上对食品颜色的要求以及食品色调与风味、营养的关系。要选择与该食品应有色泽基本相似的着色剂，或根据拼色原理调制出相应的颜色，如奶油用奶黄色，黑森林蛋糕要用可可色，草莓慕斯要用红色等。

有资料研究说明食品色泽与食欲的关系，可以刺激食欲的颜色是红色、赤红色、桃色、咖啡色（黄褐色）、乳白色、淡绿色、明绿色，对食欲不利的颜色被认为是紫红色、紫色、深紫色、黄紫色、灰色。但由于民族习惯、地区风俗的不同，人们对食品颜色的感觉也不尽相同。

烘焙食品的颜色一般以原料赋予的本色为主，但多种多样的造型艺术对制品的颜色也有了更高要求，因此可通过添加食用色素以使制品达到更加形象生动的效果。但色素的种类有限，而物质的颜色是无限的，就需要通过对有限色的调配得到五彩斑斓的颜色。在一种颜色中加进白色，就构成浅色，如淡红色、淡黄色、浅绿色、浅蓝色等。浅色给人以柔和之感，在烘焙食品装饰及色彩搭配上占有重要的一席之地。一般烘焙食品造型所需浅色通常是以色素使用量的多少来控制，色素用量大则色浓、深，色素用量少则色浅、淡。

食用色素按来源可分为食用天然色素和食用合成色素；按溶解性可分为脂溶性色素和水溶性色素。

食用合成色素因其色彩鲜艳、性质稳定、着色力强、可任意调色、使用方便、成本低廉等优点，在西点中的运用较广。但合成色素本身无营养价值，均有一定毒性，对人体健康的影响较大，所以使用时应严格执行国家食品添加剂使用卫生标准。目前国家规定的食用合成色素有：苋菜红、胭脂红、柠檬黄、日落黄、靛蓝。

食用天然色素取自自然界中各种原料固有的天然有色成分，具有安全性高，对人体健康无害，有的还有一定营养价值的特点。但天然色素一般溶解度较低，着色不易均匀，稳定性较差。我国允许使用的天然色素有30余种，烘焙食品中常用的主要有：β-胡萝卜素、姜黄、焦糖色、可可色素等。在糕点中还常取用一些有色蔬菜汁、果汁进行面团的调色、装饰。

十五、赋香剂

赋香剂是以改善、增加和模仿食品香气和香味为主要目的的食品添加剂，包括香料和香精两大类。香料按不同来源可分为天然香料和合成香料。香精是由数种或数十种香料调和而成的复合香料。

天然香料又可分为植物性香料（如柠檬油、橘子油）和动物性香料（如麝香），食品中主要使用植物性香料。天然香料的种类很多，如薄荷、桂花、桂皮、玫瑰、肉豆蔻、茴香、八角、花椒等，主要用来配制香精。在食品中直接使用的主要有柑橘类和柠檬类，最常用的是甜橙油、橘子油和柠檬油。在西点中还常常直接利用巧克力、可可粉、蜂蜜、椰子粉、各种蔬菜水果汁、香辛料等作为天然调香物质。

合成香料亦称人造香料，一般不单独适用于食品中加香，多数在配制香精后使用。直接使用的合成香料有香兰素等少数品种。香兰素可直接用于蛋糕、西饼中，用量为0.1%～0.4%。

在食品加香中，目前除橘子油、香兰素等少数品种外，一般不单独使用香料，通常是用数种乃至数十种香料调和起来，才能适合应用上的需要。这种经配制而成的香料称为香精。

水溶性香精系以蒸馏水、乙醇、丙二醇或甘油为稀释剂并加入香料经调和而成，大部分是透明液体。水溶性香精易于挥发，不适于作为高温食品赋香剂。

油溶性香精系以精炼植物油、甘油或丙二醇等为稀释剂并加入香料经调和而成，大部分是透明的油状液体。油溶性香精中含有较多的植物油或甘油等高沸点稀释剂，其耐热性较水溶性香精高。

赋香剂的选择要考虑到产品本身的风味和消费者的习惯。一般应选用与制品本身香味协调的香型，而且加入量不宜过多，不能掩盖或损害制品原有的天然风味。西点中常用的香料主要有乳脂香型、果香型、香草香型、巧克力香型等香料。果香型香料主要有柠檬、橘子、椰子、杏仁、香蕉等。

香料和香精都有一定的挥发性，对必须加热的食品，应该尽可能在加热后冷却时或在加工处理的后期添加，以减少挥发损失。一般的香精和香料有易受碱性条件影响的弱点，在烘焙食品中若使用化学膨松剂（碱性剂）时，要注意分别添加，以防止化学膨松剂与香精和香料直接接触。赋香剂与其他原料混合时，一定要搅拌均匀，使香味充分地分布在食品中。加入赋香剂时，一次不能加入太多，最好一点一点地慢慢加入，加工中应尽量减少香料在环境中暴露。

十六、其他原料

（一）塔塔粉

塔塔粉为白色粉末，主要成分是酒石酸氢钾，属酸性盐。塔塔粉的主要用途是增加蛋白韧性，促进蛋白打发以及中和蛋白的碱性，使蛋白泡沫更加洁白。

（二）柠檬酸

柠檬酸又称枸橼酸、柠檬精，为无色半透明结晶或白色颗粒，或白色结晶性粉末，无臭，味极酸。柠檬酸在西点制作中有保色、调节酸味、稳定蛋液泡沫等作用。如用于熬制转化糖浆、果酱，加柠檬酸可使制品酸甜适口，还可促进蔗糖转化，防止糖浆、果酱返砂，还可防止果酱腐败。搅打蛋白膏时添加柠檬酸，可使制品洁白、果味爽口、膏体稳定。

（三）卡士挞粉

卡士挞是从英文“Custard”直译过来的，它的中文译名较多，如克林姆、牛奶布丁馅、奶皇馅等。卡士挞的主要原料为牛奶、鸡蛋、糖，若再加入少许的玉米淀粉，用慢火不断地搅煮至浓稠则成卡士挞酱。卡士挞酱在西点中的使用非常广泛，常用作面包馅料、表面装饰料、蛋糕夹层、蛋糕（或派）表面装饰、泡芙馅等等。卡士挞可以单独使用，也可以和其他较清淡的馅料拌匀后一起使用，例如奶油霜。

卡士挞粉又称吉士粉，为一种预拌粉，是厂商事先加工处理好的，只要加入少量的液体并搅拌即可还原为浓稠的卡士挞酱。一般使用的液体为水或牛奶。

（四）预拌粉

预拌粉是指将某种烘焙产品所需的原辅料（除个别原料和液体材料外），依配方的用量混合在粉料中。使用时，只需添加液体部分原料如水、蛋等即可生产出各种烘焙食品。预拌粉的优点是可使烘焙食品质量稳定，原料损耗少，价格相对稳定，有利于车间卫生条件的改善，有利于提高经济效益，有利于小型面包糕点厂和超市内面包店的发展，有利于消费者吃到新鲜的烘焙食品。

预拌粉根据产品特点可分为面包预拌粉、蛋糕预拌粉、饼干预拌粉等；按照原料特点可分为面粉预拌粉、杂粮预拌粉、蔬菜预拌粉等。

项目三　烘焙食品常用设备器具

学习目标

◎ 了解和面机、多功能搅拌机、面包成型机、起酥机、醒发箱、烤炉等设备的构成

◎ 熟悉工作台、和面机、多功能搅拌机、面团分块机、面包滚圆机、起酥机、面包切片机、醒发箱、烤炉、电炸炉等设备的特点及运用

◎ 熟悉量具、刀具、成型模具、烤盘、辅助用具等器具的种类及运用

◎ 能正确开启和使用和面机、多功能搅拌机、面团分块机、面包滚圆机、起酥机、面包切片机、醒发箱、烤炉、电炸炉等设备

◎ 能熟练使用各种烘焙器具

课前思考

1. 烘焙食品加工中常用哪些工作台？
2. 卧式和面机与立式和面机有何不同？各有何特点？
3. 多功能搅拌机三种搅拌桨各适宜做什么用？
4. 面团分块机和面团滚圆机的主要用途是什么？
5. 起酥机主要用于哪些产品的制作？
6. 醒发箱的特点是什么？有何用途？
7. 烤炉有哪些种类？
8. 常用的量具、刀具、成型模具、辅助用具有哪些？
9. 新烤盘使用前应如何处理？

一、烘焙食品常用设备

(一) 工作台

工作台即操作台，常见的有大理石工作台、不锈钢工作台、冷冻(藏)工作台、木质工作台等。大理石工作台的台面为大理石板，具有表面光滑、平整，易于滑动、消毒的特点，是糖沾工艺的必备设备。不锈钢工作台的台面是由不锈钢板包木板制成。表面光滑平整，易于清洗，可代替大理石工作台使用，也常用来作为备用工作台，供准备工作用或放置西点生坯或半成品。冷冻(藏)工作台的操作台面为不锈钢面板，台面下设冷冻(藏)柜，可方便蛋糕生产操作过程中需冷冻(藏)的半成品和成品的制作。木质工作台以枣木、枫木、松木、柏木等硬质木料制品为佳，厚度为 4～5 cm，板面要求光洁、平整、无缝隙，便于操作及清洁。木质工作台多用于烘焙食品的手工整型操作。

(二) 和面机

和面机又称调粉机，有卧式和立式两大类型。两类和面机的基本结构相同，主要由电

机、传动装置、搅拌桨、面斗和机架五个部分组成，搅拌容器轴线处于水平位置的称为卧式和面机，搅拌容器轴线处于垂直方向布置的称为立式和面机。根据工艺要求有的和面机还有变速装置、调温装置或自控装置。

和面机搅拌桨旋转工作后，面粉、水、油脂、糖等原料经搅拌混合形成胶体状态的团粒，再经搅拌桨的挤压、揉捏作用，进一步使团粒互相黏结在一起形成面团。在搅拌作用下，分布在面粉中的蛋白质胶粒吸水胀润形成面筋，多次搅拌后形成庞大面筋网络，面粉中的淀粉、油脂、糖等物质均匀分布在面筋网络中，最终形成面团。

和面机最重要的工作部件是搅拌桨（又称搅拌器），其形状结构有多种类型，表 3-1 列出了常用搅拌桨的工艺性能。

表 3-1　常用搅拌桨的工艺性能

搅拌桨类型	∑形搅拌桨与 Z 形搅拌桨	桨叶形搅拌桨	扭环式搅拌桨
工艺性能	∑形桨和 Z 形桨适合高粘物料的调制。∑形桨调制作用好，卸料和清洗方便。Z 形桨调和能力比∑形桨低，但压缩剪力高。	对物料的剪切作用强，拉伸作用弱；对面筋的形成有一定破坏作用，适合调制酥性面团。投料少或操作不当，易造成抱轴及搅拌不均现象。	立式搅拌机的搅拌桨，适用于调制韧性面团

1. 立式双速双动和面机

如图 3-1 所示，该和面机主要由搅拌缸、搅拌桨、传动装置、电器盒、机座等部分组成。搅拌桨有快、慢两档，恒速转动的搅拌缸有倒、顺两个转向。开始操作时，搅拌桨慢转，搅拌缸顺转，利于干性面粉水化。待面粉水化后，搅拌桨快转，搅拌缸倒转，可缩短搅拌时间。该机有手动、自动两套控制系统，适用于高韧性面团的调制和面包面团的搅拌。

图 3-1　立式双速双动和面机

图 3-2　卧式和面机

2. 卧式和面机

如图 3-2 所示，该和面机由搅拌桨、搅拌容器、传动装置、机架和容器翻转机构等组成。

卧式和面机对面团的拉伸作用较小，一般适用于酥性面团的调制。由于卧式和面机结构简单，卸料、清洗、维修方便，因此被广泛使用。

（三）多功能搅拌机

多功能搅拌机又称打蛋机，是一种转速很高的搅拌机。搅拌机操作时，通过搅拌桨的高速旋转强制搅打，使被调和物料间充分接触并剧烈摩擦，从而实现对物料的混合、乳化、充气等作用。

一般使用的多功能搅拌机为立式，由搅拌器、容器、传动装置、容器升降机构等部分组成，如图3-3所示。搅拌器由搅拌桨和搅拌头组成，搅拌桨在运动中搅拌物料，搅拌头则使搅拌桨相对于容器形成公转与自转的行星运动，如图 3-4 所示。搅拌桨的行星运动可以满足调和高黏度物料的运动要求，使容器内各处物料都能被搅拌到。

图 3-3　多功能搅拌机

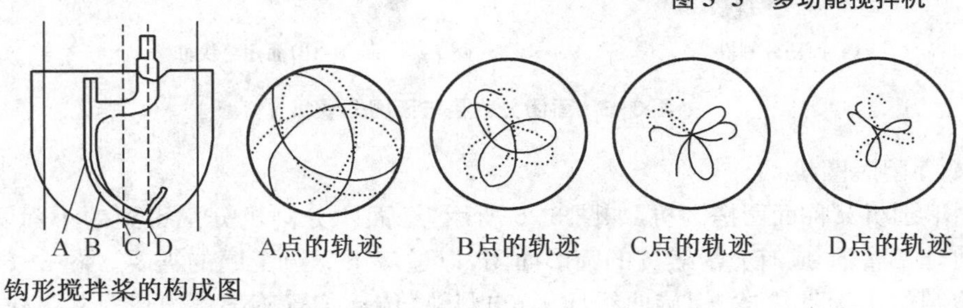

图 3-4　钩形搅拌桨的运动轨迹示意图

使用不同的搅拌桨，搅拌机的适应性也不同。常见的搅拌桨有球形（鼓形）、扇形、钩形等。

（1）球形搅拌桨：为由不锈钢组成的筐形结构。强度较低，易于造成液体湍动，适用于工作阻力小的低黏度物料的搅拌，如蛋液、蛋糕糊等黏度较低的物料。高速旋转时，球形网起到弹性搅拌作用，使空气混入蛋液，蛋液膨胀起泡。球形桨又分为两种，一种是桨叶多而细的，适于搅打蛋液、蛋糕糊、蛋白膏；另一种是桨叶少而粗的，适于搅打奶油膏。

（2）扇形搅拌桨：为整体锻造成球拍形，桨叶外缘与容器内壁形状一致。具有一定强度，作用面积大，可增加剪切作用，适合于中等黏度物料（膏状物料和馅料）的调制，如调制果占、白马糖、甜馅、糖浆、饴糖等。

（3）钩形搅拌桨：为整体锻造，一侧形状与容器侧壁弧形相同，顶端为钩状。强度高，主要用于高黏度物料的调制，如筋性面团。

（四）面团分割机与面团分块机

面团分割机（面团分块机）是一种代替人工分割面团的机器。面团分割机由盛料斗、切割刀及调整器、活塞及缸套、电机及传动装置、输送带及输送机构等部件组成，如图 3-5(a) 所示。其工作原理是：将放入盛料斗的面团流入切割室，面团按设定的体积（根据重量而定）大小而被切割刀切断，落入输送带，进入下一个工序。面团分割机适用于连续化面包生产，效率高、生产量大。

图 3-5(b)所示是一款小型面团分块机，由工作台、料盘、分块刀盘、电机及控制系统等部件组成，它通过工作台上、下循环推动料盘，使物料与分块刀盘接触、分离的原理而实现等量分块，通常一次分割数量为 18～36 个，重量为 30～100 g/个。面团分块机适用于宾馆、中央厨房、食品加工厂、面包房等单位场所的面团生产。

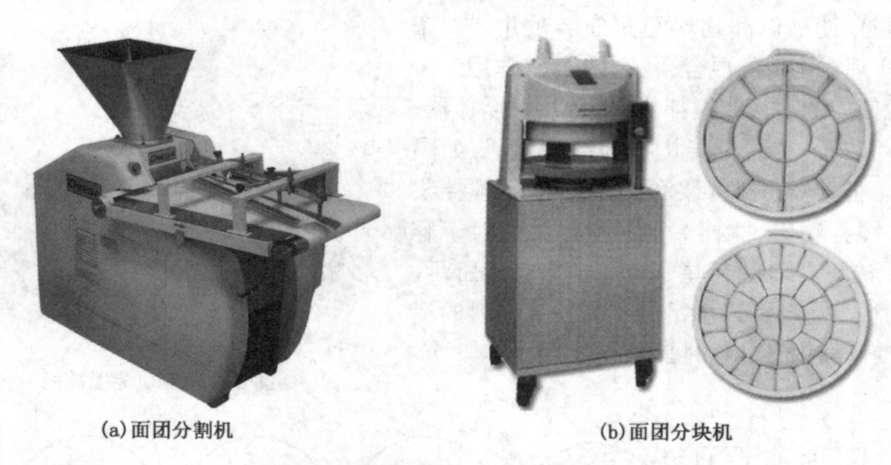

(a)面团分割机　　(b)面团分块机

图 3-5　面团分割机与面团分块机

(五) 面团滚圆机

面团滚圆机又称面团搓圆机，如图 3-6 所示，经面团分割机分割得到的小面团通过机器的滚动与摩擦，形成有光滑表皮的圆形面团，以适应下一道工序的需要。图 3-6(a)所示的伞形滚圆机由滚动锥体、螺旋曲线导板、出料斗、传动装置等部件组成。其工作原理是：经面团分割机分割后的小面团进入滚圆机的螺旋曲线导板下部，随着滚动锥体与螺旋曲线导板的相对运动，面团在滚动锥体表面沿螺旋曲线导板槽自下而上地滚动，从而被搓成圆球形并形成光滑表皮。

(a)伞形面团滚圆机

(b)半自动小型面团分割滚圆机

图 3-6　面团滚圆机

图 3-6(b)是目前国内使用较多的半自动小型面团分割滚圆机，它利用几何分割原理和偏心摆动原理将面团均匀分割和滚搓成圆球形，适用于宾馆、中央厨房、食品加工厂、面包房等单位场所的面团制作。

(六) 起酥机

起酥机用于面坯压片，使面皮厚薄均匀，多用于起酥面包、清酥类产品的面皮起酥，如图3-7所示。操作时，将换向手柄置于中间位置，接通电源，把面坯放在一端输送带上，然后将换向手柄上下交置，交替改换轧辊的转向，使面坯在两辊之间左右往返轧薄，成为所需的薄片。

图 3-7　落地型起酥机

(七) 面包成型机

面包成型机也称面包整型机，是把面团用机械的方法做成所需形状的机器，有吐司面包成型机和花色面包成型机之分，如图 3-8 所示。吐司面包成型机主要用于吐司面包制作，由进料斗、辊筒、链排、压板、输送带、传动装置等部件组成。面团由进料斗进入压延部分，经两道辊筒的辊压、排气后，成为薄的面片，然后由输送带进入卷折部分，通过链排与输送带的相对运动，面片被卷折成为圆柱形，再经过压板压实，即成为整型好的吐司面包坯。

花色面包成型机有各种不同的形状，根据所制作面包种类的不同而定，如有的可做成辫子形，有的可做成牛角形，有的可做成长棍形。

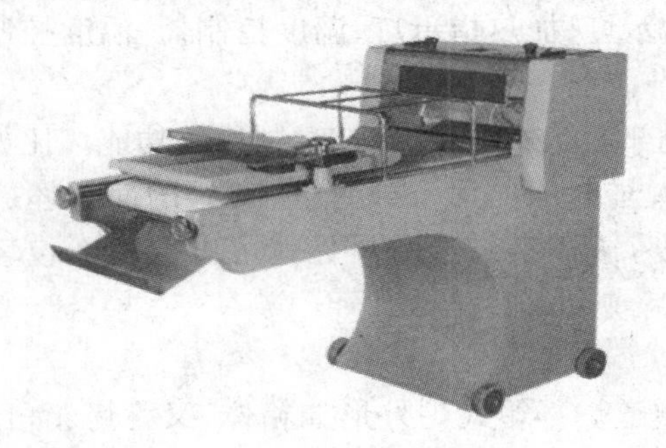

吐司面包成型机

法棍面包成型机

图 3-8　面包成型机

(八) 面包切片机

图 3-9 所示面包切片机主要用于方形面包的均匀切片，它由进料斗、锯齿刀片、导轮、刀片驱动轮、传动装置、机架等部件组成。在上、下两个刀片驱动轮上，均匀间隔交叉围绕着若干带式刀片。每个刀片被两对导轮夹持着，将刀片扭转 90°，使所有刀刃朝进口方向，一圈环形刀片构成两条刀刃，在滚轮的带动下，作快速直线运动。在运动的方向，一条刀刃向上，另一条刀刃向下，故在切片时给予面包的摩擦力上下相互抵消，不影响面包在切片时的稳步行进。当面包由进料斗横向进入后，即可一

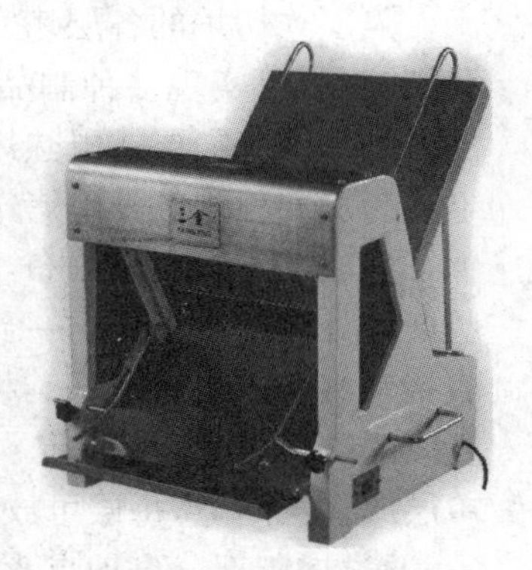

图 3-9　面包切片机

次切成若干片。切片的厚度可以通过左右移动导轮的相互位置来调节。

（九）醒发箱

醒发箱亦称发酵箱，如图 3-10 所示，是面包进行基本发酵和最后醒发所使用的设备，能调节和控制温度和湿度，操作简便。醒发箱可分为普通电热醒发箱、全自动控温控湿醒发箱、冷冻醒发箱等。

图 3-10　醒发箱

普通电热醒发箱采用电热管加热，强制循环对流，以旋钮式温控器控制柜内温度。通过自来水管与醒发箱入水口相连，并通过调节器调节进水间隔时间和每次进水量，即可自动入水加湿，并以此控制醒发箱的湿度。进入醒发箱内的水以喷雾方式洒在电热片上，经汽化后进入发酵室，使箱内有足够的湿度。醒发箱的外壳及门板内部以发泡材料作保温，门上有较大的玻璃观察窗，内部安装照明灯，醒发效果清晰可见。

全自动控温控湿醒发箱采用全自动微电脑触摸式控制面板，液晶数字显示器精确反映醒发箱内温度和湿度，能有效地控制发酵过程的温度和湿度，使产品在最佳的环境中达到最佳的发酵效果。热风循环设计使内部温度和湿度均匀一致。采用喷雾式加湿，湿度提升快，湿度调节非常简单，只需旋转湿度控制器的旋钮到要求的刻度，便能自动控制箱内的湿度。加湿部分自动进水，以喷雾加热汽化的方式逐步达到湿度设定值，当达到设定湿度时，能自动保持该湿度。控制板装于箱门上方，可有效地避免洗地时冲湿损坏电路控制板。控制板上设有电源开关、照明开关、加湿指示灯、加热指示灯、温度控制器，温度控制器直接显示实际温度，箱内温度可事先设定和调节。

冷冻醒发箱除具有全自动发酵的全部功能外，还具有定时制冷的功能。比如当你希望明天一早就能产出新鲜的面包又不想太早起床的话，当晚把整型好的面包坯放进醒发箱内，设定好冷藏温度、时间以及醒发温度，这样第二天一早你就可以取出面包坯进行烘烤了。另外，冷冻醒发箱可单纯用作醒发箱或冷藏柜。

（十）烤炉

烤炉按结构形式可分为箱式炉和隧道炉。箱式炉外形如箱体，又称烤箱，目前广泛使用的有隔层式烤炉、旋转式热风循环烤炉。

隔层式烤炉的各层烤室相互独立，每层烤炉的底火与面火分别控制，可实现多种制品同时进行烘焙，如图 3-11 所示。隔层式烤炉又分隔层式电热烤炉和隔层式燃气烤炉两种。隔层式电热烤炉亦称远红外电烤箱，以远红外涂层电热管为加热组件，上下各层按不同功率排布，并装有炉内热风强制循环装置，使炉膛内各处温度基本均匀一致。炉门上装有耐热玻璃观察窗，可直接观察炉内烘烤情况。控制部分有控温、定时报时等显示装置。隔层式燃气烤炉炉体外型与隔层式远红外电烤箱类似，有单层或多层烤炉，每层可放两个烤盘。每层上、下火均有燃气装置，通过控制部分自动点火、控温、控时。利用煤气燃烧发热升高烤炉温度，使制品成熟。

图 3-11　隔层式电烤炉

旋转式热风循环烤炉，如图 3-12 所示，烤炉分为加热室和烤室两部分。加热室上方设有风机，以强制气流循环。在热风的出口设置有风量调节器和加湿装置。加湿装置由时间继电器控制阀来控制进入蒸发器的水量。通过调节风量，可保证食品的色泽和成熟度一致。烤室顶部装有吊钩，用于悬挂烤车，下部有防偏件，以固定烤车。烘焙时，在吊钩的传动下，烤车缓慢旋转，加之强制循环的热风，使食品各部分均匀受热，有效地保证了食品的烘焙质量。

图 3-12　旋转式热风循环烤炉

隧道炉炉体很长，为 60～100 m，烤室为一狭长的隧道，如图 3-13 所示，食品在沿隧道作直线运动的过程中完成烘焙，适合于中大型食品厂使用。隧道炉的炉底由金属履带组成，烤炉两端分别有一个转动轮，带动履带行走，盛装面包、糕点的烤盘放于履带上烘烤，与履带同时运动，运行至出口端即为烤熟出炉。其履带的运行速度可调节，以适应不同品种的烘烤时间。

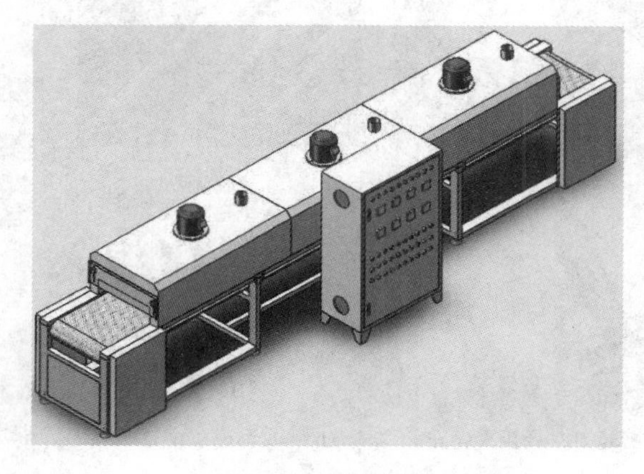

图 3-13　隧道炉

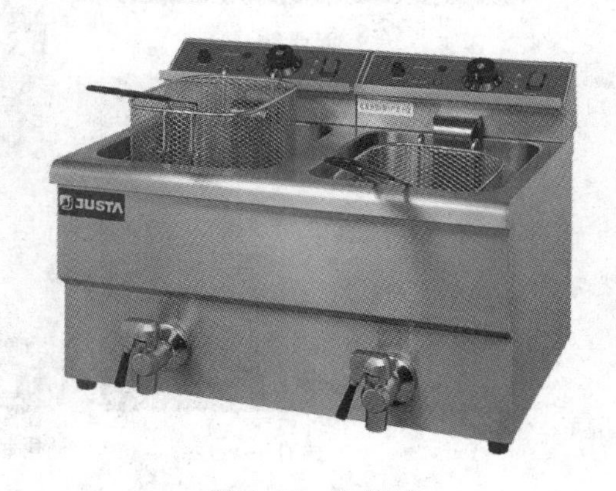

图 3-14　电炸炉

（十一）电炸炉

如图 3-14 所示的电炸炉也称作间歇炸锅，具有自动调温、控温、恒温功能，导热快，受热均匀。操作时将待炸物料放入油中，炸好后连篮一起取出。为延长油的使用寿命，电热元件表面温度不宜超过 265℃。

二、烘焙食品常用器具

（一）量具

量具是用于固液体原辅料与成品重量的量取，原料、面团温度的测量，整形产品大小的衡量等。常用量具主要有电子秤、量杯、量匙、温度计、量尺、糖度计等，如图 3-15 所示。

（二）刀具

烘焙食品制作中不同工序涉及不同刀具的使用，常用的刀具有：西点刀、锯齿刀、抹刀、刮板、橡胶刮刀、轮刀、铲刀、美工刀、剪刀等，如图 3-16 所示。

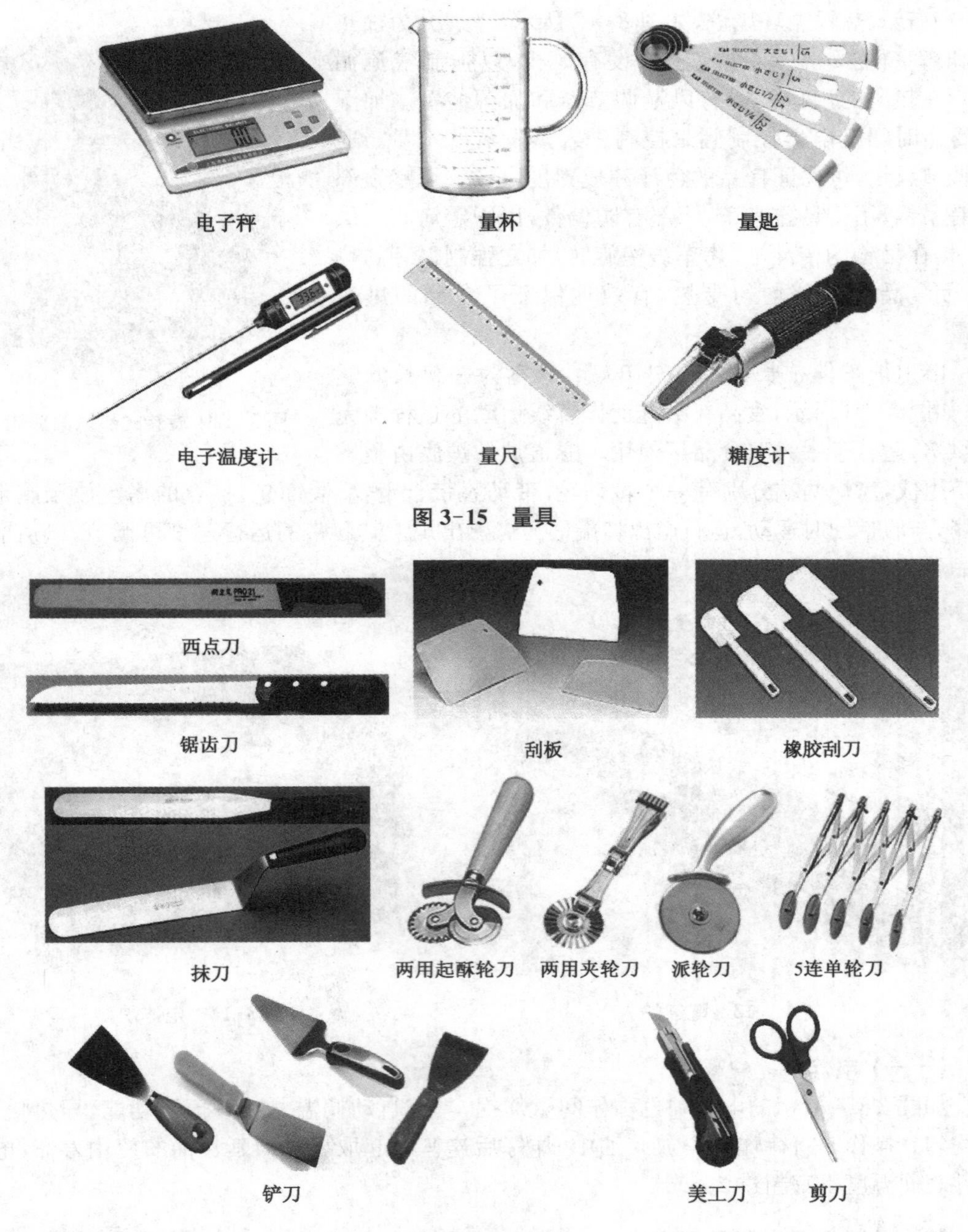

图 3-15　量具

图 3-16　刀具

(1) 西点刀：又称光刀，由不锈钢制成，刃长约 35～45 cm 左右，胶柄或木柄，主要用于蛋糕的切割，以及蛋糕夹馅或表面装饰膏料、酱料等的抹制。

(2) 锯齿刀：又称面包刀，由不锈钢制成，是刀刃一面带齿的一种条形刀，主要用于面包、蛋糕等大块西点的分割。

(3) 抹刀：由不锈钢制成，不带刀刃，形状有平板形、弯形两种，主要用于蛋糕装饰表面膏料的抹平及馅料的涂抹。

(4) 刮板:刮板按材质可分为塑胶刮板与金属刮板,无刃,呈长方形、梯形、圆弧形等形状。长方形不锈钢刮板又称切面刀,主要用于分割面坯,协助面团调制,清理台板;三角形齿刮板多用于面坯、蛋糕表面装饰划纹。塑料刮板种类较多,有硬刮板、软刮板、齿刮板等,可用于面团分割、面团辅助调制、膏浆表面抹平、面团(面糊)划齿纹。

(5) 橡胶刮刀:用于刮净附在搅拌缸或打蛋盆内的材料,也可用于材料的搅拌,分大、小、平口、长柄、短柄数种。

(6) 轮刀:轮刀主要用于面团的切边、切形。轮刀口有平口、花纹齿口及针状三种,常见的有派轮刀、波浪轮刀、两用起酥轮刀、两用夹轮刀、拉网轮刀、三角轮刀、针车轮等。

(7) 铲刀:铲刀通常分为清洁铲和成品铲两类。清洁铲主要用于清洁烤盘,去除烤盘中残渣;成品铲主要用于蛋糕、馅饼切割后的取拿。

(8) 美工刀:主要用于剪裁纸张和分切一些较小的原料。

(9) 剪刀:用于蛋糕垫纸、裱花纸的裁剪、蛋糕装饰辅助操作等。

(三) 成型模具

1. 吐司模

吐司模专供吐司面包烘焙用,一般为长方体,带盖或不带盖,有普通吐司模和不粘吐司模两类。吐司模依面团重量常见的规格有 450 g、600 g、750 g、900 g、1 000 g。

2. 多连模具

多连模具根据材质可分为金属模、矽胶软模等类型。金属模大都经过不粘处理,方便使用;矽胶软模具有良好的耐高温和低温性(−60～350℃),适应性强,既可作为烘焙用模具,也可作为冷冻模具。

3. 蛋糕模

蛋糕模依材质可分为不锈钢模、铝合金模、铁弗龙不粘模、铝箔模、纸模、矽胶膜、陶瓷模等类型。外观有圆形、椭圆形、长方形、心形、中央空心形、花形、异形、实心活动、多连等,亦分为大、中、小各种不同规格。

4. 慕斯圈

慕斯圈主要用于慕斯及慕斯蛋糕的制作,不锈钢材质,形状多样,常见的有圆形、椭圆形、三角形、四方形、六角形、心形等,有大、中、小各种规格。

5. 挞模、派盘

挞模、派盘常用材质为不锈钢、铝合金、陶瓷、铝箔以及经铁弗龙处理的其他材质等。派盘以圆形为主,分实心模和活动底模。挞模形状较多样,有圆形、花形、异形等。

6. 切模

切模又称卡模、刻模、套模、花戳、花极、面团切割器,是用金属材料制成的一种两面镂空、有立体图形的模具。使用时一手持切模的上端,在已经擀制成一定厚度的面片上用力按下再提起,使其与整个面片分离,即得一块具有卡模内形状的饼坯。切模主要用于面片成型加工以及花色点心和饼干的成型。切模的规格、形状、图案繁多,常见的形状有圆形、椭圆形、三角形、心型、五角星形、梅花形、菱形等。切模以不锈钢制和铜制为佳,另有塑料制专用于饼干成型的饼干模。

7. 裱花袋、裱花嘴

裱花袋用于盛装各种面糊或霜饰材料,裱花嘴用于面糊、霜饰材料的挤注成型,通过裱花嘴的变化可以挤出各种形状。裱花袋质地应细密，应有良好的防水、防油渗透的能力。其材质有帆布、塑胶、尼龙和纸等，通常呈三角状，故又称三角袋，口袋的三角尖留一小口，用来放置裱花嘴。裱花嘴多为不锈钢制或铜制，圆锥形，锥顶留有大小不一的圆形、扁形或齿状小嘴。

8. 菠萝印模

菠萝印模主要用于菠萝面包外表的菠萝皮造型。

9. 甜甜圈模

甜甜圈模主要用于道纳斯面包及贝果等面包圈的成型。

10. 螺管

螺管又称羊角圈筒，用于螺仔面包、羊角圈酥的制作。

图 3-17 展示了常用成型模具。

图 3-17 成型模具

(五) 烤盘

烤盘是烘烤制品的重要工具，通常作为载体盛装制品生坯入炉。烤盘大多是长方形，一般用导热性良好的黑色低碳软铁板、白铁皮、铝合金等材料制成，其厚度为 0.75～0.8 mm。还有经矽胶、铁弗龙等处理制成的各种材质的不粘烤盘，使用更为方便，无需涂油即可直接用于各种烘焙食品的焙烤。烤盘的形式种类较多，最常见的是底部平整，四周带沿的平烤盘，以及根据产品形态需要设计的带槽或模孔的连体烤盘，如汉堡烤盘、法棍烤盘等，如图 3-18 所示。烤盘的规格应根据烤炉的规格、型号而定，不宜过大或过小，否则影响炉内热量传递。

图 3-18　烤盘

普通新的烤盘(烤模)使用前，需经过反复涂油、烧结，使表面形成坚硬而光亮的炭黑层，否则烘烤时对热量吸收和脱模均有影响。其处理程序如下：

(1) 清理表层。新制烤盘表面大都有矿物油、尘埃等污染物，应首先加以清除，可用温热的碱水擦洗干净。

(2) 加热处理。将软铁板材质烤盘在 250～300℃炉温下烘烤 40～60 min，使烤盘表面形成微量氧化铁层。将白铁皮材质烤盘或烤模在 200℃以下炉温下烘烤 30～40 min，使烤盘表面产生合金薄层。

(3) 涂油加热处理。烘好的烤盘冷却到 55～60℃时，在表面涂上一层脱模油(或植物油)，再次加热。在加热过程中，植物油渗入氧化层中并且出现因炭化而发黑的现象。冷却后，继续擦油、加热，如此反复，待表面产生炭黑膜后即可。

新购买的不粘烤盘(烤模)在使用前，需先将内部洗净并用温火烘干后，取棉布沾油脂(酥油或猪油)，在不粘涂层的表面涂上一层较稠密的油脂，再将烤盘放进烤炉内，设定温度 200℃，空烤 10 min，取出后冷却至正常温度，用软布擦拭干净后再投入使用，这样可以提升烤盘的不粘性能及寿命。使用中还应注意：

(1) 每一次烘烤完成后，用软抹布或塑料刮板清除留在器具中的残余物。

(2) 器具使用一段时间，最好用温水并加入少量洗洁精将残留物用软抹布彻底清洗一次。

(3) 勿使用尖锐金属品、百洁布及化学清洁剂擦拭。

(4) 勿将烘烤过或未烘烤的产品留在器具内，因为积累在产品中的湿气、糖分和淀粉所形成的腐蚀物会腐蚀氧化涂层底部的金属材料。

(5) 尽量避免因操作不慎而引起的碰撞、摩擦，造成不粘涂层磨损或刮伤。

(6) 储存堆积时要小心轻放，使器具保持干燥，不可储存堆积在潮湿的地方。

(7) 不粘涂层在长时间高低温差悬殊情况下作业，会产生微小裂缝而造成残余物质侵蚀不粘涂层，致使不粘涂层最终失去不粘性。为避免这种情况发生，不粘器具的烘烤温度应低于 260℃，这样更能延长使用寿命，应避免不均匀的受热并且不可以空烧。

（六）其他用具

1. 辅助用具

辅助用具是用于原料处理、面团（面糊）调制、面皮擀制、馅料搅拌、上馅、涂油等操作的用具。常用辅助用具有面筛、擀面棍、滚筒、打蛋器、拌料盆、刷子、筛网、刷子等，如图 3-19 所示。

2. 转台

主要用于蛋糕裱花时，可随时转动方向，方便裱花操作的进行，如图 3-19 所示。

3. 不粘烤盘布

以矽胶或经铁弗龙处理的玻璃纤维制成的不粘烤盘布，具有耐高温、防粘连、可连续使用上千次的特点，垫于烤盘中，用于面包等西点的烘烤，使用方便，用途广泛，如图 3-19 所示。

4. 耐热手套

耐热手套主要用于烘烤过程中或结束时取出烤炉中的烤盘、烤模等高温物品，如图 3-19所示。

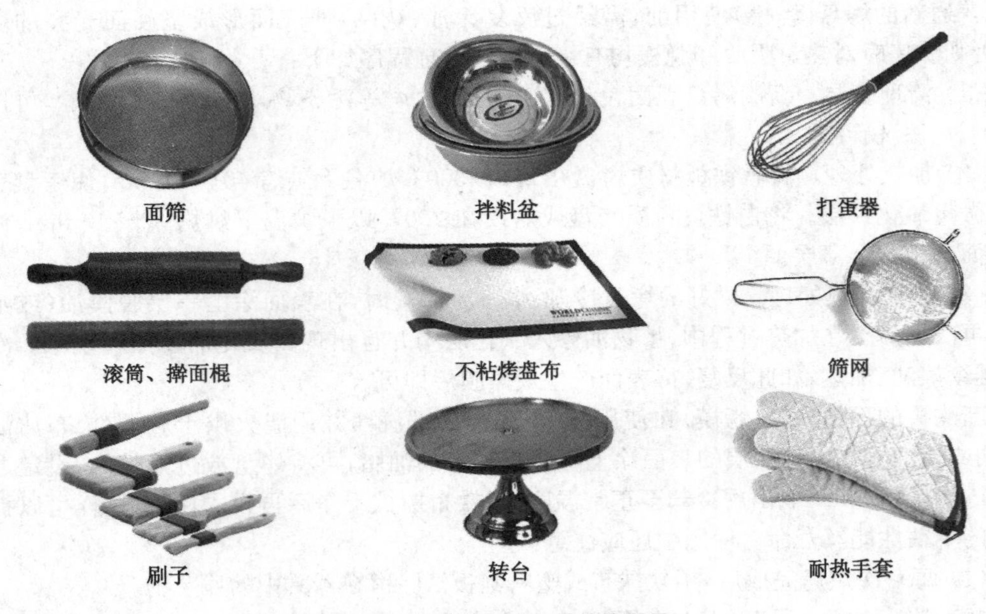

图 3-19　烘焙食品常用其他用具

项目四　烘焙食品配方表示方式及用料量计算

学习目标

◎ 了解烘焙百分比的优点；了解实际百分比与烘焙百分比的换算

◎ 熟悉烘焙食品配方的表示方式

◎ 掌握配方实际用料量的计算方法

◎ 能够用烘焙百分比、实际百分比正确表示烘焙食品配方

◎ 能熟练计算烘焙食品生产实际用料量

课前思考

1. 烘焙食品配方有几种表示方式？各有何特点？
2. 什么是烘焙百分比？什么是实际百分比？
3. 如何准确计算配方实际用料量？

一、烘焙食品配方表示方式

烘焙食品配方可由以三种方式来表示，如表 4-1 所示。

(一) 以原材料实际重量表示配方

配方中给出的是各原料实际重量，其优点是方便实际生产运用。但以该种方式表示的配方不便记忆、修改以及分析。

(二) 以烘焙百分比表示配方

烘焙百分比是烘焙业专用的百分比，它是根据面粉的质量来推算其他原材料所占比例。因而在烘焙百分比中，是以配方中面粉的重量为 100%，配方中其他各原料的百分比是相对等于面粉的多少而定，且总百分比总量超过 100%。

以烘焙百分比表示配方，是将配方中原料实际重量换算成烘焙百分比，首先不论配方中面粉重量为多少，其烘焙百分比都固定为 100%。换算公式如下：

原料的烘焙百分比＝某原料实际重量×100÷面粉重量

(三) 以实际百分比表示配方

实际百分比是指配方的总百分比为 100%，各原料的百分比是该原料重量占配方总重量的百分比。通过实际百分比可以了解配方中各种原料所占的比例是总重量的百分之几。

以实际百分比表示配方，是将配方中原料实际重量换算成实际百分比，换算公式

如下：

原料的实际百分比＝某原料实际重量×100÷配方原料总重量

表 4-1　烘焙食品配方表示方式

原　料	表示方式一	表示方式二	表示方式三
	实际重量(g)	烘焙百分比(%)	实际百分比(%)
面粉	2 200	100	56.72
干酵母	22	1	0.57
改良剂	6.6	0.3	0.17
盐	22	1	0.57
糖	176	8	4.54
油	88	4	2.27
奶粉	88	4	2.27
水	1 276	58	32.89
总量	3 878.6	176.3	100

对表 4-1 中的烘焙百分比与实际百分比进行比较，可以看出面粉的百分比在烘焙百分比配方中为 100%，而在实际百分比配方中则为 56.72%。另外配方的总百分比在烘焙百分比配方中为 176.3%，而在实际百分比配方中则为 100%。

烘焙百分比已经是国际上所认同的计量方法，对烘焙食品制作，尤其是对面包制作具有重要意义。其优点如下：

(1) 从配方中可以一目了然地看出各原料的相对比例，简单明了，容易记忆。

(2) 可以快速计算出配方中各原料的实际用量，计算快捷、精确。

(3) 方便调整、修改配方，以适应生产需要。

(4) 可以预测产品的性质和品质。

但是，不能因为烘焙百分比的优点就完全忽略实际百分比的作用。运用实际百分比，可以了解各项原料所占比率是总重量的百分之几。换句话说，这种计算方法实际上就是配方的成分分析。如果想知道一个面包或蛋糕内部到底含有多少面粉、鸡蛋、油脂、糖、酵母、水等原料成分，那么运用实际百分比进行计算就会很清楚。

二、烘焙百分比与实际百分比的换算

(一) 将实际百分比换算成烘焙百分比

换算公式如下：

某原料的烘焙百分比＝原料的实际百分比×100÷面粉实际百分比

例 1　根据表 4-2 中的配方，将各原料实际百分比换算成烘焙百分比。

表 4-2　例 1 配方及题解

原　料	实际百分比(%)	换算过程	烘焙百分比(%)
面粉	51.3	固定	100
鲜酵母	1.53	1.53×100÷51.3	3
盐	0.51	0.51×100÷51.3	1
糖	10.25	10.25×100÷51.3	20
油	5.13	5.13×100÷51.3	10
鸡蛋	6.15	6.15×100÷51.3	12
奶粉	2.05	2.05×100÷51.3	4
水	23.08	23.08×100÷51.3	45
总量	100	100×100÷51.3	195

(二) 将烘焙百分比换算成实际百分比

换算公式如下：

某原料的实际百分比＝原料的烘焙百分比×100÷配方总烘焙百分比

例 2　根据表 4-3 中的配方，将各原料烘焙百分比换算成实际百分比。

表 4-3　例 2 配方及题解

原　料	烘焙百分比%	换算过程	实际百分比 %
面粉	100	100×100÷195	51.3
鲜酵母	3	3×100÷195	1.53
盐	1	1×100÷195	0.51
糖	20	20×100÷195	10.25
油	10	10×100÷195	5.13
鸡蛋	12	12×100÷195	6.15
奶粉	4	4×100÷195	2.05
水	45	45×100÷195	23.08
总量	195	固定	100

三、配方用料量计算

当配方(以烘焙百分比表示)确定后，只要再确定下列条件中的任意一项，便可求出整个配方各原料的实际用料量。

1. 已知面粉重量

在这个条件下，可按下述公式求出其他原料重量：

原料重量＝面粉重量×原料烘焙百分比

2. 已知实用面团总重量

在这个条件下，应先计算出配方总烘焙百分比，然后按下述公式求得面粉重量，再通过面粉重量求出其他原料重量：

面粉重量＝(实用面团总重量×100％)÷配方总烘焙百分比

3. 每个面包分割面团重量及数量

一般面包生产中经常是以分割面团的重量来计算生产用料量的。因此计算实用面团重量时应考虑基本发酵的损耗和分割操作的损耗，即基本损耗，其损耗率一般按 2％计算。根据以下公式先计算出应用面团总重量(即分割面团总重量)，再计算出实用面团总重量，然后计算求得面粉重量，进而算出其他各原料重量：

应用面团总重量＝分割面团重量×数量

实用面团总重量＝应用面团总重量÷(100％－基本损耗率)

例 3 根据表 4-4 的配方制作豆沙甜面包，每个面团重 60 g，成品数量 30 个，求各原料重量。

表 4-4 例 3 配方及题解

原料	烘焙百分比(％)	实际重量(g)	计算过程(不保留小数点)
高筋面粉	100	926	① 应用面团总重量：60×30＝1 800 g ② 实用面团总重量：1800/(100％ － 2％) ＝ 1 837 g ③ 面粉重量：(1837×100％)/ 198.3％ ＝926 g 其余各项原料重量 干酵母 926×1％＝9.26≈9 g 改良剂 926×0.3％＝2.778≈3 g 盐 926×1％＝9.26≈9 g 细砂糖 926×20％＝185.2≈185 g 黄油 926×10％＝92.6≈93 g 奶粉 926×4％＝37.04≈37 g 鸡蛋 926×12％＝111.12≈111 g 水 926×50％＝463 g
干酵母	1	9	
改良剂	0.3	3	
盐	1	9	
细砂糖	20	185	
黄油	10	93	
奶粉	4	37	
鸡蛋	12	111	
水	50	463	
总量	198.3	1 836	

4. 已知每个面包成品重量及数量

第一步，按以下公式求出产品总重量：

产品总重量＝成品面包重量×数量

第二步，求实用面团总重量：通过产品总重量计算实用面团总重量时，应同时考虑到发酵、分割过程中的基本损耗以及醒发、烘焙、冷却等过程中的烘焙损耗。产品的烘焙损耗率一般以 10％计算。不同类型、配方、大小的产品，其烘焙损耗率差异较大，不能一概而论，如法棍面包烘焙损耗率达 20％以上。计算公式如下：

实用面团总重量＝产品总重量÷[(100%－基本损耗率)×(100%－烘焙损耗率)]

第三步，求面粉重量和其他各原料重量。

例 4　根据表 4-5 的配方制作圆面包 300 个，每个成品重 50 g，求各原料重量。

表 4-5　例 4 配方及题解

<table>
<tr><th>原料</th><th>烘焙百分比(%)</th><th>实际重量(g)</th><th>计算过程(不保留小数点)</th></tr>
<tr><td>高筋面粉</td><td>100</td><td>8 576</td><td rowspan="10">① 产品总重量：50×300＝15 000 g
② 实用面团总重量：15 000/[(100%－2%)(100%－10%)]＝17 007 g
③ 面粉重量：(17 007×100%)/ 198.3%＝8 576 g
④ 其余各项原料用量：
干酵母　8 576×1%＝85.76≈86 g
改良剂　8 576×0.3%＝25.728≈26 g
盐　8 576×1%＝85.76≈86 g
细砂糖　8 576×20%＝1 715.2≈1 715 g
黄油　8 576×10%＝857.6≈858 g
奶粉　8 576×4%＝343.04≈343 g
鸡蛋　8 576×12%＝1 029.12≈1 029 g
水　8 576×50%＝4 288 g</td></tr>
<tr><td>干酵母</td><td>1</td><td>86</td></tr>
<tr><td>改良剂</td><td>0.3</td><td>26</td></tr>
<tr><td>盐</td><td>1</td><td>86</td></tr>
<tr><td>细砂糖</td><td>20</td><td>1 715</td></tr>
<tr><td>黄油</td><td>10</td><td>858</td></tr>
<tr><td>奶粉</td><td>4</td><td>343</td></tr>
<tr><td>鸡蛋</td><td>12</td><td>1 029</td></tr>
<tr><td>水</td><td>50</td><td>4 288</td></tr>
<tr><td>总量</td><td>198.3</td><td>17 007</td></tr>
</table>

项目五 配方平衡

学习目标

◎ 了解烘焙食品原料的功能性质划分
◎ 了解烘焙食品配方设计原则
◎ 熟悉配方平衡的概念
◎ 掌握配方平衡的原则
◎ 能够根据烘焙食品的品质要求及原辅材料质量进行配方修订
◎ 能够根据实际生产中出现的问题修订配方

课前思考

1. 什么叫配方平衡?
2. 烘焙原料按功能性质可分为哪几种?
3. 配方平衡的原则是什么?

一、配方平衡的概念

配方平衡是指在一个配方中各种原辅料在量上要互成比例,达到产品的质量要求。因此,配方是否平衡,是产品质量好坏的关键。

配方平衡对烘焙食品制作具有重要的指导意义,它是产品质量分析、配方调整或修改以及新配方设计的依据。

二、原料功能性质的划分

配方平衡是建立在原料功能的基础上。要制定出正确合理的配方,首先要了解各种原辅料的工艺性质及其主要功能,然后根据所制产品的种类与特性选择适当的原料和配比。原料按功能性质可分为干性原料、湿性原料、柔性原料、韧性原料和风味原料。

(一) 干性原料

干性原料是指固体状态的原料,可使制品产生干的特性,必须要有足够的液体原料来溶解它,如面粉、糖、奶粉、发粉、盐、可可粉等。

(二) 湿性原料

湿性原料也称液体原料,是配方内水分的来源,提供足够的水分以溶解干性原料,使制品保持湿润,如水、牛奶、鸡蛋等。

(三) 柔性原料

柔性原料是指能使制品保持柔软膨松的原料,如油脂、糖、蛋黄、化学膨松剂等。

(四) 韧性原料

韧性原料又称结构原料,是构成制品结构(骨架)的原料,在制品内可产生坚韧性质或者起到增强面粉筋性而产生韧性的作用,如面粉、盐、蛋清、奶粉、可可粉等。

(五) 风味原料

风味原料是指使制品芳香可口、风味美好的原料,如奶油、可可粉、巧克力、果仁、蜜饯等。

三、配方平衡的原则

配方平衡的原则是要求各种干性、湿性、柔性和韧性原料在比例上互相平衡,如果其中一种原料在量或比例上发生变化,则其他一种或多种原料的量或比例需做相应的调整,以保证产品的质量。

(一) 干性原料与湿性原料之间的平衡

干性与湿性原料之间配比是否平衡影响着面团、面糊的稠度和工艺性质。不同产品品种在调制面糊或面团时所需的液体量不同。面糊、面团中加入的液体主要有水、牛奶、蛋液等。在制定配方时对于面糊、面团对总加水量的需求,除了要考虑面粉本身吸水率外,还需考虑其他液体原料以及糖、油的影响。配方中鸡蛋、牛奶、糖浆、油脂等含量增多时,面粉的加水量则应减少。

(二) 柔性原料和韧性原料之间的平衡

柔性原料能使产品组织柔软,而韧性原料构成产品的结构。因此,柔性和韧性原料在比例上必须平衡,才能保证产品质量。如果柔性原料过多,会使产品结构软化不牢固,易出现塌陷、变形等现象;相反,韧性原料过多,会使产品结构过度牢固,组织不疏松,缺乏弹性和延伸性,产品体积小。

(三) 柔性原料之间的平衡

油脂在搅拌过程中可以拌入很多空气,因此在制作奶油蛋糕时应根据配方中的油脂含量来确定膨松剂的用量。配方内油脂用量多,则膨松剂用量要少;油脂用量少,则膨松剂用量要多。

当使用糖浆代替砂糖时,应考虑到所用糖浆中的含糖量要与配方中的糖用量相等,并计算糖浆中的水含量,据此调整配方的总液体量。

可可粉有天然可可粉和碱处理可可粉两种。天然可可粉颜色较淡,呈酸性(pH 值为 5.3)。碱处理可可粉呈中性,颜色较深。因此在制作可可蛋糕等产品时,如使用碱处理可可粉,在配方中可正常使用疏松剂;如使用天然可可粉,则应在配方中添加小苏打以改善蛋糕的颜色。

当使用熔点较低的糖(如葡萄糖、半乳糖、糖浆等)代替砂糖时,在配方中应添加少许酸性物质,如酒石酸盐、柠檬酸等,以调整产品表面颜色。

(四) 干性原料之间的平衡

当配方中增加了如可可粉、杂粮粉等干性原料时,应相应减少面粉用量。如果面粉量保持不变,单纯增加这些干性原料用量,则会导致配方中干湿原料失衡,使产品配方、产品质量出现问题。

（五）湿性原料之间的平衡

蛋液、牛奶、糖浆、水等湿性原料在一定范围内可以替代使用，如蛋糕生产中可用牛奶替代水。但是，由于各种湿性原料的含水量不同，它们之间的换算并不是等量关系。如某面包配方中增加10%的鸡蛋，配方中减少的水量不是10%，而是6.55%（因为带壳鸡蛋含水量约为65.5%）。

四、烘焙食品配方设计原则

要进行烘焙食品配方设计，首先一定要熟知烘焙食品原辅材料的特性及其在烘焙食品中所起的作用和对制作工艺的影响，懂得配方中各种原材料干湿柔韧的配比关系和因变化需做的比例调整。同时，还应考虑食品的安全性、消费观念、产品风味和特色、消费对象、产品成本等因素，如此才能设计开发出理想的烘焙食品。

加 工 技 术 篇

项目六 面包加工技术

面包生产工艺流程中主要的工序有：面团搅拌、面团发酵、面团整型、面团醒发、面包烘焙、面包冷却与包装。如果不考虑发酵方法，各种面包的制作工艺流程基本上是相同的。

工作任务一　面团搅拌

学习目标

◎ 了解面团搅拌的目的与原理
◎ 熟悉面团搅拌过程各阶段的变化与特征
◎ 了解影响面团搅拌的因素
◎ 熟悉面团搅拌程度对面包品质的影响
◎ 熟悉面团温度控制方法，能通过适用水温有效控制面团温度
◎ 熟悉面团搅拌的投料顺序，熟悉掌握面团搅拌方法及搅拌程度的控制

问题思考

1. 面团搅拌的目的是什么？
2. 面团搅拌过程可分为几个阶段？各阶段面团有何特点？
3. 如何判断面团搅拌程度？
4. 影响面团搅拌的因素有哪些？
5. 面团搅拌不足与搅拌过度对面包品质有何影响？
6. 面团温度如何控制？
7. 面团搅拌对原料投放顺序有何要求？

面团搅拌俗称调粉、和面，是将原辅料按照配方用量，根据一定的投料顺序，调制成具有适宜加工性能面团的操作过程。有人总结面包制作成功与否，面团的调制承担25%的责任，而发酵的好坏承担70%的责任，其他操作工序只有5%的影响。因此，可以认为面团搅拌是影响面包质量的决定性因素之一。

一、面团搅拌的目的

（1）使各种原料充分分散和均匀混合。面团中各种成分均匀地混合在一起，才能使各成分相互接触并发生预期的反应，使得不同配方产生不同性质的面团，在不同的面包中发挥其特有功能。

(2) 加速面粉吸水而形成面筋。面粉遇水表面会被水润湿,形成一层韧膜,该膜将阻止水的扩散。调粉时的搅拌,就是用机械的作用使面粉表面韧膜破坏,使水分很快向更多的面粉浸润。

(3) 促进面筋网络的形成。面筋的形成不仅需要吸水水化,还要揉捏,否则得不到良好性质的面筋。适当的搅拌、揉捏,可以使面筋充分接触空气,促进面筋发生氧化和其他复杂的生化反应,进一步扩展面筋,使面筋达到最佳的弹性和延伸性。

(4) 使空气进入面团中,尽可能地包含在面团内且均匀分布,以便给酵母发酵产生的二氧化碳提供气泡核心并且为氧化和酵母活动提供氧气。

(5) 使面团达到一定的吸水程度、pH、温度,提供适宜的养分供酵母利用,使酵母能够最大限度地发挥产气能力。

二、面团形成原理

(一) 面粉的水化及胀润

面粉与水接触时,首先在接触表面形成面筋,阻碍水的浸润及其与其他蛋白质的相互作用。搅拌破坏了这层面筋膜,使水化作用得以不断进行。面筋蛋白质吸水胀润形成湿面筋的过程一般分为两个阶段,这种胀润作用在实际应用中通过搅拌机的搅拌加速进行。

在搅拌初期,由于蛋白质和淀粉吸水量很少,面团黏性很小,搅拌桨受的阻力不大;随着搅拌的进行,蛋白质吸水膨胀,淀粉粒的吸附水量也增加,面团的黏度增大,表面附有水膜,面团粘工具和手;继续搅拌,水分大量渗透到蛋白质胶粒内部和结合到面筋网络内部,形成了具有延伸性和弹性的面团,搅拌即告完成。

当面粉与水混合后,面粉中的水分和固形物的组成发生变化,面粉中的蛋白质和淀粉便开始了吸水过程,由于各种成分的吸水性不同,吸水量也有差异。面粉中的蛋白质具有较强的吸水性,可以吸收自身重量的两倍的水,它的吸水量约占面团总吸水量的60%~70%;面粉中的淀粉在常温下仅能吸收约自身重量的1/4的水。面团中的水是以两种状态存在的,即游离水和结合水。被吸收到胶粒内部的水称为结合水,这种结合水是由淀粉和蛋白质的亲水基团牢固结合或吸附着的水,该水不能流动;充塞于面筋网络结构中胶粒之间的水称为游离水,游离水具有一般水的性质。

以吸水率为60%的面粉调制面团,在面团中水分和固形物的组成如表6-1所示。

表6-1 小麦粉与面团的组成及面团中水分的分配

<table>
<tr><th colspan="3">小麦粉的组成(%)</th><th colspan="4">面团的组成及水分分配(%)</th></tr>
<tr><td rowspan="4">小麦粉
100</td><td rowspan="3">固形物86</td><td>蛋白质12</td><td rowspan="4">面团
100</td><td colspan="3">固形物55</td></tr>
<tr><td>淀粉等碳水化合物74</td><td rowspan="3">水分45</td><td rowspan="2">结合水</td><td>蛋白质吸水15</td></tr>
<tr><td>少量无机盐等</td><td>淀粉吸水12</td></tr>
<tr><td colspan="2">水分14</td><td colspan="2">游离水18</td></tr>
</table>

从表中可以看出吸水率为60%的面团中结合水占总水量的60%,游离水占总水量的40%。其中蛋白质虽只占面团重量的7.5%,却占有大部分的结合水,对面粉的水化及胀润影响很大。面团中的游离水是面团可塑性的基础,可使面团具有流动性和延伸性。面粉吸

水量增大,调制的面团趋于柔软,面团中的游离水增加,面筋网络中的水分增多,蛋白质分子间的交联作用减弱,面团弹性、韧性相对降低,延伸性增大;面粉吸水量减少,调制的面团硬度增加,面团中的结合水增加,面筋结构紧密,面团的弹性、韧性强。因而,软面团较硬面团易于延伸。

为了使面粉水化作用能充分进行,在面团搅拌过程中应注意以下几点:

(1) 水和面粉的混合要均匀。

(2) 面粉与水接触时水化作用的发生要有一个过程。发酵或静置的目的之一,就是使水化作用充分进行。

(3) 高筋面粉水化较慢,低筋面粉水化较快。

(4) 食盐有使面筋硬化、抑制水化作用进行的特性。所以,有的面团搅拌工艺中采用后加盐法。糖使用量较多时,也有与盐相同的抑制水化作用。

(5) 水化作用与面团 pH 值有密切的关系。pH 值在 4～7 的范围内,pH 值越低,面团硬度越大,水化作用越快。因此采用速成法、连续面团法和浸渍法(中种法)时,为了加快面团水化作用,常添加乳酸、磷酸氢钙等添加剂,以降低 pH 值,提高酸度。

(6) 软化面筋的蛋白酶、胱氨酸之类的还原剂也可加快水化作用。

(二) 蛋白质的变化与面团的粘弹性

面粉加水调制成团后,若放置板上,则会向下摊流,面团在流动性这一点上似液体;若施加外力使之变形,其随时间推移逐步恢复原形,但不能完全恢复,这一点近似固体的弹性。因此面粉加水调制后会形成具有粘弹性的面团。

面团具有粘弹性,是由于面粉中的麦谷蛋白和麦胶蛋白与水混和后,形成了具有粘弹性的面筋所致。麦谷蛋白、麦胶蛋白的粘弹性存在显著差别:麦谷蛋白弹性强,但缺乏延伸性;麦胶蛋白不但粘性强,而且非常富于延伸性。面筋则兼备两种蛋白质的性质,即具有粘弹性。

面筋蛋白质的粘弹性是使面团具有良好烘焙性能的主要原因。麦谷蛋白具有很大的分子量,分子呈纤维状,相应地分子表面积很大,且部分二硫基分布在分子外部(即麦谷蛋白既有分子内的二硫键,也有分子间的二硫键),分子与分子之间容易产生聚合作用,形成强有力的交联,赋予面筋弹性。分子与分子之间的交联越牢固,面筋的弹性越好。麦胶蛋白分子量较小,分子呈球形,表面积也较小,且二硫键分布在分子内部,在面筋体系中形成不太牢固的交联,从而使面筋具有良好的延伸性或流动性,可促进面团膨胀。因此,麦谷蛋白和麦胶蛋白分子结构中二硫键的交联作用,使蛋白质分子互相连接在一起形成大分子的网络结构,从而使面团粘弹性大大增加。

在构成面筋蛋白质的氨基酸中,有 10%左右的含硫氨基酸(如半胱氨酸、胱氨酸)。这些含硫氨基酸在面筋的结合上起着重要的作用。面团形成过程中发生着复杂的化学变化,其中最重要的是硫氢基(—SH,还原型)和二硫基(—S—S—,氧化型)之间的变化。这种变化是面团形成的主要原因。

蛋白质 R_1—S—S—R_2 与 R_3—SH 发生交联,而且这种交联在空气中处于适度搅拌的条件下不断进行,达到完成阶段则形成网状结构。这样,面粉加水搅拌而成的面团是以面筋为中心的网状结构,淀粉、脂质等被包围在面筋网络中,形成较稳定的薄层状网络,使面团具有持气性,能够保住发酵过程中产生的 CO_2,在面团内形成微细气泡。空气中的氧气以及一些添加剂如面粉改良剂、面包改良剂中的氧化剂(如抗坏血酸),在与面团一起揉捏时起到氧化作用,促进—S—S—键的形成。

搅拌初期的面团,其面筋蛋白质多聚体之间的次级键是随机排列的,即面筋结构是杂乱无章的。随着搅拌的进行,搅拌机以搅拌桨对面团施加剪切力。蛋白质多聚体之间弱的次级键很容易断裂,此时多聚体便顺着剪切力平面整齐排列。而当多聚体重新接触时,新的次级键又重新形成,其结果是面团的强度大大增加。因此,搅拌有三种作用:一是使各种原料混合均匀;二是加速面粉中的蛋白质与水的结合形成面筋;三是扩展面筋。搅拌时间不足,面筋没有扩展并呈不规则排列结构,使面团缺乏弹性。而经过充分搅拌的面团,由于面筋得到规则伸展,使面团具有良好弹性、韧性和延伸性。

达到完成阶段的面团,其面筋蛋白质或麦谷蛋白的外部形成具有疏水区的凝聚体,而内部形成亲水区,保持渗透的多量水分。当过度搅拌时,面筋蛋白质的胶团被破坏,在凝聚体内部的疏水区外露,同时胶团内部水分向外部放出,面团失去弹性,发黏。面筋的网状结构受机械损伤而被破坏,面团黏性和韧性下降,工艺性能变劣。这是由于一部分面筋蛋白质的二硫键被打断,变成了分子内的二硫键结合,面筋分子变小,分子间的结合程度削弱所致。因此,对面团搅拌时间、搅拌程度需要严格控制。

刚搅拌完的面团不论面粉质量如何均表现为延伸性小,韧性强,通过一段时间的静置,面团的延伸性得到改善。这是因为刚搅拌完的面团中麦谷肽链虽已伸展并呈线性结构,但分子间相互缠绕很难产生滑动,通过一定时间的静置,麦谷蛋白分子呈线性定向排列,缠绕结点大大减少,面团就能表现出较好的延弹平衡,满足加工工艺的要求。

(三) 面筋蛋白质与脂质的相互作用

面粉中的非淀粉脂质与面筋蛋白质的相互作用,对面粉的烘焙品质具有很大影响。面粉中的非淀粉脂质包括极性与非极性的结合脂和游离脂,极性脂包括磷脂和糖脂。

面粉加水搅拌后,游离脂含量减少而向结合脂转化,在搅拌过程中共有 1/2～1/3 的游离脂转化为结合脂,即与面筋蛋白质结合成很紧密的复合体。因此,面筋中约含有 10%的脂质,面筋不是纯蛋白质,而是一种脂质-蛋白质复合体。

在面团中,脂质-蛋白质复合体能阻止面筋的解聚,增强面筋网络的结构牢固性和保持气体,有利于面团发酵、体积膨胀及保持面包的形状。在面包中,脂质是与淀粉结合的,脂质-淀粉复合体能延缓淀粉的回生老化,起到抗老化和保鲜作用。

(四) 面团内气泡的产生

烘焙后面包的特定蜂窝状结构的形成完全依赖于面团中气泡的产生及保持。完成搅拌以后面团内的“新”气体是酵母发酵产生的二氧化碳气体。与面包生产相关的二氧化碳的特性是它的高溶解度和形成气泡能力相对较差。由酵母产生的二氧化碳气体溶入面团液相的溶液中,最终溶液变为饱和溶液而不再能够容纳任何产生的二氧化碳。饱和的速率取决于面团发酵情况,但在所有的面包制作工艺中都相当快。

因为气体保持在正在扩展的或已扩展的面团结构中导致了面团快速膨胀。如果二氧化碳不能自已形成气泡,那么面团是如何通过保持气体而膨胀的?

面团搅拌的结果是面团中产生相当数量的另外两种气体:氧气和氮气,二者均来自面团形成过程中混入的空气。氧气在面团中停留的时间相对较短,因为它会被面团内的酵母细胞很快用完。唯一仍留在面团内的气体只剩下氮气,它对提供气泡核心起到很重要的作用,使以后从溶液中出来的二氧化碳气体得以扩散。

搅拌结束时面团中气泡的数量及大小受面团形成情况及所用和面机性能的强烈影响。搅拌能形成的最小气孔结构在搅拌结束时就已存在于面团之中。搅拌后的加工步骤中,气泡结构有所变化,主要是已形成的气泡产生膨胀。

三、面团搅拌的过程

根据面团搅拌过程中面团的物理性质变化,可将面团搅拌分为六个阶段:

(一) 原料混合阶段

又称初始阶段、拾起阶段。在这个阶段,配方中的干性原料与湿性原料混合,形成粗糙且湿润的面块。此时的面团无弹性、延伸性,表面不整齐,易散落。通常在这一阶段要求搅拌机以低速转动,使原辅材料逐渐分散再混合起来。一般情况下,在这一阶段要准确判断出面团的软硬程度,即面粉吸水量,并以此为依据调节面团加水量。

(二) 面筋形成阶段

又称卷起阶段。此阶段配方中的水分已经全部被面粉等干性原料均匀吸收,一部分蛋白质形成面筋,使面团成为一个整体。和面机的搅拌缸的缸壁和缸底已不再粘附着面团而变得干净。用手触摸面团时仍会粘手,面团表面湿润,用手拉面团时无良好的延伸性,容易断裂,面团较硬且缺乏弹性。

(三) 面筋扩展阶段

此时面团性质逐渐有所改变,随着搅拌钩的交替推拉,面团不像先前那么坚硬,有少许松弛,面团表面趋于干燥,且较为光滑和有光泽。用手触摸面团已具有弹性并较柔软,黏性减小,有一定延伸性,但用手拉取面团时仍易断裂。

(四) 面筋完全扩展阶段

又称搅拌完成阶段、面团完成阶段。此时面团内的面筋已充分扩展,具有良好的延伸性,面团表面干燥而有光泽,柔软且不粘手。用手拉取面团时有良好的弹性和延伸性,面团柔软。

面筋完全扩展阶段是大多数面包产品面团搅拌结束的适当阶段。对面团来说,此时的变化是十分迅速的。此时仅数十秒的时间就可以使面团从弹性强韧、黏性和延伸性较小的状态迅速转入弹性减弱、略有黏性、延伸性大增的状态。确切地把握住这一变化是制作优良面包的关键。

判断面团是否搅拌到了适当程度,实际生产中主要用感官凭经验来确定。一般来说,搅拌到适当程度的面团,可用双手将其拉展成一张像玻璃纸样的薄膜,整个薄膜分布很平均,光滑无粗糙,无不整齐的痕迹。用手触摸面团表面感觉有黏性,但离开面团不会黏手,面团表面有手黏附的痕迹,但又很快消失。

(五) 搅拌过度阶段

又称衰落阶段。此阶段面团明显地变得柔软及弹性不足,黏性和延伸性过大。过度的机械作用使面筋超过了搅拌耐度,面筋开始断裂,面筋胶团中吸收的水分溢出。搅拌到这个程度的面团将严重影响面包成品的质量。

(六) 破坏阶段

越过衰落阶段,若继续搅拌,就会使面团结构破坏。面团呈灰暗色并失去光泽,逐渐成为半透明并带有流动性的半固体,表面很湿,非常粘手,完全丧失弹性。由于面筋遭到强烈破坏，面筋断裂，面团中已洗不出面筋。搅拌到这个程度的面团已不能用于面包制作。

应当说明，面团经历的各个阶段之间并无十分明显的界限，要根据不同产品品种掌握适宜的程度，这需要有足够的经验，才能做到应用自如。

四、面团温度的控制

(一) 引起面团温度升高的因素

面团在搅拌时，面团温度往往逐渐升高。引起面团升温的主要原因是面团内部分子间的摩擦和面团与搅拌缸之间的摩擦而产生的摩擦热。

(二) 控制面团温度的方法

控制面团升温的方法有两种：一种是利用设备控制面团升温，如使用双层搅拌缸，中间层通入空气或冷水来吸收热量；另一种是通过水温控制面团温度，如使用冰水和面来减缓面团升温。

搅拌面团时，必须明确知道摩擦升温量，才能决定加入多少水或什么温度的水。摩擦升温量的多少与面包生产方法、面团搅拌时间和面团配方等因素有非常大的关系。

(1) 摩擦升温量的计算

在直接法面包面团及二次法中种面团的搅拌中，摩擦升温量的计算方法如下：

摩擦升温量＝(3×搅拌后面团温度)－(室温＋粉温＋水温)

在二次法主面团的搅拌中，主面团在搅拌时多了中种面团这个因素，故在摩擦升温量的计算中应考虑中种面团温度。其计算公式如下：

主面团摩擦升温量＝(4×搅拌后面团温度)
－(室温＋粉温＋水温＋发酵后中种面团温度)

(2) 适用水温的计算

适用水温是指用此温度的水搅拌面团后，能使面团达到理想温度的水温。实际生产中，我们可以通过试验求出各种生产方法和生产不同品种面团时的各个摩擦升温量作为一个常数，这样就可以按生产时的操作间温度以及面团计划发酵时间来确定所需的面团理想温度，进而求出适用水温。

直接法面包面团和中种面团适用水温计算公式如下：

适用水温＝(3×面团理想温度)－(室温＋粉温＋摩擦升温)

主面团适用水温计算公式如下：

适用水温＝(4×面团理想温度)
－(室温＋粉温＋摩擦升温量＋发酵后中种面团温度)

(3) 用冰量的计算

经计算得出的适用水温可能比自来水温度高，也可能比自来水温度低，前者可通过加热水或温水来调整达到适用水温，而后者则需要通过加冰来调整。

加冰量可通过如下公式计算求得：

加冰量＝配方总水量×(自来水温－适用水温)÷(自来水温＋80)
自来水量＝配方总水量－加冰量

五、面团搅拌的工艺

(一) 面团搅拌过程及投料顺序

如图 6-1 所示，以最常用的一次发酵法为例，运用立式双动和面机搅拌面团的投料顺序为：

(1) 首先将干性原料放入搅拌缸中，用慢速搅拌混合均匀。如果使用鲜酵母和活性干酵母则应先用温水活化。酵母与面粉一起加入，可防止即发干酵母直接接触水而快速发酵产气，以及因季节变化而使用冷、热水时对酵母活性的直接伤害。奶粉混入面粉中可防止奶粉直接接触水而发生结块。

(2) 加入蛋液和水慢速搅匀成团。

(3) 当面团已经形成，面筋还未充分扩展时加入油脂，慢速搅匀后换中速搅至面筋完全扩展阶段。此时油脂可在面筋和淀粉之间的界面上形成一层单分子润滑薄膜，与面筋紧密结合并且不分离，从而使面筋更为柔软，增加面团的持气性。如果油脂加入过早，则会影响面筋的形成。若油脂因贮藏温度较低而硬度较高时，直接加入面团中将成硬块状，很难混合，所以最好软化后再加入。

(4) 最后加盐。一般在面团中的面筋已经扩展但还未充分扩展或面团搅拌完成前的 5～6 min 加入。

图 6-1 面团搅拌过程

(二) 面团搅拌程度的判断

面团搅拌程度的判断主要凭借经验，要注意观察面团搅拌各阶段面团性状的变化，如图6-2所示。

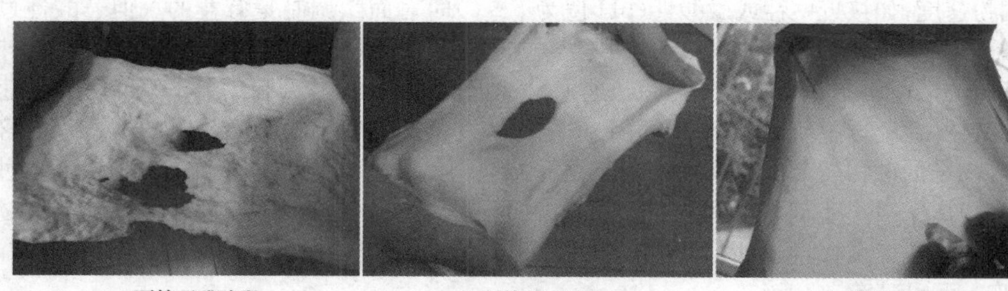

(a) 面筋形成阶段　(b) 面筋扩展阶段　(c) 面筋完全扩展阶段

图 6-2 面团搅拌程度

(三) 面团温度的测量

将面团温度计插入面团中心，记下读数，如图 6-3 所示。由此判断水温适当与否，根据此数据调整该种面团使用该和面机时的摩擦温升参数。

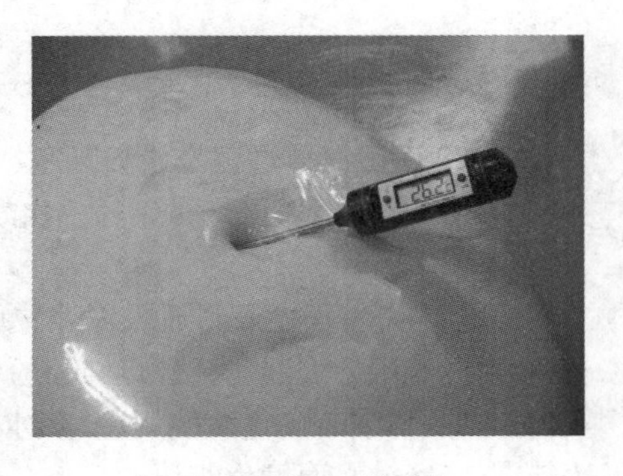

图 6-3 面团温度测量

六、影响面团搅拌的因素

（一）面粉质量

面粉质量对面团搅拌的影响最大。面粉中蛋白质含量较高时，面团吸水量也随之增加，面筋性蛋白质的水化时间较长，面团达到充分吸水的阶段将推迟，这样使面团成熟的过程比蛋白质含量低的面粉慢一些。吸水量的增加导致面团中的面筋形成量亦随之增加，要使面团完成最终阶段的弹性下降时间也随之后延，所以整个搅拌时间延长。

面粉质地的软硬对搅拌也有很大影响。如硬麦的面筋强度高时，面团稳定的时间长。这就是同是强力面粉，有的面团形成时间较短，但稳定时间较长；有的形成和稳定时间均较长；也有的形成时间长，稳定性较差；有的两者都比较短。

一般来说，面筋含量越高，形成面团的时间越长，即搅拌时间越长，面团软化越慢。

（二）加水量（吸水率）

面团搅拌时，加水量是一个重要的参数，它关系到面团的黏性、弹性、延伸性等流变学特性。因而加水量与面团持气能力有关系，同时对酵母的产气能力有影响，甚至还对酵母的繁殖速度也有影响，这些都直接或间接地影响面团的发酵时间和面包质量。

在实际生产制作中，加水量常随各种因素而变化。例如：面粉质量，奶粉、砂糖、盐、油脂的用量，面团温度，水质等因素均与面团加水量的多少有关。各种不同类型的面包由于工艺操作的要求不一致，对面团软硬程度的选择也不一样。通常主食面包的吸水率大概在60%～64%，花色面包要低些。

吸水率高，面团软，面团形成时间推迟，面团稳定时间较长，即达到破坏阶段的时间较长；吸水率低，面团硬度大，面团形成时间短，但面筋易被破坏，稳定性小。

（三）水质

水的 pH 和水中矿物质对面团调制的质量有很大影响。pH 在一定范围内偏低时可以加快调粉速度，如接近中性或微酸性（pH 值为 5～6）时对面团调制是有益的。但若酸性过强（pH 值＜5）或碱性（pH 值＞8）条件下会影响蛋白质的等电点，对面团的吸水速度、延伸性及面团的形成均有不良影响。但在快速发酵法面团的调制时，可利用 pH 偏低时水化速度快的特性，在配方中使用乳酸，使面团 pH 下降，以达到缩短调粉时间的目的。适量的含钙、镁等离子的矿物质无机盐有助于面筋的形成，但水质过硬或过软均不适宜。硬水中过量的钙、镁离子吸附于淀粉和蛋白质分子的表面，易造成水化困难，调粉速度慢。水质过软，面粉水化速度虽快，但难以形成强韧的面团。

（四）面团温度

面团温度是调粉过程中为数众多的技术参数中最重要的指标。对面粉吸水率、调粉时间、pH 变化、面筋形成量、面筋粘弹性，以及酵母的增殖、发酵力、发酵中的产酸量和发酵损失的大小都有较大影响。从吸水速度和吸水量来说，在 30℃以下时，面粉吸水速度减慢，吸水量下降。

一般来说，低温搅拌，面团卷起阶段所需时间较短，但扩展所需时间较长，达到最佳扩展后弱化到破坏阶段也需要较长的时间，面团稳定性好；高温搅拌，面团形成时间短，但不稳定，稍搅拌过度便会迅速弱化而进入破坏阶段。

（五）辅料

(1) 糖。糖的反水化作用使面粉的吸水率降低。为得到相同硬度的面团，每加入5%的蔗糖，要减少1%的水。但随着糖量的增加，水化作用变慢，因而要延长搅拌时间。

(2) 盐。食盐能使面筋蛋白质结构紧密，使面筋质地比较强韧，因而会延缓蛋白质的水化作用，使面团形成时间延长。如果面团添加2%的食盐，比无盐面团减少3%的吸水量。

(3) 乳粉。在面团中加入脱脂乳粉会增加其吸水率。一般每增加1%的脱脂乳粉，对于含2%盐的面团，吸水率增加1%。但加入奶粉后，水化时间延长，所以搅拌中常感到加水太多了，其实延长搅拌时间后会得到相同硬度的面团。

(4) 油脂。油脂在调粉开始即加入面团中会影响蛋白质的水化作用，使面粉吸水率下降，吸水速度变慢，面团形成时间延长，面团弹性下降。一般每增加1%的油脂，面粉吸水率相应降低1%。当油脂与面团混合均匀后，面团的粘弹性有所改良。

(5) 添加剂。对搅拌产生影响的添加剂主要是氧化剂、还原剂、乳化剂和酶制剂等。

（六）和面机的机型和转速

为了使和面机在面团搅拌的前四个阶段发挥作用，这就要求和面机可以对面团执行折叠、卷起、伸展、压延和揉碾等动作，而且尽量减少切断和拉裂面团的动作。不论立式和面机还是卧式和面机，搅拌缸的大小要适当，从经验看，所调面团的体积以占搅拌缸体积的30%～65%为宜。和面机最好是变速的，可分为低速（15～30 r/min）、中速（60～80 r/min）、高速（100～300 r/min）。面包面团的搅拌一般用低速和中速。

（七）搅拌的速度和时间

和面机的速度对搅拌和面筋扩展的时间影响很大。一般情况下用稍快速度搅拌面团，卷起时间快，完成时间短，面团搅拌后性质亦佳。对面筋很强的面粉如用慢速搅拌，很难使面团达到完成阶段。对于面筋稍差的面粉，在搅拌时应用慢速，以免使面筋搅断。

在调制面团的初期和放入油脂的初期，面团搅拌速度要慢，防止机械因承担载荷过大而发生故障以及粉料、油脂和水的飞溅。另外，据研究，未水化的面粉和水一起高速搅拌时，会因为搅拌臂强大的压力而生成黏稠的结合面团膜，将未水化的面粉包住并阻止面粉和水的均匀混合。因此，采用直接法、快速法和液种法调制面团时，最初要低速搅拌5 min以上。对于中种法主面团的调制，因为已有70%的面粉水化完毕，所以余下的水、面粉分散比较容易，初期以低速搅拌2 min就行了。

（八）产品的品种特点与调粉的程度

对于一些特殊的面包，最佳搅拌阶段可能不是完成阶段。例如硬式面包需要较硬的面团，所以在面筋还未达到充分扩展时便要结束调粉，这样做是为了保持这种面包特有的口感。对于丹麦面包，由于面团还要经过裹入油脂及多次辊轧、伸展的操作，为了使这种延伸操作容易进行，通常也是在面筋结合还比较弱的情况下结束调粉。而对于欧美式甜面包，有的品种要进行类似于饼干的挤注操作，所以要采用搅拌过度的办法以降低面团的弹性。也就是说，调粉的方法与产品的种类、工艺特点有很大关系。

（九）原料投放顺序与时机

面包原料一般分为基础原料与辅助原料两大类。面包基础原料是制作面包不可或缺的原料，主要有面粉、水、酵母与食盐；面包辅助原料对面包制作工艺、面包品质起到改善和促进的作用，主要包括油脂、糖、蛋品、乳品、添加剂与风味原料等。面包原料在搅拌过程中的投放顺序与时机对面团质量均产生较大影响。

1. 面粉与水的混合

面粉和水的混合并不容易。面粉，尤其是高筋面粉，与水接触时，接触面会形成胶质的面筋膜。这些先形成的面筋膜会阻止水向其他没有接触上水的面粉浸透和接触，搅拌的机械作用就是不断地破断面筋的胶质膜，扩大水和新的面粉的接触。为促进面粉与水的混合，和面机常采用先加粉后加水的方式调粉，而多功能搅拌机多采用先加水后加粉的方式调粉。为了降低混合过程中水的表面张力，有的工厂采取了先把 1/3 或 1/2 的面粉和全部的水混合做成面糊，然后加入其余的面粉完成混合的方法。调粉时水的温度、材料的配比和搅拌速度都会影响到面粉的吸水速度。

2. 固态原料的投放

固态原料主要包括食盐、砂糖、乳粉、干酵母、面包改良剂等。对于先加面粉后放水的和面机而言，将这些干性原料先混入面粉中混合均匀，再加水调制即可；对于多功能搅拌机，一般先将可溶于水的固态原料如食盐、砂糖、面包改良剂等放入加水的搅拌缸中，然后将奶粉、干酵母混入面粉中再放入搅拌缸中进行搅拌。因为奶粉直接遇水易结块，会影响其在面团中的均匀分散，而干酵母如果直接遭遇糖、盐，遇水后糖、盐形成的高渗透压会严重影响酵母的活性，影响面团的正常发酵，故宜与面粉先混合。

3. 油脂的投放时机

油脂直接与面粉接触就会将面粉的一部分颗粒包住，形成一层油膜。所以油脂的投入一定要在面团的水化作用进行较充分后，即面团成团且扩展到一定程度时。另外油脂的贮藏温度比较低，如直接投入搅拌器将呈硬块状，很难混合，所以最好软化后投入。

4. 中种法主面团的搅拌

由于经过发酵的中种面团比较黏，如果搅拌速度不够，中种面团不易被捣碎并与其他材料充分混合，在成品中会出现因中种面团的小块分散而产生的斑点、斑纹。为解决这一问题，一般是在其余的面粉还未放入前，先向中种面团中加入一部分水，然后高速搅拌 1～2 min 使之破碎后再加入其余材料。

七、搅拌对面包品质的影响

(一) 搅拌不足

面团若搅拌不足，面筋未达到充分扩展，没有良好的弹性和延伸性，不能保持发酵时产生的二氧化碳气体，使得面包体积小，易收缩变形，内部组织粗糙，颗粒较大，颜色呈黄褐色，结构不均匀。此外，面团表面较湿、发黏、硬度大，不利于整型操作，面团表面易撕裂，使面包外观不规整。

(二) 搅拌过度

面团搅拌过度，则面团表面过于湿粘，过于软化，弹性差，极不利于整型操作；面团搓圆后无法挺立，向四周摊流，持气性差，使得烤出的面包扁平，体积小，内部组织粗糙、孔洞多、颗粒多，品质差。

工作任务二　面团发酵

学习目标

◎ 了解发酵的目的与作用
◎ 理解面团发酵的原理
◎ 熟悉发酵中影响面团气体产生能力、保持能力的因素
◎ 掌握面团发酵工艺具体要求
◎ 能够掌握成熟的面团、未熟的面团和过熟的面团的鉴别方法
◎ 能够按照正确步骤进行发酵操作并能够准确地设定发酵温度、湿度和时间

问题思考

1. 面团发酵的目的是什么？
2. 面团发酵的原理是什么？
3. 影响发酵面团气体产生能力和保持能力的因素是什么？
4. 面包的风味是如何产生的？
5. 如何判别面团发酵的成熟度？

发酵是继搅拌后面包生产中的第二个关键环节，对面团产品质量影响极大。面团在发酵期间，酵母利用面团中的营养物质大量繁殖，产生二氧化碳气体，促进面团体积膨胀形成海绵状组织结构。通过发酵，面团的加工性能得到改善，变得柔软，容易延伸，便于机械操作和整型等加工；面团的持气能力增强；面团发酵过程中一系列的生物化学变化积累了足够的化学芳香物质，使最终的产品具有发酵制品特有的优良风味和芳香感。

一、面团发酵的目的与作用

（一）面团发酵的目的

（1）通过一系列生物化学变化，在面团中积蓄足够的发酵生成物，给面包带来浓郁的风味和芳香。

（2）使面团的加工性能得到改善，面团变得柔软而易于伸展，便于机械操作和整型等加工。

（3）促进面团的氧化，强化面团的持气能力（保留气体能力）。

（4）产生使面团膨胀的二氧化碳气体。

（5）有利于烘烤时的上色反应。

（二）面团发酵的作用

1. 发酵作用（Dough Fermentation）

面团的发酵是以酵母为主并伴随面粉中的微生物参加的复杂的发酵过程。在酵母的转化酶（lnvertase）、麦芽糖酶（Maltase）和酿酶（Zymase）等多种酶的作用下，将面团中的糖分解为酒精和二氧化碳，还有种种微生物酶的复杂作用，在面团中产生各种糖、氨基酸、有

机酸、酯类,使面团膨胀并具有芳香风味。

2. 熟成作用(Ripening or Maturating)

面团在发酵的同时也进行着一个熟成过程。面团的熟成是指经发酵过程的一系列变化,使面团的性质对于制作面包达到最佳状态。即不仅产生了大量二氧化碳气体和各类风味物质,而且经过一系列的生物化学变化,使得面团的物理性质如伸展性、持气性等均达到最良好的状态。

二、面团发酵原理

面团发酵是一个十分复杂的微生物学和生物化学变化过程。调粉时所加入酵母的数量远不够面团发酵所需。要获得大量的酵母菌,就必须创造有利于酵母繁殖生长的环境条件和营养条件,如足够的水分、适宜的温度、必需的营养物质等。酵母在发酵过程中增殖、生长的环境是由面粉、糖、盐、水等搅拌而成的面团。因此,面团中的各种成分应该保证酵母生长繁殖所需的各种营养需要。

面团发酵,实质上是在各种酶的作用下,将各种双糖和多糖转化成单糖,再经酵母的作用转化成二氧化碳和其他发酵物质的过程。在面团发酵初期,面团内混入大量空气,氧气十分充足,酵母的生命活动也非常旺盛。这时,酵母进行有氧呼吸,将单糖彻底分解并放出热量。随着发酵的进行,二氧化碳气体不断积累增多,面团中的氧气不断被消耗,直至有氧呼吸被酒精发酵代替。酵母的酒精发酵是面团发酵的主要形式。酵母在面团缺氧情况下分解单糖产生二氧化碳、酒精。面团发酵过程中,随着酵母发酵的进行,也伴随着其他发酵过程,如乳酸发酵、醋酸发酵、酪酸发酵等,使面团酸度增高。发酵过程中形成的酒精、有机酸、酯类、羰基化合物等是面包发酵风味的重要来源。

面团发酵中的主要生物化学变化如下:

(一) 糖的变化

面团内所含的可溶性糖中有单糖类和双糖类,其中单糖类主要是葡萄糖和果糖,双糖类主要是蔗糖、麦芽糖和乳糖。葡萄糖、果糖之类的单糖可以直接为酵母的酿酶所发酵,产生酒精和二氧化碳。产生的酒精有很少一部分留在面包中增添面包风味,而二氧化碳则使面包膨胀,这种发酵称为酒精发酵。

蔗糖属于双糖类,不能直接用于发酵,而是由酵母分泌的蔗糖酶将蔗糖分解为葡萄糖和果糖后再进行酒精发酵。

麦芽糖同样也是由酵母分泌的麦芽糖酶所作用,先被分解为两个葡萄糖分子,再进行酒精发酵。但是麦芽糖酶从酵母中被分泌出来的时间比蔗糖酶迟,因而蔗糖酶的作用在调粉时就已相当程度地在进行了。含糖多的甜面包面团在发酵终结时所含的蔗糖已有相当部分转化为转化糖,但麦芽糖的转化要在调粉几十分钟后才开始,尤其是在只有麦芽糖存在时麦芽糖的转化更迟,稍添加些葡萄糖可促进这种反应。

乳糖因为不受酵母分泌酶的作用,所以基本上就留在面团里。乳糖对烘烤时面团的上色反应是有好处的,但是面团中存在着微量乳酸菌可以使乳糖发酵,所以在长时间发酵后,乳糖有所减少。乳糖多存在于添加了奶粉等乳制品的面团中。

在以上各种糖一起存在时,酵母的发酵对于这些糖类是有顺序的。例如,葡萄糖和果糖同时存在时葡萄糖首先发酵,果糖则比葡萄糖的发酵迟得多;当葡萄糖、果糖、蔗糖三者并存时，葡萄糖先发酵，蔗糖进行转化，而蔗糖转化生成的葡萄糖竟比原来就存在的果糖还要先发酵。因此当这三种糖共存时，随着发酵的进行，葡萄糖和蔗糖的量都减少，但果糖的浓度却有增大的倾向。当果糖的浓度到达一定程度时也会受到活泼的酶母的作用而减少。麦芽糖与以上糖一起存在于面团中时发酵最迟，常在发酵一小时后才起作用，因而常作为维持发酵后持续力的糖。

残留（剩余）糖对面包的品质也有影响。面团发酵后经过分割、整型、醒发到入炉时面团中剩余的糖称作残留糖（Residual Sugar）。当残留糖充分时，面包不仅烤色好，而且在炉内膨发大。面团中糖的消耗不仅在发酵工序发生，而且一直到进炉这一工序中都发生，尤其当环境温度较高时，糖的消耗更快，因此为了不使残留糖量过少，要注意发酵工序的温度管理，不要太高。

（二）淀粉的变化

1. 淀粉的水解

面团中天然存在着的α-淀粉酶和β-淀粉酶是将淀粉转化成酵母可发酵糖的主要酶。面粉中存在不同程度的受损淀粉，这部分淀粉在面团发酵中起着重要作用。因为完整无损的淀粉在常温下不受淀粉酶的作用，所以在调粉和发酵过程中受淀粉酶所作用的较大部分是受损淀粉。淀粉受α-淀粉酶作用后生成小分子糊精，糊精再受β-淀粉酶作用转化成麦芽糖——酵母可发酵糖。

2. 受损淀粉的检测

一般面粉中受损淀粉的含量大约在3%～11%的范围内。表示淀粉损伤程度的指标称为麦芽糖价。即向10 g小麦粉中加入90 mL水，在30℃下静置一小时，所生成的麦芽糖的毫克数。一般小麦粉的麦芽糖价在100～400单位。

3. 麦芽糖价与面团调制和发酵的关系

麦芽糖价越大，面团在调粉和发酵时越容易液化，软化越快，生成糖的量也越多，所以烘烤上色比较快。麦芽糖价过低，面团软化较慢，烘烤时上色也慢。因此一部分受损淀粉的存在，可以促进麦芽糖在发酵时的不断生成，对于面包成型后的烘烤速度和炉内胀发有一定积极作用。

4. 小麦粉中的淀粉酶对发酵的影响

淀粉酶在面包生产中具有重要意义：一方面在采用一次发酵法和二次发酵法的不加糖的面团中，它可为酵母提供可发酵糖的来源；另一方面，它可增加吸水量使面团松软，有利于酵母生长繁殖和面团发酵。

（三）蛋白质的变化

1. 面筋的成熟

在发酵中，面团中的面筋组织仍受到力的作用，这个力的作用来自发酵中酵母产生的二氧化碳气体。即这些气体首先在面筋组织中形成气泡并不断胀大，于是使得气泡间的面筋组织形成薄膜状并不断伸展，产生相对运动。这相当于十分缓慢的搅拌作用，使面筋分子受到拉伸。在这一过程中，—SH键与—S—S—键也不断发生转换—结合—切断的作用。如果发酵时间合适，那么就使得面团的结合达到最好的水平。相反，如果发酵过度，那么面团的面筋就到了被撕断的阶段。因此在发酵过度时，可以发现面团网状组织变得脆弱，很易折断。另外，在发酵过程中，空气中的氧气也会继续使面筋蛋白发生氧化作用。如前所述，适当的氧化可以使面团面筋组织结合更好，氧化过度会使得面筋脆弱化。发酵期间的这些复杂反应和变化改变着面团的物理性质和构造。如何掌握好这一变化以及使这些复杂的变化可以令面团具有做面包的最佳状态，是面团发酵的关键。

2. 蛋白质的分解

在发酵中蛋白质发生的另一个变化是在小麦粉自身带有的蛋白酶的作用下发生分解。这种被分解的蛋白质只是极小的量，但对于面团的软化、伸展性等物理性质的改良有一定好处，而且最终分解得到的少量的氨基酸不仅可以成为酵母的营养物质，而且在烘烤时与糖发生褐化反应，使面包产生良好的色泽。应当指出的是：这种蛋白质分解反应只是在小麦粉本身含有的蛋白酶的作用下分解，一般不会产生反应过度的问题，但当添加物中有蛋白酶时，这种分解作用会急速地使面团软化、发黏，破坏面筋结构，使面团失去弹性成为过度软弱的状态。

(四) 酸度的变化

面团发酵过程中，酵母发酵的同时也伴随着其他发酵过程，如乳酸发酵、醋酸发酵、酪酸发酵等，使面团酸度增高。酸发酵是由小麦粉中已有的或从空气中落入的，或从乳制品中带来的乳酸菌、醋酸菌、酪酸菌等引起的。

乳酸发酵是面团发酵中经常产生的过程。乳酸的积累使面团酸度增高，但它与酒精发酵中产生的酒精发生酯化作用，形成酯类芳香物质，改善了发酵制品风味。醋酸发酵会给制品带来刺激性酸味，酪酸发酸给制品带来恶臭味。

面团中乳酸发酵的条件是温度偏高或糖量较高，此时发酵作用比较旺盛，产酸量激增。醋酸发酵亦随着乳酸量的上升变得比较活泼。前期面团中氧气的含量虽高，但酒精生成量较低，醋酸发酵作用较微弱。正常情况下，乳酸与少量醋酸是始终存在的，酪酸发酵则并不多见，只有在过度发酵，水分又较多，温度较高，pH 过分低及乳酸含量较高等条件下才会发生，使面团产生恶臭。

发酵作用中产生的其他有机酸如糖类生成的琥珀酸、丙酮酸、柠檬酸、苹果酸等，由蛋白质水解生成的氨基酸和油脂被脂肪酶水解生成的脂肪酸，还有发酵生成的 CO_2 溶解于面团中产生的碳酸都将使面团 pH 发生变化。

除此之外，作为酵母食料和面团改良剂的添加物也会对面团 pH 的变化产生影响，如 NH_4Cl 中的氨被酵母利用后，剩下的盐酸会使 pH 下降。

面团中加入酵母数量的多少也是影响面团酸度的因素之一。面团酸度随酵母用量的增加而升高。另外，不同发酵方法对面团 pH 的影响不同。面团从调制到发酵完毕，pH 的变化如表 6-2 所示，面团发酵时间越长，pH 降低越多。在应用快速发酵等方法时，往往要添加乳酸、柠檬酸等有机酸；另外，在制作黑麦面包、全麦粉面包时，还要添加酸面团，这些都是为了调整面团的酸度，改善面包生产工艺与增进面包风味。

表 6-2　不同发酵方法下调制到发酵完毕面团 pH 的变化

发酵方法	面团	调粉开始时 pH 值	发酵结束时 pH 值
中种发酵法	中种面团	6.0	5.4～5.2
直接发酵法	直接法面团	6.0	5.6～5.5

面团的pH对其持气性有很大影响，而面团的持气性和面包的体积密切相关。如图6-4所示，pH值为5.5时面包体积最大。当pH值低于5时，面团持气性显著下降，面包体积变小。这是因为小麦蛋白质的等电点在pH值为5.5以上，在强酸性环境中不利于面筋结合。所以在面团的发酵管理上，一定要控制面团的pH值不要低于5.0以下。

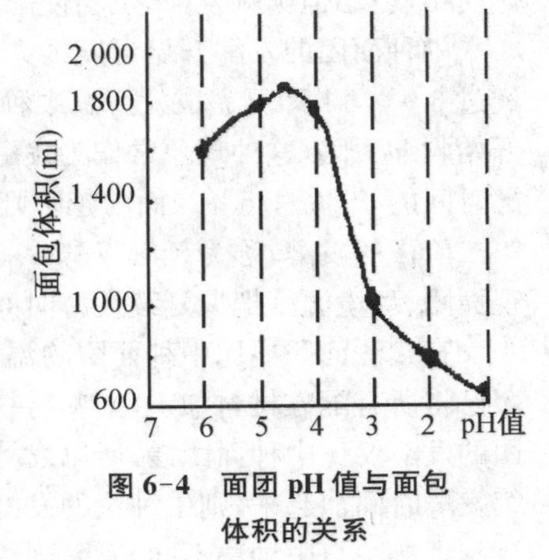

图6-4　面团pH值与面包体积的关系

面团发酵中的产酸菌主要是嗜温菌，当面团温度在28～30℃时，它们的产酸量不大。如果在高温下发酵，它们的活性增强，会大大增加面团的酸度。如醋酸菌最适温度是35℃，乳酸菌最适温度是37℃。

使用纯净酵母(如鲜酵母、干酵母)发酵的面团，其产酸菌来源于酵母、面粉、乳制品、搅拌机或发酵缸中。面团适度地产酸对发酵制品风味的形成具有良好的作用，但酸度过高则会影响制品风味。因此，对工具的清洗和定期消毒，注意原材料的检查和处理，是防止酵母发酵面团酸度增高的重要措施。

(五) 面包的风味和脂肪酶的反应

发酵的目的之一就是要得到具有浓郁香味的风味和物质。发酵风味的产生主要来自于以下4种化学物质：

(1) 酒精。主要由酵母发酵生成。

(2) 有机酸。由产酸菌发酵产生的，以乳酸为主，还有少量醋酸、琥珀酸等。少量的酸有助于增加风味，但大量的酸就会影响风味。

(3) 酯。由酒精与有机酸进行酯化反应生成的挥发性芳香物质，使制品带有酯香。

(4) 羰基化合物类。包括醛类、酮类等。面粉中的脂肪或面团配料中奶粉、奶油、动物油、植物油等油脂中的不饱和脂肪酸被面粉中的脂肪酶和空气中的氧气氧化成过氧化物，这些过氧化物又被酵母中的酶分解，生成复杂的醛类、酮类等羰基化合物，使发酵制品带有强烈浓郁的芳香，是面包香味的主体，在面包风味中有很重要的作用。羰基化合物类在发酵时间较长的中种发酵法、直接发酵法面团中产生较多，且具有好的持久性；而在快速发酵法等短时间发酵的面团中产生较少，风味较淡薄。

三、面团发酵工艺

(一) 发酵容器的要求

发酵容器在盛装面团前应擦上一层薄油，面团倒入容器后将面团弄平，使其表面平滑，即可推入发酵室内发酵。一般而言，发酵容器的大小要与面团重量相配合，中种面团的发酵体积较大，约为直接法面团的2倍，所以放中种面团的发酵容器要大些。但发酵容器太大会使面团胀不起来，而是流下去，使发酵不正常，这时必须用隔板来限制面团体积。

(二) 发酵室的工艺参数

发酵室内必须控制适当的温度及湿度，以利酵母在面团内发酵。一般理想的发酵温度为27～28℃，相对湿度为75%。温度太低会降低发酵速度，但太高易引起产酸菌的发酵。湿度的控制亦非常重要，如果发酵室的相对湿度低于70%，面团表面会由于水分的蒸发，干燥而结皮，不但影响发酵，也会使产品品质不佳。

中种面团的发酵开始温度约为23～26℃，在正常环境下，使用面粉量的2%的鲜酵母约经过3～4.5 h即可完成发酵。中种面团发酵后的最大体积约为原来的4～5倍，然后面团开始收缩下陷，这种现象常作为发酵时间的推算依据，中种面团胀到最高的时间，约为总发酵时间的66%～75%。面粉越陈则总发酵时间越长。发酵完成后进行主面团调粉，再进行第二阶段的发酵，称为延续发酵，一般延续发酵时间为20～45 min，如果在室温发酵，则应视面团、环境温度把握延续发酵时间。

直接法面团要比中种面团的温度高，为25～27℃，温度高可促进发酵速度。直接法面团已将所有配方材料加入，一些材料如奶粉、盐对于酵母的发酵有抑制作用，因此直接法面团的发酵要比中种面团慢，所以发酵时间要长些。但如将中种面团的发酵时间及主面团延续发酵时间加起来，则中种法的发酵时间比直接法长。

直接法与中种法不同，发酵到一定程度时需要翻面，将一部分二氧化碳气体放出，减少面团体积。翻面不可过于激烈，否则容易使已熟成的面团具有易脆的性质。所以翻面时只需将四周的面拉向中间即可。

直接法的发酵时间由第一次翻面的时间来决定。将手指稍微沾水，插入面团，再将手指迅速抽出，当面团被手指插入的手指印无法恢复原状，同时有点收缩时，即为第一次翻面时间，约为总发酵时间的60%。第二次翻面时间为从开始发酵到第一次翻面时间的一半。以上的计算只是一般的方法，并不适用于每一种情况，应依照面粉的性质决定发酵时间。对于陈旧面粉的面团，翻面的次数不可太多，为了缩短发酵时间，一次翻面即可。对于采用面筋强、蛋白质含量高或出粉率比较高的面粉的面团，第一次翻面时间减少，同时翻面次数需要增加。

（三）翻面

翻面也称揿粉，是指面团发酵到一定时间后，用手拍击发酵中的面团，或将四周面团提向中间，使一部分二氧化碳气体放出，缩减面团体积。翻面这道工序只有一次发酵法需要。

1. 翻面的目的

（1）使面团温度均匀，发酵均匀。

（2）混入新鲜空气，以降低面团内二氧化碳浓度，因为当二氧化碳在面团内浓度太大时会抑制发酵。

（3）促进面团面筋的结合和扩展，增加面筋对气体的保持力。这是翻面最重要的作用。

2. 翻面的方法

将已发起的面团中部压下去，驱跑面团内的大部分气体，再把发酵槽四周的面团拉向中心并翻压下去，把原来发酵槽底部的面团翻到槽的上面来。翻面后的面团要再继续发酵一定时间，使其恢复原来的发酵状态。翻面时不要过于剧烈，否则会使已成熟的面筋变脆，影响醒发。

3. 翻面的时间

翻面的时间一般选择在面团总发酵时间的2/3或3/4时为佳，通常是凭经验来掌握。观察面团是否达到翻面时间，可将手指稍微沾水，插入面团后迅速抽出，面团无法恢复原状，同时手指插入部位有些收缩，此时即可进行翻面。

实际生产中翻面时间的确定应考虑与发酵有关的各个因素及环境条件，尤其是面粉的性质。翻面要消耗面筋筋力，筋力弱的面粉应少翻面或不翻面，筋力强的面粉可适当增加翻面次数。体积大的面团需要翻面，以使面团各部位温度一致，体积小的面团则可不翻面。

（四）面团发酵成熟度的判别

1. 面团发酵成熟度与成品品质的关系

面团发酵时，经过一系列复杂的变化，达到制作面包的最佳状态，称作成熟。这种发酵适度的面团称为成熟面团，未成熟的面团称为嫩面团，发酵过度的面团称为老面团。面团发酵的成熟度与面包质量有密切关系。

发酵成熟的面团制成品皮薄，表皮颜色鲜亮，内部气孔膜薄而洁白，柔软而有浓郁香味，总体胀发大。

未成熟面团制成品表皮颜色浓而暗，膜厚，使用高筋粉时，表皮的韧性较大，胀发明显不良，内部组织不够细腻，有时也发白，但膜厚，网孔组织不均匀。如果未成熟程度大，制成品内相灰暗，香味平淡。

过熟面团制成品表皮颜色比较淡，表面褶皱较多，胀发不良。内部组织虽然膜较薄，但不均匀，分布着一些大的气泡，呈现没有光彩的白色或灰色，有令人不快的酸臭或异臭等气味。

2. 判别面团发酵成熟度的方法

准确判断面团发酵的适宜成熟度是发酵面团管理中的重要环节。判断面团发酵成熟度的方法很多，常用的方法有回落法、手触法、拉丝法、表面气孔法、嗅觉法、pH 值法等。

(1) 回落法。面团发酵到一定时间后，在面团正中央部位开始往下回落即为发酵成熟。要注意掌握面团刚刚开始回落时，如果回落太大表示面团发酵过度。

(2) 手触法。用手指轻轻按下面团，手指离开后面团既不弹回也不下落，表示发酵成熟。如果很快恢复原状，表示发酵不足；如果面团很快凹陷下去，表示发酵过度。

(3) 拉丝法。将面团用手拉开，如内部呈丝瓜瓤状，表示发酵成熟；如果无丝状，则表示发酵不足；如果面丝又细又易断，表示发酵过度。

(4) 表面气孔法。发酵成熟的面团表面出现均匀细密的半透明薄膜气孔；发酵不足时面团结构紧密，无气孔，不透明；如果面团表面气孔很大或有裂纹，表示面团发酵过度。

(5) 嗅觉法。面团发酵成熟后略有酸味，如果闻到强烈的酸臭味，表示发酵过度；如果一点酸味也闻不到，表示发酵不足。也可用品尝的方法来判断。

(6) pH 值法。面团发酵前 pH 值为 6.0 左右，发酵成熟后 pH 值下降到 5.0 左右，pH 值低于 5.0 则发酵过度。

四、影响面团发酵的因素

面团在发酵过程中，既要有旺盛的酵母产气能力，又要有保持气体的能力。因此，有诸多因素影响面团发酵。

（一）温度

温度是影响酵母发酵的重要因素。酵母的活性随温度升高而增强，面团的产气量大量增加，发酵速度加快。但发酵温度高，酵母的发酵耐力差，面团的持气能力降低，且易引起产酸菌大量繁殖产酸而影响发酵制品质量。如果发酵温度低，酵母发酵迟缓，产气量小。因此，实际生产过程中，面团发酵温度应控制在 26～28℃之间，最高不超过 30℃。

温度对发酵过程中面团的持气能力也有很大影响。温度过高的面团，在发酵中酵母的产气速度过快，面团持气能力下降。因此，长时间发酵的面团必须在低温下进行。

（二）酵母

酵母对面团发酵的影响主要有两方面，一是酵母发酵力，二是酵母的用量。

1. 酵母发酵力

所谓酵母发酵力是指在面团发酵中酵母进行有氧呼吸和酒精发酵产生 CO_2 气体使面团膨胀的能力。酵母发酵力的强弱对面团发酵的质量有很大影响。使用发酵力弱的酵母发酵会使面团发酵迟缓，面团胀发不足，如存放过久的鲜酵母、干酵母等。

影响酵母发酵力的主要因素是酵母的活力，活力旺盛的酵母发酵力强，而衰竭的酵母发酵力弱。

2. 酵母用量

在酵母发酵力相等的条件下，酵母的使用量直接影响面团的发酵速度和发酵程度。增加酵母用量，可以提高面团发酵速度，缩短发酵时间；反之，则会使面团发酵速度显著减慢。

酵母用量应根据具体情况灵活掌握，如酵母的质量、酵母发酵力强弱、面团发酵工艺及原辅料等，以保证面团正常发酵。在一般情况下用面包专用粉制作面包时，即发干酵母的用量为面粉重量的1%～1.5%。

不同种类的酵母其发酵力差别很大，在使用量上有明显不同，它们之间的用量换算关系为：

鲜酵母∶即发活性干酵母＝1∶0.3

（三）pH

面团pH不仅与酵母产气能力有关，与面团持气性和面包体积同样有密切关系。酵母适宜在偏酸性的条件下生长，最佳pH值范围是5～6，此时酵母有良好的产气能力。在此pH值范围内面团有良好的持气能力，当pH值过低时面团的持气性降低。

面团发酵过程中引起酸度升高的主要原因是产酸菌、温度等因素。在实际生产中做好生产设备用具的清洁、原材料的检查以及严格控制面团发酵温度是控制面团pH过度降低的重要措施。

（四）面粉

面粉对发酵的影响主要是面筋和淀粉酶的作用。

1. 面筋

发酵面团有保持气体的能力，是因其具有既有弹性又有延伸性的面筋。当面团发酵产生的气体在面团中形成膨胀压力，就会使面筋延伸。面筋的弹韧性使它具有抵抗膨压，阻止面筋延伸和气体透出的能力。如果面粉的筋力弱，抵抗膨压的能力小，面筋容易被拉伸，保持气体的能力弱，其结果是面团易塌陷，组织结构不好，制成品体积小。用筋度较强面粉调制的面团，含水量较大，柔软且弹性好，能保持大量的气体，使面团能长时间承受气体的压力，并最终膨胀成海绵状的结构，因此面包类产品应选用高筋面粉。

2. 淀粉酶

酵母在面团发酵过程中仅能利用单糖，而面粉本身的单糖含量很少。这就要求面粉中的淀粉酶不断水解淀粉，使之转化成可溶性糖供酵母利用，以加速面团发酵。淀粉酶的活力大小对面团发酵有很大的影响。淀粉酶活性大，面粉的糖化能力强，可供酵母利用的糖分多，面粉产气能力强。如果使用已变质或经过高温处理的面粉，其淀粉酶活性受到抑制，面粉糖化能力降低，产气能力减弱，面团发酵受到影响，生产出的面包体积小，颜色差。因此，使用这种面粉时应通过添加淀粉酶来促进淀粉糖化，加快正常发酵，并为面包在烘烤阶段实现着色的美拉德反应和焦糖化作用提供物质基础。

（五）渗透压

面团发酵过程中影响酵母活性的渗透压主要是由糖和盐引起的。酵母细胞外围有一层半透性的细胞膜，外界浓度的高低影响酵母活性，浓度太高会抑制酵母发酵。高浓度的糖和盐产生的渗透压很大，可使酵母体内原生质渗出细胞，造成质壁分离而无法生长。

糖使用量为5%～7%时酵母产气能力强，超过这个范围，糖的用量越多，酵母发酵能力越受抑制，但产气的持续时间长，此时要注意添加氮源和无机盐。糖使用量在20%以内可增强面团持气能力，在20%以上则面团持气能力下降。

食盐会抑制酶的活性，因此添加食盐量越多，酵母产气能力越受抑制。食盐用量超过1%时，对酵母活性就具有抑制作用。此外，食盐可增强面筋筋力，使面团的稳定性增大。因此，在设计面包配方时，糖和盐的用量必须成反比。

（六）加水量

一般来说，加水量越大，面团越软，面筋越易发生水化作用，越易被延伸。因此发酵时，软面包易被二氧化碳气体所膨胀，面团发酵速度快，但保持气体能力差，气体易散失。硬面团则相反，具有较强的持气性，但对面团发酵速度有所抑制。所以最适加水量是确保最佳持气能力的一个重要条件。调制面团时，根据面团的具体用途掌握加水量，调节好面团软硬程度。

（七）其他因素

1. 乳粉和蛋品

乳粉和蛋品均含有大量蛋白质，对面团发酵具有pH缓冲作用，有利于发酵的稳定。同时，它们均能提高面团的发酵耐力和持气性。

2. 糖

糖用量在20%以下，可以提高面团的气体保持力，但超过这一值，则面团的气体保持力逐渐下降。从局部讲，糖可以抑制酵母发酵，似乎是增强了发酵耐性，其实从总体上看糖的大量存在使得酸的生成加剧，pH下降变快，因此面团的气体保持能力衰退得也快。

3. 食盐

食盐有强化面筋，抑制酵母发酵，调节面团发酵速度的作用，因此面团中添加一定量的食盐可提高面团发酵质量。

4. 面团搅拌

面团搅拌的状况对面团发酵时的持气能力影响很大。特别是快速发酵法要求面团搅拌必须充分，才能提高面团的持气性。而采用长时间发酵法如二次发酵法，即使在搅拌时没有达到完成阶段的面团，在发酵过程中面团也能膨胀，形成持气能力。

5. 酒精浓度

酵母耐酒精的能力很强，但随着发酵的进行，酒精的浓度越来越大，酵母的生长和发酵作用便逐渐停止。面团发酵后可用去4%～6%的蔗糖，产生2%～3%的酒精。

工作任务三 面 包 整 型

学习目标

◎ 了解面包整型的目的及整型所包含的工序
◎ 熟悉每道整型工序的作用与要求，熟悉手工成型的不同技法
◎ 能够熟练掌握面包整型方法
◎ 能够按照成品要求装盘和装模

问题思考

1. 面包整型的目的是什么？面包整型都包含哪些工序？
2. 为什么面包整型需要在较短时间内完成？
3. 面包面团为什么要进行中间醒发？
4. 手工成型操作技法包括哪些？
5. 面团装盘和装模时都有哪些要求？

要获得品质良好的面包，除了面团要经过适当的搅拌及做好发酵工作外，还要注意让其拥有大方或个性化的外形。发酵后的面团在进入烘烤前要进行整型工序，包括分割、搓圆、中间醒发（静置）、造型、装盘或装模等工序。在烘烤前，还要进行一次最后发酵工序，因此整型处于基本发酵与最后发酵这两个定温、定湿发酵工序的中间。把发酵好的面团做成一定形状面包坯的过程叫做整型，在这期间面团的发酵并没有停止。

整型的目的不仅在于可以形成具有正确形态的面包坯，而且在于产生一种会导致面包产品内部瓤心和外皮均有最佳合理质地的面团结构。

一、分割

分割是通过称量把大面团分割成所需重量小面团的过程。面团分割时的重量应是成品重量的110%。分割期间，由于面团的发酵作用仍在继续进行，面团中的气体含量、相对密度和面筋结合状态都在发生变化，分割初期和分割后期的面团物理性质是有差异的。为了把这种差异控制在最小范围，分割应在尽量短的时间内完成。

分割有手工分割和机械分割两种。手工分割是将大面团搓成（或切成）适当大小的条状，再按重量分割成小面团。手工分割相较机械分割而言不易损伤面筋，尤其是对于筋力弱的面粉，用手工分割比机械分割更适宜。

机械分割是按照体积来分切而使面团变成一定重量的小面团，而不是直接称量分割得到的。所以操作时必须经常称量所分割出的面团重量，及时调整活塞缸的空间，以免出现分割得到的面团过轻或过重。

二、搓圆

搓圆又称滚圆，是把分割得到的一定重量的面团，通过手工或搓圆机搓成圆形。

(一) 搓圆的目的

(1) 在使分割后不整齐的小面块变成完整的球形过程中，为下一步的造型工序打好基础。

(2) 恢复被分割破坏的面筋网络结构。

(3) 排出部分二氧化碳气体，便于酵母的繁殖和发酵。

(二) 注意事项

在滚圆时，必须要注意撒粉适当，如果撒粉不均匀，会使面包内产生直洞；如撒粉太多，滚圆时面团不易黏成团，在最后发酵时易散开，使面包外形不整，所以撒粉尽可能少一些。

三、中间醒发

中间醒发亦称静置，国外称为 Short Proof，First Proof，Preliminary Intermediate，Overhead Proof 或 Bench 等。Proof 在面包加工中是发面的意思，一是指滚圆后到整型之间的发酵，二是指整型后到进烤箱之间的发酵。前者时间较短，所以也称短发酵(Short Proof)、中间发酵或工作台静置(Bench)，后者则称为最终发酵(Final Proof)或醒发、末次发酵。

中间醒发的目的有三个方面：

(1) 中间醒发不仅仅是为了发酵，还因为面团经分割、滚圆等加工后，不仅失去了内部气体，而且产生了所谓加工硬化(Work Hardening)现象，也就是内部组织又处于紧张状态，面团性质变得结实，失去原有的柔软性。通过一段时间静置，使面团得到休息(Rest)，使面团的紧张状态弛缓(Structural Relaxation)一下，以利于下步造型操作的顺利进行。

(2) 使酵母产气，调整面筋的延伸方向，让其定向延伸，增加面团的持气性。

(3) 使面团的表面光滑，易于成型操作。

在进行中间醒发时，面团放在发酵箱内发酵，这种发酵箱称为中间发酵箱。大规模工厂生产时，滚圆后的面团随连续传动带经过机器内的中间发酵室进行发酵。理想的中间发酵箱湿度应为 70%～75%，温度以 27～29℃比较合适，时间为 10～20 min。中间醒发后的面包坯体积相当于中间醒发前体积的 0.7～1 倍时为适合。膨胀不足，面包坯韧性强，成型时不易延伸；膨胀过度，成型时排气困难，压力过大易产生撕裂现象。

四、造型

造型即成型。面团经过中间醒发后，原本因搓圆变得结实的面团，体积又慢慢恢复膨大，体质也逐渐柔软，这时即可进行面包的造型操作。

面包成型分为手工成型和机械成型。机械成型速度较快，外观形态基本一致，但品种较简单，如吐司面包、法棍。许多产品尤其是花式面包，一般都采用手工成型，使面包造型丰富多彩。

按照面包的形状做法，面包成型可分为直接成型和间接成型，而操作的动作有滚、搓、包、捏、压、挤、擀、摔、拉、折叠、卷、切、割、扭转等，每个动作都有独特的功能，可视造型需要相互配合。

在造型步骤中有以下注意事项：

(1) 控制面团性质。要求面团柔软、有延展性、表面不能发黏。影响面团性质的因素包括所用的材料、面团搅拌和发酵情况等，如使用新麦磨成的新鲜面粉、面团配方使用麦芽粉过多或中间发酵箱内湿度太大都会使面团发黏。

（2）尽量减少撒粉。如撒粉太多会使制成品内部组织产生深孔洞，表皮颜色不均匀。一般撒粉多用高筋面粉，以不超过面团重量的1%为准。

五、装盘或装模

面团经过造型之后，面包的花样和雏形都已固定，此时即可将已成型的面团放人烤盘或模具中，准备进入醒发室醒发。面团装盘或装模时，首先对烤皿要进行清洁、涂油、预冷等预处理，还要考虑面团摆放的距离、数量以及装模面团的质量、大小等。

（一）烤盘与模具的预处理

烤皿的清洁工作做得彻底，不但符合卫生需要，还可防止面包粘底的困扰。所以在面团整型之前，必须先将烤皿以擦或洗的方式清洁干净后，再均匀地涂上一层油脂或采用硅胶垫，防止面团与烤皿粘连、不易脱模。

一般烤皿的清洁方法是先以吸湿力较强的棉织布，用力在烤皿的底面及各角落反复推擦干净。接着选用油性较大且质地较软的固体油脂，如黄油或猪油等，以油布或油刷均匀涂擦烤皿内部。若涂刷油量过多，就会产生类似油炸的情况，尤其是制作吐司面包，常会发生凹底不平的现象。

（二）装盘或装模的要求

整型好的面团有的经过最终发酵后直接烘烤，例如圆面包；有的只是在入炉前用锋利小刀划出几道口子，如欧式硬面包；有的则要放入烤盘或烤模中烘烤。装盘或装模是面团放入烤盘或模具中的过程。面团装盘或装模后，还要经过最后醒发，因面团的体积会再度膨胀，为防止面团彼此粘连，所以面团装盘时必须注意排放方式并留有适当的间隔距离，装模的面团则要注意面团质量和模具容积的关系。面团装盘或装模的要求有：

（1）面团装盘时摆放要均匀，四周靠边沿部位应留出边距约3 cm。间距要适当，如果间距太大，烤盘裸露面积多，烘烤时面包上色快，容易烤煳；如果间距太小，胀发后面包坯易粘连在一块，造成面包变形、着色慢、不易熟。

（2）不同性质或不同重量的面团不能放在同一个烤盘内烘烤，因为它们对烘烤的炉温及时间要求可能完全不同。

（3）装入面团前，烤皿的温度应与室温相一致，太高或太低都不利于醒发。在实际生产中，尤其要注意这一点，刚出炉的烤皿不能立即用于装盘，必须冷却到30～32℃左右才能使用。

（4）面团装盘或装模时必须将面团的卷缝处向下，防止面团在最后发酵或焙烤时裂开。

（5）烤模的容积与面团的重量必须匹配。如果烤模体积太大，面团重量小，会使面包成品内部组织不均匀，颗粒粗糙；烤模体积太小，则影响面团体积膨胀和表皮颜色，并且面包成品顶部胀裂得太厉害，容易变形。

通常用烤模的容积（毫升）比面团的实际重量（克）得到的烤模比容积来确定烤模与面团重量的关系。由于面团的种类繁多，性质要求不同，采用的数据不尽相同。如不带盖模具烤制的吐司面包，比容积为3.35～3.47（cm^3/g），即每50 g面团需要167.5～173.5 cm^3的容积。方包（Pullman Bread，带盖模具烤制的吐司面包）的话，如组织要细密，则比容积应为 3.47；如要颗粒粗大些，则比容积为 4.06。面包常用烤模多为长方体，又称面包盒、面包听、吐司模等。面包盒容积的近似计算公式如下：

$$面包盒容积=\frac{[(底长\times底宽)+(顶长\times顶宽)]\times1/2\times高}{0.87}$$

面团装模时的放置方法很多，如主食面包的装模方法可分为纵式装模法、横式装模法、麻花扭式装模法、螺旋式装模法、W 式装模法和 U 式装模法等，如图 6-5 所示。不同的装模方法可使烤出来的面包有不同的组织状态和纹理结构。

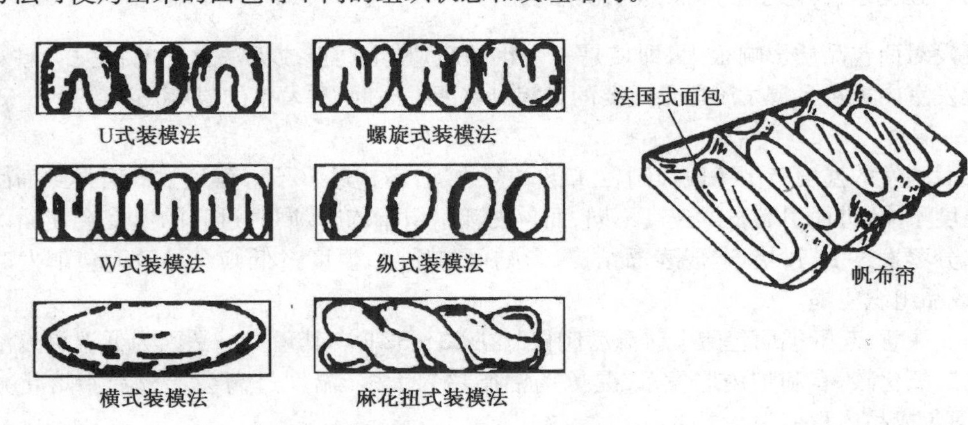

图 6-5　面团装模方法

工作任务四　面包醒发

学习目标

◎ 了解面包醒发的目的和延迟醒发的作用

◎ 熟悉影响醒发的因素及醒发条件对面包品质的影响

◎ 熟悉面包醒发工艺要求以及判别醒发程度的方法

◎ 能够根据面团的特性、成分、发酵程度及成品要求正确设定醒发温度、湿度及时间

◎ 能够正确判断面包醒发的程度

问题思考

1. 面包醒发的目的是什么？
2. 面包醒发工艺条件对面包品质有何影响？
3. 影响醒发的因素有哪些？
4. 如何判断面包醒发的程度？

醒发也称最后发酵，是指把成形后的面包坯再经最后一次发酵，使其达到应有的体积与形状。

一、醒发的目的

(1) 使整型后处于紧张状态的面团得到松弛,使面筋进一步结合,增强其延伸性,以利于体积的充分膨胀。

(2) 使酵母再经最后一次发酵,进一步积累发酵产物,面包坯膨胀到所要求的体积。

(3) 改善面包的内部结构,使其疏松多孔。

二、醒发条件及对面包品质的影响

醒发对面包品质影响很大,即使是一个小的疏忽,也会造成无法弥补的损失。醒发通常在醒发室内进行。醒发阶段最重要的是控制好醒发时间、醒发室的温度及湿度。

(1) 温度

最后醒发的温度范围一般控制在 35～39℃之间,不超过 40℃。温度过高会导致面团内外的温度不同,进而引起发酵速度不同、面包内部组织不均匀,同时过高的温度会使面团表皮的水分蒸发过多、过快,造成表面结皮,影响面包质量;温度过低则会导致面包醒发时间延长、成品组织粗糙。

但要注意,起酥类面包醒发时温度应控制在 23～32℃。其理由一是因为低温可以溶存较多的二氧化碳,有利炉内胀发;二是因为油脂裹入太多,温度过高会造成油脂熔化并流失,使面包成品体积缩小。

(2) 湿度

面包最后醒发的相对湿度一般在 80%～90%,以 85%为宜。含油脂较高的产品如牛角包以 65%～70%为宜。

醒发湿度对面包的体积、组织、颗粒状态影响不大,但对面包形状、外观及表皮等影响较大。相对湿度过小,面团表面水分蒸发过快,面团表面容易干燥结皮而失去弹性,不仅阻止胀发而且会引起面团上面或侧面裂口的现象,并且导致面包表皮颜色浅,欠光泽,表面有斑点。相对湿度过大时,面包坯表皮会结成水滴,形成气泡且韧性增大,使成品面包表面有气泡或白点。一般辅料较丰富、油脂多的面团即使在正常相对湿度(85%～90%)下也会使皮部韧性增加,所以要保持在 60%～70%的较低相对湿度。另外,对于成熟过度的面团,相对湿度太高会使表皮糖化过度而发脆。

(3) 醒发时间

醒发时间长短依照醒发室温度、湿度及其他有关因素(如酵母用量、发酵温度、面团的柔软性、整型时的跑气程度、产品种类、发酵程度、面粉筋力、烘烤箱温度等)来确定,一般掌握在 30～60 min。

醒发时间不足,烤出的面包体积小,内部组织结构紧密,表皮硬而颜色深。醒发时间过长,面包坯膨胀过大,面包表皮白,颗粒粗糙,内部组织不良,味道不良、发酸。长时间醒发会消耗面团内大量的糖,减少面团内剩余糖含量,使烘烤出的面包皮色浅。当面团膨胀超过面筋的延伸程度时还会引起塌陷,或产生烘烤时炉内收缩现象。

三、醒发程度的判断

面包的醒发程度主要根据经验来判别,常用的有三种方法。

(一) 以成品体积为标准,观察生坯膨胀体积

可根据日常生产中积累的经验,预先设定面包的标准体积或高度,观察面团体积膨胀到面团成品体积的80%时即可停止醒发,另20%在烤箱内膨胀。但在实际中对于在烤炉内胀发大的面团,醒发终止时体积可以小一些(60%～75%);对于在烤炉内胀发小的面团,则醒发终止时体积要大一些(85%～90%)。对于方包,由于烤模带盖,所以好掌握,一般醒发到80%就行,但对于山型面包和非听型面包就要凭经验判断,一般听型面包醒发程度的判断都以面团顶部离听子上缘的距离来判断的。

(二) 以面包坯整型体积为标准,观察生坯膨胀倍数

如果烘烤后面包体积不能预先确定,可以整型时的体积为标准。当生坯的膨胀度达到原来体积的3～4倍时,可认为是理想程度。

(三) 根据外形、透明度和触感判断

前两种方法都是以量为标准,这一种是以质为标准的检验方法。当面包坯随着醒发体积的增大而向四周扩展,由不透明"发死"状态膨胀到柔软、膜薄的半透明状态,用手触摸时有越来越轻的感觉,用手指轻轻按压面包坯,被压扁的表面保持压痕,指印不回弹、不下落,即可结束醒发;如果手指按压后,面包坯破裂、塌陷,即为醒发过度;如果按下后的指印很快弹回,即表明醒发不足。

四、影响醒发的因素

(一) 面粉的筋度

使用面筋含量多、筋力强的面粉,面团韧性强,如果醒发不充分,入炉后膨胀不起来,对这样的面团,醒发要充分一些;使用面筋含量少、筋力弱的面粉,面团的延伸性、韧性和弹性都差些,入炉后容易膨胀和破裂,对这样的面团,醒发程度要轻些。

(二) 面团的发酵程度

面团在发酵中如果达到最佳成熟状态,那么采用最短的醒发时间即可;如果面团在发酵工艺中未成熟,则需要经过长时间的最终发酵弥补。但对发酵过度的面团,醒发则无法弥补。

(三) 炉温及炉的结构

一般来说,炉温低,入炉后面包膨胀得大;炉温高,入炉后面包膨胀得小。因此,前者醒发程度宜轻些,后者醒发程度宜重些。

对于炉顶部辐射热强的烤箱,面包坯入炉后立即受到高温烘焙,膨胀受到限制,使用这样的烤箱,醒发程度要重些;对于顶部没有高温部位的烤箱,或者对流充分的烤箱,面包坯在炉内有充分膨胀的机会,醒发程度宜轻些。

(四) 面包类型

例如装模面包和装盘面包、夹馅面包和无馅面包、主食面包和点心面包等不同类型的面包,其工艺不同、成品特点不同,对醒发程度的要求会有差异。一般体积大的面包,要求在最终发酵时胀发得大一些。对于欧式面包,希望其在炉内胀发大些,得到特有的裂缝,所以在最终发酵时不能胀发过大;反之,对于液种法、连续法制作的面团,一般要求在最后发酵时多醒发一些。像葡萄干面包(Raisin Bread),面团中含有较重的葡萄干,胀发过大,会使气泡在葡萄干的重压下变得太大,所以发酵程度需要轻一些。

五、延迟醒发

传统制作面包的手法要耗费好几个小时，烘焙师傅往往得深夜工作，隔天一早才有新鲜面包可卖。维也纳烘焙界在20世纪20年代开始进行一项试验，把工作分成两个阶段：白天先和面、发酵，做出一条条面团，这些面团会被放进冷藏柜过夜，到清晨才烘焙。低温能大幅减缓生物活动，酵母在冷藏室中膨发面包的时间是室温下的10倍，所以面团冷藏作业又称为“延迟醒发”。延迟醒发如今已是常用手法。

延迟醒发除了让烘焙师傅的工作更加灵活之外，对面团也产生有益影响。长时间缓慢发酵，让酵母有更多时间来产生风味物质。冷面团比温面团硬，因此较容易处理，而且不会流失膨发气体。还有，在冷却、回温的过程中，面团气体也重新分布，有助于形成气孔更连通、更不规则的面包瓤心。

六、面团醒发时的注意事项

(1) 对无温度和湿度自控设备的醒发室，就需要人为控制。温度可凭室内温度计的显示而加以调控，湿度主要依靠观察面团表面干湿程度来调节。正常的湿度应该是保持面团表面潮湿、不干皮状态。如果温度、湿度过大或过小，可随时开启、关停电加热器来调节温度、湿度。

(2) 往醒发室送烤盘时，应先平行从上而下入架，以便先入、先出、先烤。因醒发室主要依靠蒸气来供热，故室内上面温度高，发酵快，而下面温度低，发酵慢。

(3) 醒发过程中，应尽量减少室门开启次数，以利保温、保湿。

(4) 从醒发室往外取出烤盘时，必须轻拿轻放，不得振动和冲撞，防止面团跑气塌陷。

(5) 如果醒发室相对湿度过大，室顶水珠较多，会直接滴到面团上。醒发适度的面团表皮很薄、很弱，滴上水珠后会很快破裂，跑气塌陷，而且烘烤时极不易着色。因此要求特别注意控制湿度。

工作任务五　面包烘焙

学习目标

◎ 了解烘焙的原理，熟悉面包烘焙过程中的变化

◎ 掌握烘焙工艺条件设定及其对面包品质的影响

◎ 熟悉烤炉温度控制方法

◎ 能够熟练使用烤炉

◎ 能根据产品要求准确控制烘烤炉温、时间及湿度

问题思考

1. 面包在烘焙过程中还会膨胀吗？
2. 面包表皮颜色是如何形成的？
3. 面包内部的蜂窝组织是如何形成的？

4. 面包的香味是从哪里来的?

5. 如何控制面包烘烤炉温与时间?

烘焙即烘烤、焙烤,是面包变为成品的最后一道工序,也是关键的一道工序。在烤炉内热的作用下,生的面团变成熟的、多孔、易于消化和味道芳香的诱人食品。

一、烘焙原理

制品由生变熟,需将热源产生的热能传递给生坯才能完成。烘焙过程中由热源将热量传递给面包的方式有传导、对流和辐射三种。这三种传热方式在烘焙过程中是同时进行的,只是在不同的烤炉中主次不一样。

(一) 传导

传导是指热量从温度较高的部分传递给温度较低的部分,或从温度较高的物体传递至与之接触的温度较低的物体,直到能量达到平衡的过程。即热源产生的热能通过烤盘、模具传给面包底部或两侧、四周;在面包内部,表皮受热后的热量是以通过一个质点传给另一个质点的方式进行。传导是面包受热的主要形式。

传导方式传递能量比较缓慢,因为面包原料一般都属于热的不良导体,所以面包成熟都需要一定的时间,尤其是形体越大、表面积越小的面点制品需要加热的时间也就越长。

(二) 对流

对流是指流体各部分之间发生相对位移时所引起的热量传递过程。对流仅发生在流体中,如液体、气体,而且必然伴随有热的传导现象。具体来说,气体或液体分子受热后膨胀,能量较高的分子流动到能量较低的分子处,同时把能量传递给生坯,直到温度达到平衡时为止。在烤炉中,热蒸汽混合物与面包坯表面的空气发生对流,使面包吸收部分热量。没有吹风装置的烤炉仅依靠自然对流所起的作用是较小的。目前,有不少烤炉内置吹风装置强制对流,对烘焙起到重要作用。

(三) 辐射

物体以电磁波方式向外传递能量的过程称为辐射,被传递的能量称为辐射能,通常亦将辐射这个术语用来表示辐射能本身。因为热的原因产生的电磁波辐射称为热辐射。

任何物体在任何温度下都能进行热辐射,差别只是辐射能量大小不同而已。研究表明,物体的热辐射能力与物体的温度、波长有关。在波长一定的情况下,温度越高辐射能力越大。研究发现,红外线的热辐射能力最强,其次是可见光和微波。目前,广泛使用的远红外线烤箱以及微波炉即是辐射加热的重要设备。

二、面包烘焙过程中的变化

(一) 微生物变化

面包坯入炉后的 5～6 min 内,随着温度的不断提高,酵母的生命活动更加旺盛,进行着强烈的发酵并产生 CO_2 气体。当面包坯内温度达到 35～40℃时,发酵活动达到高潮,45℃后其产气能力下降,50℃以后酵母发酵活动停止并开始死亡。酵母在面包坯入炉后 5～6 min之内的强烈发酵活动是面包入炉后产生烘焙急胀的主要原因。

(二)生物化学和胶体化学变化

面包在烘焙过程中发生着多种生物化学和胶体化学变化,如淀粉糊化、面筋凝固、淀粉和蛋白质水解等。

面包坯中的淀粉随着温度的升高而逐渐吸水膨胀,当温度达到大约55℃以上时,淀粉粒大量吸水胀润直至糊化,而使烘焙弹性减弱甚至消失。在烘焙过程中,淀粉随着面包中心层温度的变化,其糊化作用分成三个阶段进行。第一阶段是当瓤心温度达到55～60℃时开始糊化,第二阶段是温度上升到75℃时糊化作用加剧,第三阶段是温度达到85～100℃时糊化作用仍然继续缓慢进行。所以说整个烘焙过程中,面包瓤心的淀粉一直处于糊化的变化中。面团调制时淀粉吸水量仅为其自身重量的25～30%,但在糊化过程中要急剧吸水胀润。此时蛋白质因受热变性,将面筋原来持有的水分析出,连同面团中的游离水一起被淀粉所吸收。随着淀粉糊化的继续进行,蛋白质逐渐受热变性,当面团内温度达到74℃时,面筋便凝固,使已糊化了的淀粉能固定在面筋的网络结构内,使面包形态得以固定。在这个过程中,面筋所包围住的气孔壁变成半硬性的薄网组织。

面筋凝固后,韧性增强,面团内部压力增加,如果面粉的筋力太弱,面筋组织结构承受不了一定的压力而使小气孔胀破变成大气孔,会使面包内部组织不均匀,出现大孔洞。

温度是淀粉糊化的条件之一,在烤炉内,面包坯外层的温度比内部温度高,外层面团的糊化程度也比中心部位要大。面团内充足的水分有利于淀粉的糊化,因此搅拌面团时,应尽量使面团稍软些。如果水分不充足,淀粉就不能糊化彻底,面团体积膨胀小,组织紧密,影响面包的组织和体积,还影响面包的消化吸收率。

除了温度和水分,淀粉酶的含量也影响淀粉的糊化程度。淀粉酶水解淀粉为糊精和麦芽糖,使淀粉含量有所降低。淀粉酶含量太多,就会影响淀粉的胶体性质,无法承受由于烘焙急胀而产生的气体压力,造成气孔破裂,形成大气孔,使面包内部组织出现大孔洞。但如果淀粉酶含量太少,则淀粉糊化作用不够,淀粉胶体组织过分干硬,无法适应面团的膨胀,使面包体积减小,内部组织不良。

面包表层在烘烤时,受到高温作用,淀粉将转化为糊精。温度在190～260℃时产生部分糊精,使面包表皮产生光泽,皮层也有味道变化。

在烘焙过程中还发生着蛋白质的水解过程,蛋白酶的钝化温度约为80～85℃。烘焙过程中所发生的水解过程使面包中的水溶物增加,并积累了一定数量的使面包产生良好香气和滋味的物质。

(三)温度变化及面包皮的形成

令人满意的面包皮的形成是面包烘焙最重要的方面之一。面包皮提供了最终面包强度的大部分以及面包风味成分的很大部分。

在烘烤中,从热源发出的热量依靠传导、对流、辐射三种方式传递,并以传导、辐射为主要方式。生坯受热后内部各层温度发生剧烈变化,在高温下,随制品表面和底部强烈受热,水分迅速蒸发,温度很快提高。当表面水分蒸发殆尽时,表皮温度才能达到并超过100℃。由于制品表面水分向外蒸发很快,制品内部水分向外转移速度小于外层水分蒸发速度,这就形成了一个蒸发层(或称蒸发区域)。随着烘烤的进行,这个蒸发层逐渐向内转移,最后形成了一层干燥无水的表皮。蒸发层的温度始终保持在100℃,它外面(即表皮)的温度可以超过100℃,它里面的温度接近100℃,而且越靠近制品中心温度越低,一般认为烘焙结束时面包中心温度为95℃。

对于起酥制品，由于制品起无数酥层，形不成明显蒸发层或表皮，内部水分沿酥层边缘向外迅速蒸发，温度升高也快，故起酥制品失水多、干耗大。

(四) 体积变化

体积是面包最重要的质量指标。面包坯入炉后，面团醒发时积累的CO_2气体和入炉后酵母最后发酵产生的CO_2气体及水蒸气、酒精等受热膨胀，产生蒸汽压，使面包体积迅速增大，这个过程称为烘焙急胀或烘焙弹性。

烘焙急胀大约发生在面包坯入炉后的5～6 min内，即入炉初期的面包起发膨胀阶段。因此，面包坯入炉后，应控制上火，即上火不要太大，应适当提高底火温度，促进面包坯的起发膨胀。如果上火过大，就会使面包坯过早定型，限制面包体积的增长，还会使面包表面开裂、粗糙，皮厚有硬壳，体积小。

将面包坯放入烤炉后，面包的体积便有显著的增长，随着温度升高，面包体积的增长速度减慢，最后停止增长。面包在烘焙中的体积变化可分为两个阶段：第一个是体积增大阶段，第二个是定形阶段。在第二个阶段中，面包体积不再增长，显然是受面包皮的形成和面包瓤加厚的限制。当面包皮形成以后，面团开始丧失延伸性，降低了透气性，形成了面包体积增长的阻力。而且蛋白质凝固和淀粉糊化构成的面包瓤的加厚，也限制了面包瓤层的增长。

烘焙开始时，如果温度过高，面包体积的增长很快停止，就会使面包体积小或造成表面的开裂。如果因炉温过低而过多地延长了体积变化的时间，将会引起面包外形的凹陷或面包底部的粘连。

面包的重量越大，它们的单位体积越小，装模的听型面包比装盘的非听型面包的体积增长值要大些。

烤炉内的湿度对面包体积也有显著影响。湿度稍大，面包皮形成慢，厚度小，面包的高度和体积都有所增加。此外，影响面包体积变化的还有面团产气能力、面团稠度等。

(五) 面包表皮褐变和香气形成

1. 面包表皮褐变

面包在烘烤过程中颜色的变化是非常明显的，随着温度的升高，可以发生从白色、浅黄、黄色、金色、棕黄至红褐等一系列的变化，这种在烘烤中形成颜色的过程称为褐变。面包在烘烤中的褐变是美拉德反应和焦糖化作用引起的。面包的褐变以美拉德反应为主。

在美拉德反应中，不同种类的糖引起的褐变程度不同。单糖中以果糖最强烈，其次为葡萄糖；双糖中乳糖和蜜二糖的褐变反应较强，其次为麦芽糖、棉籽糖。而非还原性的蔗糖被认为是不起褐变反应的。由于酵母所分泌的转化酶的作用，在面团发酵过程中，蔗糖被转化为葡萄糖和果糖，在烘焙中引起褐变，使面包表面产生诱人的红褐色。

不同蛋白质引起的褐变颜色不同。鸡蛋卵蛋白引起的褐变颜色鲜艳，特别是加入转化糖和葡萄糖时更是美观而有光泽。小麦蛋白质引起的褐变颜色灰褐不佳。因此，面包制作中常用刷蛋液的方式来增加制品表面色泽。

焦糖化作用是面包在烘烤中发生褐变的又一因素，所不同的是美拉德反应在炉温不很高的情况下即可进行，而焦糖化作用则需高温。

在生产中，可通过控制还原糖的用量或增减氨基酸的量来调节褐变的程度，但是调节氨基酸用量不如调节用糖量方便。改变 pH、温度、湿度和时间也是控制褐变反应的重要手段,例如碱性条件下可以加快褐变反应的进程;烤炉内相对湿度在 30%左右时,褐变反应速度最快;随着温度升高、加热时间延长,褐变反应呈色产物逐渐增多,使面包颜色加深。

2. 香气形成

在烘焙过程中,在糖与氨基酸产生褐变使面包具有漂亮颜色的同时,还产生了诱人的香味。这种香味是由各种羰基化合物形成的,其中醛类起着重要作用。美拉德反应中产生的醛类包括糠醛、羟甲基糠醛、丙酮醛及异丁醛等。此外,赋予面包香味的还有醇和其他成分。一定程度的焦糖化作用也将产生焦香味。这些香味成分在面包皮中的含量远比面包瓤中的要多。随着烘焙时间延长,变色加深,这些着色和香味成分的积累量也越多,面包的风味也越好。

(六) 水分变化

在烘烤过程中,面包中的水分既以汽态方式与炉内热蒸汽发生对流热交换,也以液态方式向制品中心转移。至烘烤结束时,原来水分均匀的面包生坯成为水分含量不均的面包成品。

烘焙初期,当把冷的面包坯送入高温烤炉后,热蒸汽在冷的生坯表面很快发生冷凝作用,在生坯表面结成露滴,使生坯重量稍有增加,但很快随着水的汽化,生坯重量下降。炉内的温度、湿度和生坯的温度影响着冷凝时间。炉内温度越高、湿度越大及生坯温度越低,则冷凝时间越长,水的凝聚量越多。当面包表面温度超过露点时,冷凝过程被蒸发过程所代替。

烘焙的最初几秒对面包光亮表皮的形成至关重要。面团进入烤炉后其表面暴露在高辐射下,有时是强对流,因而温度很快上升。为了得到光泽,表面应有蒸汽冷凝,以形成淀粉糊。淀粉糊会糊化生成糊精,最后焦糖化,形成颜色和光泽。实验证明面包皮上的淀粉可按不同方式糊化。如果水过多,则形成糊状凝胶;如果得不到足够水分,则形成碎屑状凝胶。

形成有光泽表皮的必要条件,一是面团不能醒发过度,如果在离开醒发室前面团已达到最大体积,则不能形成令人满意的光泽;二是在可能形成任何碎屑状凝胶前,应先形成糊状凝胶;三是面包坯入炉后表面的蒸汽冷凝过程时间充足。

烘焙过程中湿度的模式除影响光泽度外,还影响另一个重要的表皮质量指标——脆性。有的面包需要光滑而有弹性的表皮,在切片时不会掉渣;但有的面包需要皮厚易碎,冷却后形成龟裂花纹。面包皮的脆性表现主要取决于淀粉糊层的厚度,糊层越厚,冷却时越会出现裂纹。这就意味着,当需要柔韧而有光泽的表皮时,必须使形成光泽的条件保持最短的时间,然后烘焙条件相对干燥。相反,如欧式面包,要形成硬脆的表皮,因此烘焙时需通蒸汽,以增加烤炉内湿度。

随着烘烤的进行,面包内部的水分发生再分配。由于面包皮的形成阻碍了蒸发区域的水分向外散失,加大了蒸发区域的蒸汽压力,也由于制品中心部位的温度低于蒸发温度,于是加大了蒸汽压差,就迫使蒸汽由蒸发区域向内部转移。当烘烤结束后,制品中心部位水分有所增加。

(七) 面包结构变化

面包组织是面包感官质量评分的最重要指标之一。面包在烘焙中形成蜂窝状组织结构。面包内部组织的气孔特性及形状，可通过切开的面包片来观察。不同类型的面包要求不同的内部组织结构，如图 6-6 所示，法棍面包与吐司面包的内部组织差异很大。理想的面包组织蜂窝结构应当是：蜂窝壁薄，孔小而均匀，气孔呈圆形稍长，手感柔软而平滑。

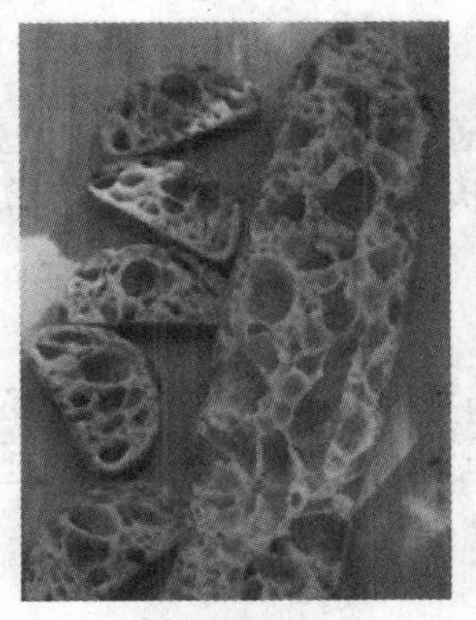

法棍面包　　吐司面包

图 6-6　法棍面包与吐司面包内部组织

影响面包蜂窝结构的因素很多，如面粉品质、发酵程度、搅拌程度、整型时间、面包模大小、最后醒发程度等。在烘焙期间，则是炉温的影响为主。

由筋度较强的面粉搅拌的面团经过正常的发酵，入炉后具有明显的烘培急胀，随着烘烤的进行，面筋凝固，韧性增强，面团内部压力增加，使面包体积膨大，松软，内部组织均匀有韧性。如果面粉的筋度太弱，面筋组织结构承受不了一定的压力而使小气孔破裂变成大气孔，使面包内部组织不均匀，出现大空洞，严重时会出现塌架现象。另外，面粉的加工精度即灰分对面包芯的光泽度、面包口感影响也较大，精度越高，灰分越低，面包芯越乳白光亮、无砂感。

用发酵不成熟的面团制作的面包，蜂窝壁厚，坚实而粗糙，孔洞不规则或有大孔洞；用发酵过度的面团制作的面包，蜂窝壁薄，易破裂，多呈圆形。

面包坯醒发不足，面包体积小，组织紧密；醒发过度的面团，入炉后引起气孔薄膜破裂，使成品塌陷或表面凸凹不平，组织不均匀。搅拌过度与发酵不足的面团入炉后的现象相同。

经过压片、卷起的面团经烘焙后形成的面包组织非常均匀，气孔小，无大孔洞，成丝状和片状，可用手一片一片地撕下来。

在烘焙中，面包蜂窝组织的最初形成是由面包坯中的小气泡开始的。与面包坯的重量相比，烤模容积越小，烤出的面包蜂窝组织结构越均匀。

炉温高低对面包蜂窝的形成起着重要作用。炉温过高，面包坯入炉后很快形成硬壳，限制了面包内部蜂窝的膨胀，面包内部产生的过大热膨胀压力还可能造成蜂窝破裂，聚结形成厚薄不匀、粗糙的和不规则的面包瓤结构。因此适当的炉温对面包气孔的形成至关重要。

三、面包烘焙工艺

（一）面包烘焙过程

面包烘焙过程大致可分为三个阶段：

1. 烘焙急胀阶段(烘焙初期阶段)

对于制作销售得最普遍的100～150 g面包而言,这个阶段大约在入炉后的5～6 min之内,面包坯体积由于烘焙急胀作用而急速上升。此阶段下火温度高于上火,有利于面包体积最大限度地膨胀。

2. 面包定型阶段(烘焙中间阶段)

此时面包内部温度达到60℃～82℃,酵母活动停止,面筋已膨胀至弹性极限,受热变性凝固,淀粉糊化填充在已凝固的面筋网络组织内,基本上已形成面包成品的体积。此阶段提高温度有利于面包定型。

3. 表皮颜色形成阶段(烘焙最后阶段)

这个阶段的主要作用是使面包表皮着色和增加香气。此时的面包已经定型并基本成熟,由于褐变反应,面包表皮颜色逐渐加深,最后呈棕黄色。此阶段应上火温度高于下火,既有助于面包上色,又可避免因下火温度过高造成面包底部焦糊。

(二) 烘焙工艺条件

1. 温度

烤炉的温度主要是通过烤炉上下火来调节与控制的。可根据需要发挥烤炉各部位的作用。下火亦称底火,下火对制品的传热方式主要是传导,通过烤盘将热量传递给制品,下火适当与否对制品的体积和质量有很大影响。下火有向上鼓动的作用,且热量传递快而强,所以下火主要决定制品的膨胀或松发程度。下火不易调节,过大易造成制品底部焦糊,不松发;过小,易使制品塌陷,成熟缓慢,质量欠佳。

上火亦称面火,面火主要通过辐射和对流传递热量,对制品起到定型、上色的作用。烘烤中若上火过大,易使制品过早定型,影响底火的向上鼓动作用,导致坯体膨胀不够,且易造成制品表面上色过快,使制品外焦内生;上火过小,易使制品上色缓慢,烘烤时间延长,制品水分损失大,变得过于干硬、粗糙。

对于各种各样的面包,很难统一地规定烘烤温度和烘烤时间。实际操作中,往往是根据经验总结各种烘烤条件。即使是同一种面包,有时既可采取低温长时间烘烤的方法,也可以采取高温短时间加热的方法。较典型的烘烤有:①恒温烘烤法;②初期低温,中期、后期用基准温度;③初期高温,中期、后期采用基准温度。

例如目前烘烤0.9 kg和1.35 kg的方面包时,可采用以下三种方法:方法一,保持炉内210℃, 35～40 min烤成;方法二,开始时180℃,烘烤10～15 min后,再以210～220℃烘烤30～35 min;方法三,刚开始以260℃烘烤10～15 min,再以210℃烘烤15 min结束。

方法不同,所烤出面包的形态质量也不同。上述方法二和方法三为两极端,方法一法介乎其间。方法二初期温度较低,可使炉内的面团得到更多的醒发时间,使其再胀发一些;由于热量传到面团中心比较慢,因此中心部分直到烘烤后期还会继续膨胀,压迫靠近周围的面包层,最终形成较厚的外皮层;烘烤时间长,因此水分蒸发也比较多。而方法三初期温度高,使外皮迅速形成壳层结构,阻断水分的向外扩散蒸发;由于热量比较迅速地向中心传播,而使中心部分较快地“固化”。在三种方法中,它可得到最薄的外壳,且烘烤所要时间最短。烘烤中方法二最费时间且水分损失最多,方法一次之。

2. 湿度

烤炉内湿度受炉温、炉门封闭情况和烤炉内烤制品数量的影响。气候、季节和工作间门窗的开关等也会有一定影响。有条件可以选择有自动加湿装置的烘烤箱，而在满炉烘烤情况下，由生坯水分蒸发产生的水汽即可达到制品对炉内湿度的要求。烘烤过程中不要经常开启炉门，烤炉上的排烟、排气孔可适当关闭，以防止炉内水蒸气散失。

专业烘焙师傅通常会在烘焙开始时，向炉内注入低压蒸气或对高温烤炉内洒水、丢冰块，如此便能产生足够的蒸气，提高炉内膨胀效果，烤出更亮丽的外皮。其目的被认为有以下 4 点：

(1) 帮助炉内面包的胀发（也称做增加面包的烘烤弹性）。在烘焙最初几分钟内蒸气会在面团表面凝结，形成一层水膜，可以暂时防止面包表皮干燥成硬皮，这样面团就能保持弹性，让面团在烘焙初期得以迅速膨胀（即"炉内膨胀"），最后就能烤出较大、较轻柔的面包。

(2) 促进表面生成多量的糊精，使表皮薄而光滑。高温的水膜会使面团表面的淀粉糊化，形成薄而透明的外层，干燥后便形成漂亮的光滑外皮。

(3) 防止表皮过早硬化而胀裂。

(4) 促进炉内热气的对流，促进面团膨胀。蒸气在烘焙最初几分钟内能大幅提高烤炉将热量传递到面团的热传导率。在没有蒸气的情况下，面团表面会在 4 min 内达到 90℃，有了蒸气则只需 1 min。因此，蒸气能促使面团气穴迅速膨胀。

对于向炉内通入的水蒸气，要求其是湿蒸汽（压力为 24.5 kPa，温度为 104℃），从烤炉的顶部以1～2 m/s的速度喷向下方。其目的就是要使刚进炉的较低温度（32℃左右）的面包坯遇蒸汽后迅速形成表面冷凝水，否则没有效果。对于隧道式平炉，一般需要不断喷入水蒸气，而对于托盘式烤炉，水蒸气密度大，当开始喷一些蒸汽后，一旦大量面包坯源源送入，那么从面包坯蒸发的水蒸气便可代替人为喷入水蒸气。

（三）焙烤条件对制品的影响

1. 温度

用什么样的温度来烘烤面包，需考虑面包的种类、配方成分、成品体积要求、烘烤数量、烘烤批次、成品特点、发酵程度及最后醒发程度等因素。一般面包烘烤的适宜温度为180～230℃。

若炉温过高，面包表皮形成过早，会减弱烘焙急胀作用，限制面团的膨胀，使面包成品体积小，内部组织有大孔洞，颗粒太小。尤其是高成分面包，其内部及四周尚未完全成熟，但表面颜色已太深。当以表皮颜色为出炉标准时，则面包内部发粘，未成熟，也无味道；但当面包心完全成熟时，表皮已成焦黑色。同时，炉温过高，容易使表皮产生气泡。

若温度过低，酶的作用时间增加，面筋凝固也随之推迟，而烘焙急胀作用则太大，使面包成品体积超过正常情况，内部组织变得粗糙，颗粒大；由于表皮干燥时间延长，导致面包皮太厚，且因温度不足，表皮无法充分褐变而颜色较浅；水分蒸发量加大，挥发性物质挥发增多，导致面包重量减轻；增加烘焙损耗。

2. 湿度

炉内湿度的选择与产品类型、品种有关。一般软式面包即使不通蒸汽，其湿度也已适宜；而硬式面包的烘焙，则必须通入蒸汽约 6～12 s，以保持较高湿度。

炉内湿度大，制品上色好，有光泽；炉内过于干燥，制品上色差、无光泽、粗糙。湿度过小，面包表皮结皮太快，容易使面包表皮与内层分离，形成一层空壳，皮色淡而无光泽。湿度过大，炉内蒸汽过多，面团表皮容易结露，致使产品表皮厚易起泡。

3. 时间

烘焙时间取决于炉温、面团重量和体积、配方成分高低、面团是否装模以及加盖等。面包的重量越大，烘烤时间越长，烘烤温度应越低；同样重量的面包，长形的比圆形的时间要短，薄的比厚的时间要短；装模的面包比不装模的面包烘烤时间要长；装模加盖的面包比装模不加盖的面包烘烤时间要长。体积小、重量轻的面包，适宜采用高温短时间烘焙；体积大、重量重的面包，应适当降低炉温，延长烘焙时间；高成分配方的面包需要较低温度、较长时间烘烤；低成分面包则需要较高温度、较短时间烘烤。

适当延长烘烤时间，对于提高面包质量有一定作用。它可使面包中水解酶的作用时间延长，提高了糊精、还原糖和水溶物的含量。同时，适当延长烘烤时间，有利于面包色、香、味的形成。

工作任务六 面包冷却与包装

学习目标

◎ 了解面包冷却、包装的目的

◎ 熟悉面包冷却、包装的方法

◎ 能够正确运用面包冷却技术

◎ 能够正确选择面包包装的材料，并进行面包包装操作

问题思考

1. 烘烤后的面包如果不经冷却而直接进行包装或切片会发生什么问题？

2. 面包冷却都有哪些方法？

3. 面包包装都有哪些方法？

4. 对面包的包装材料有何要求？

一、面包冷却的目的

刚出炉的面包如果不经冷却，直接进行包装或切片，将会出现以下问题：

(1) 刚出炉的面包温度很高，其表皮温度在100℃以上，中心温度在98℃左右，而且皮硬瓤软，没有弹性，经不起压力，如马上进行包装容易因受挤压而变形。

(2) 刚出炉的面包还散发着大量热蒸汽，如果放入袋中，则蒸汽会在袋壁处因冷凝变为水滴，形成霉菌生长的良好条件。

(3) 由于面包表面先冷却，内部蒸汽也会在面包表皮凝聚，使表皮软化和变形起皱。

(4) 由于面包表皮高温、低湿、硬而脆，内部组织过于柔软、黏性大，切片操作会十分困难。

二、面包在冷却中的变化

冷却过程中，面包皮部温度迅速下降，瓤内温度下降缓慢。外层因水分增加而有所软

化，面包皮逐渐由硬变软，弹性增加；内层因水分进一步蒸发和冷却而变得具有一定硬度。表 6-3 是小圆面包在室温 20℃进行冷却时，面包皮与瓤的温度变化。

表 6-3　小圆面包在室温 20℃下冷却时的温度变化

出炉时间（min）	皮部温度（℃）	深 2 cm 处温度（℃）	深 4 cm 处温度（℃）	面包物理性质
1	90	83	89	皮硬而脆
5	38	78	83	皮稍变软，不脆
10	32	64	71	略有弹性，挤压后不能复原
15	26	56	62	挤压后能缓慢复原
20	24	48	55	弹性好，挤压后能复原
25	23	42	49	弹性好，挤压后立即复原
30	21	36	41	弹性好，挤压后立即复原

面包刚出炉时，水分很不均匀，表皮在烘烤时接触高温时间长，水分蒸发快，皮部干燥、硬脆、无水。面包内部的温度较低，在烘烤阶段的最后几分钟才达到 99℃，故水分蒸发小，显得较为柔软。出炉后，面包的水分重新分布，从高水分的面包内部扩散到面包外皮，再由外皮蒸发出去，最后达到水分动态平衡，即瓤内失去部分水分，皮部增加部分水分，而皮部的水分又会不断地向空气中散失。但皮部散失水分的速度小于瓤内向外转移的速度，于是皮部就积累了部分水分，表皮也由干燥、硬脆变得柔软，从而适宜于切片或包装。

面包水分从瓤转移到表皮的速度以及由表皮蒸发到大气中的速度取决于蒸汽压，而蒸汽压又是温度的函数，即温度越高，蒸汽压就越大，蒸发速度也越快。因此，当面包出炉后的冷却初期，水分由内向外的运动速度特别快，随着面包冷却和表皮与大气之间的蒸汽压差缩小，水分蒸发速度受温度梯度的影响越来越小，并越来越多地受到面包表皮和大气之间的蒸汽压的影响。因此，在冬季大气蒸汽压低时，面包水分和温度下降得快；当夏季大气蒸汽压高时，面包水分和温度下降得慢。

冷却后的面包，其中心温度要降至 32～38℃，整体水分含量为 38%～44%。总的要求是：既要有效、迅速地降低面包温度，又不能过多地蒸发水分，以保证面包有一定的柔软度，提高食用价值和延长保鲜期。

面包冷却时，如空气太干燥，面包蒸发太多的水分，会使面包表皮裂开、面包变硬、品质不良。如相对湿度太大，蒸汽压小，面包表皮没有适当地蒸发，甚至于冷却再长亦不能使水分蒸散，结果致使面包瓤太软，黏度大。在冬季温度太低的情况下，热面包不宜与冷空气直接接触，因为表皮温度遇冷骤然下降，瓤的温度和水分含量依然很高，这样会使表皮收缩，阻碍了内部水分的蒸发，造成破皮或黏心，降低成品质量。所以控制冷却条件是非常重要的。

三、面包冷却的方法

面包冷却场所的适宜条件为：温度为 22～26℃，相对湿度为 75%，空气流速为 3～4 m/s。

常用的冷却方法有：

(一) 自然冷却

该法无需添置冷却设备，节约资金，但不能有效地控制损耗，冷却时间很长，受季节影响大，一般圆面包冷却至室温附近要花 2 h 以上，500 g 以上的大面包甚至要花 3～6 h。

(二) 通风冷却

在密闭的冷却室内，出炉面包从最顶端进入，并沿螺旋而下的传送带依次慢慢下行，一直到下部出口，切片包装。在冷却室上面有一空气出口，最顶端的排气口将面包的热带走，新鲜空气由底部吸入使面包冷却。这种方法一般可使冷却时间减少到 2～2.5 h，但这种方法不能有效控制面包水分损耗。

(三) 空气调节冷却

面包在适当调节的温度及湿度下，约在 90 min 内可冷却完毕。空气调节冷却设备主要有箱式(Box Cooler)、架车式(Racks Cooler)和旋转输送带式(Overhead Tunnels)等。该法可减少冷却时间，同时可控制面包水分的损耗。

(四) 真空冷却

此种方法是现在最新式的，冷却时间只需 32 min。面包真空冷却设备包括两个部分，先在一控制好温度及湿度的密闭隧道内使面包预冷，时间约 28 min；第二部分为真空部分，面包进入真空部分时的内部温度约为 57℃，面包经过此减压阶段水分蒸发很快，因而带走大量潜热。在适当的条件下，此方法能使面包在极短时间内冷却，而不受季节的影响，但此方法的设备成本较高。

四、面包冷却时的注意事项

(1) 面包在冷却过程中，要注意清洁卫生，尤其是刷过糖液或蛋液的面包易沾染有害微生物和不洁物，应特别注意冷却场所的环境卫生。

(2) 装模的面包出炉后应立即倒出冷却，不能让面包留在面包模内，以避免面包侧面和底部在面包模内因水分散不出去而结露、发黏，使面包缺乏弹性、易变形。摆放时，面包之间要留有一定空隙，不能挤得太紧，以便空气流通，加快冷却速度。

(3) 装盘烘烤的面包出炉后不宜立即倒盘，应连盘一起放在冷却架上，待冷却到面包表皮变软并恢复弹性后，再倒在冷却台上，冷却至包装所要求的温度。

五、面包在冷却时的重量损失

在冷却过程中，面包从高温降至室温时，其重量损失约为 1%～3.5%，平均为 2%。小面包的重量损失要大些，相同重量的面包，其体积越大，重量损失越大。

在冷却中影响面包重量损失的因素有：

(1) 气流相对湿度。相对湿度越大，重量损失越小；反之，则越大。

(2) 气流温度。温度低，面包冷却快，重量损失小。这是因为气温低，面包外表面的蒸汽压降低，水分蒸发缓慢，也使重量损失减少。反之，温度高，面包重量损失大。

(3) 面包自身含水量。面包的含水量越小，在冷却时重量损失越小；反之，则越大。

六、面包的包装

(一) 包装的作用

为了保证面包品质和符合卫生要求,冷却或切片后的面包应即时包装。面包包装有以下作用:

(1) 保持面包清洁卫生,避免在贮运和销售过程中受到污染。

(2) 防止面包变硬,延长保鲜期。面包从出厂到消费者手中需经一段时间的储运,由于淀粉老化和水分蒸发,面包会变硬,失去松软适口的特点。面包经包装后可避免水分大量损失,保持面包的新鲜度。面包水分最好保持在35%~40%。

(3) 增加产品美观。大方又美观的包装能吸引消费者的注意力、突出产品特点、扩大消费量。

(二) 包装方法和包装材料要求

(1) 包装方法

包装的方法有手工包装、半机械化包装和自动化包装。手工包装受资金、场地、产品数量等因素的限制少,运用较灵活,但缺点是可能不符合卫生要求,也比不上包装机包装得美观。半机械化和自动化包装则都是采用包装机来包装。

(2) 包装材料要求

① 必须符合食品卫生要求,无毒、无臭、无味,不会直接或间接污染面包。

② 密闭性能好,不透水和尽可能不透气,以免使面包变干变硬,香味散失。

③ 对于机械包装,包装材料最好有一定的机械性能,以便于机械操作和保护面包免遭机械损伤。

④ 价格适宜,在一定的成本范围内尽可能提高包装质量。

面包常用包装材料分为纸类和塑料类。纸类有耐油纸、蜡纸等;塑料类有硝酸纤维素薄膜、聚乙烯、聚丙烯等。

包装机的种类很多,按包装形式分为折叠式包装、收缩式包装、袋式包装等。

面包包装室的适宜相对湿度最好为75%~80%,因为过于干燥会引起薄膜收缩;温度最好为22~26℃,因为温度高会发生粘着,影响包装材料的运送。冷却至28~38℃的面包最适合进行包装。

工作任务七 面包发酵

学习目标

◎ 了解面包发酵方法的种类

◎ 熟悉面包各发酵方法的特点

◎ 掌握一次发酵法、二次发酵法与快速发酵法的工艺

◎ 能够运用一次发酵法、二次发酵法、快速发酵法工艺生产制作面包

◎ 能够选择恰当的面包生产方法改善、提升面包品质

问题思考

1. 面包的不同生产方法的主要差异是什么？
2. 什么是中种面团？
3. 为什么二次发酵法制作的面包的风味优于一次发酵法制作的面包？
4. 快速发酵法可通过哪些方式实现快速？

面包的生产制作方法很多，采用哪种方法主要应根据设备、场地、原材料的情况甚至顾客的口味要求等因素来决定。所谓生产方法不同是指发酵工序之前各工序的不同，从整型工序开始以后的工序都是大同小异的。目前世界各国普遍使用的基本方法共有 5 种，即一次发酵法、二次发酵法、快速发酵法、过夜种子面团法、冷冻面团法，其中以一次发酵法和二次发酵法为最基本的生产方法。

一、一次发酵法

(一) 一次发酵法的特点

一次发酵法又称为直接发酵法，就是采用一次性搅拌和一次性发酵的方法。这种方法的使用最为普遍，无论是较大规模生产的工厂还是面包作坊都可采用一次发酵法生产各种面包。

一次发酵法生产周期为 5～6 h，发酵时间较二次发酵法短，缩短了生产时间，提高了劳动效率，减少了对机械设备、劳动力和车间面积的占用。一次发酵法生产的产品具有良好的发酵风味，但由于发酵时间短，面包体积比二次发酵法要小，并且容易老化。此外，采用一次发酵法时，一旦搅拌和发酵出现失误，没有纠正机会。

(二) 一次发酵法的参考配方

一次发酵法的参考配方如表 6-4 所示，具体使用时应根据加工品种如主食面包、点心面包等再进行调整。

表 6-4　一次发酵法参考配方

原　料	白吐司面包(烘焙百分比，%)		甜面包(烘焙百分比，%)	
	基本配方	推荐配方	基本配方	推荐配方
高筋面粉	100	100	85	85
低筋面粉			15	15
即发干酵母	0.6～1.2	1	0.6～1.2	1
改良剂	0～0.75	0.5	0～0.75	0.5
盐	1～2.5	2	0.8～1.2	1
糖	0～12	4	16～23	20
油脂	0～5	3	8～12	10
奶粉	0～8	2	4	4
鸡蛋	0～4		0～10	8
水	50～65	60	50～58	50

（三）一次发酵法工艺

1. 面团搅拌

把配方内的糖、盐和改良剂等干性原料放进搅拌缸内，然后把配方中适温的水倒入，再按次序放入面粉、奶粉和酵母，先慢速搅拌，使搅拌缸内的干性原料和湿性原料全部搅匀成为一个表面粗糙的面团，才可改为中速搅拌，继续把面团搅拌至表面光滑，再加入配方中的油脂继续用中速搅拌至面筋完全扩展。搅拌时间一般在 15～20 min，搅拌后面团温度应为 26℃。

2. 面团发酵

搅拌后的面团应进入基本发酵室使面团发酵。良好的发酵不仅受面团温度的影响，同时也与搅拌程度有很大关系。一个搅拌未达到面筋完全扩展阶段的面团，就会延缓发酵中面筋软化的时间，使烤出来的面包得不到应有的体积。此外，发酵室的温度和湿度也极为重要，理想发酵室的温度应为 28℃，相对湿度为 75%～80%，发酵缸（槽）应加盖，其材料宜选择塑料或金属，不宜用布。

一般一次发酵法的面团发酵时间，在其他条件相同的情况下，可以根据酵母的使用量来调节。通常在正常情况下（搅拌后面团温度为 26℃，发酵室温度为 28℃，相对湿度为 75%～80%，搅拌程度合适），使用 2%～3%的鲜酵母的主食面包，其面团发酵时间共约 3 h，基本发酵 2 h，经翻面后延续发酵 1 h。

3. 翻面

翻面属于面团发酵的辅助工序，翻面后的面团需要重新发酵一段时间，称之为延续发酵。此两段发酵的时间长短依面粉性质、配方情况等而定。

二、二次发酵法

（一）二次发酵法的特点

二次发酵法又称中种发酵法或间接发酵法，即采用两次搅拌、两次发酵的方法。第一次搅拌的面团称为中种面团或种子面团，中种面团的发酵即第一次发酵称为基础发酵；第二次搅拌的面团称为主面团，主面团的发酵即第二次发酵称为延续发酵。

二次发酵法因中种面团发酵过程中酵母有充足的时间进行繁殖，所以配方中的酵母用量较一次发酵法节省 20%左右。用二次发酵法生产的面包，一般体积较一次发酵法的要大，而且面包内部结构与组织均较细密和柔软，发酵风味浓，香味足，发酵耐力好，后劲大，面包不易老化，储存保鲜期长。二次发酵法发酵时间弹性较大，第一次搅拌发酵不理想时或发酵后的面团如遇其他事故不能立即操作时，可在第二次搅拌和发酵时补救处理。但二次发酵法需要较多的劳力来做两次搅拌和发酵工作，需要较多和较大的发酵设备和场地，投资较大。

（二）二次发酵法的参考配方

二次发酵法的配方与一次发酵法有很大区别，参考配方如表 6-5 所示。二次发酵法的配方设计主要根据面粉的筋力和发酵时间的长短来制定。面粉应选择筋力较强的高筋面粉，如果面粉筋力不足，则在长时间的发酵中，面筋会受到破坏。因此筋力较弱的面粉应放在主面团中加入。筋力强的面粉在中种面团中的比例应大于主面团的面粉比例，发酵时间也应长于主面团。

表 6-5　二次发酵法白吐司面包参考配方

原　料	中种面团(烘焙百分比,%)		主面团(烘焙百分比,%)	
	基本配方	推荐配方	基本配方	推荐配方
高筋面粉	60～100	65	0～40	35
水	36～48	39	12～24	21
即发干酵母	0.4～0.7	0.6		0
改良剂	0～0.75	0.5	0～0.2	
盐			1.5～2.5	2
糖			1～14	8
油脂			0～7	3
奶粉			0～8	2

中种面团和主面团的面粉比例有这么几种:80/20，70/30，60/40，50/50，40/60，30/70。其比例的确定应考虑面粉筋力大小,作灵活调整。高筋面粉多数使用 70/30 和 60/40 的比例,即中种面团面粉用量高些。中筋面粉多使用 50/50 的比例,即中种面团面粉用量少些,发酵时间不宜太长。

中种面团的加水量可根据发酵时间长短而调整。一般情况下,中种面团加水量少,发酵时间虽长,但面团膨胀及面筋软化成熟效果好。而水分用量多的中种面团,发酵时间短、速度快,但面团膨胀体积小,面筋软化成熟效果差。中种面团中一般不添加除改良剂外的其他辅料,糖、盐、奶粉、油脂等辅料一般加在主面团中。这是因为中种面团中不含盐,面团水化作用迅速,发酵能充分进行。

(三) 二次发酵法工艺

1. 中种面团搅拌和基础发酵

将中种面团配方中的原料全部放入搅拌缸中,慢速搅拌 2 min,中速搅拌 2 min,搅拌至面筋形成阶段即可。中种面团的搅拌时间不必太长,也不需要面筋充分形成,其主要目的是扩大酵母的生长繁殖,增加主面团和醒发的发酵潜力。中种面团通常不加盐,使面团发酵很充分。搅拌后面团温度为 24℃。

将搅拌后的中种面团放入醒发室发酵 4～6 h。醒发室温度为 26℃,相对湿度为 75%～80%。判断中种面团是否发酵完成,可由面团的膨胀情况和手拉扯面团的筋性等来决定。发好的面团体积为原来的 4～5 倍,面团表面干爽,面团内部有规则的网状结构,并有浓郁的酒香。完成发酵后的面团顶部与缸侧齐平,甚至中央部分稍微下陷。用手拉扯面团,如果轻轻拉起时很容易断裂,表示面团完全软化,发酵已完成;如果拉扯时仍有伸展的弹性,则表示面筋尚未完全成熟,还需继续发酵。

2. 主面团搅拌和延续发酵

首先将主面团配方中的水、糖、蛋、盐、改良剂放入搅拌缸中搅拌均匀,然后放入发酵好的中种面团搅匀,再加入面粉、奶粉搅拌至面筋形成,最后加入油脂搅拌至面团完成阶段。搅拌时间约为 12～15 min。

主面团搅拌后进行延续发酵,其主要作用是缓解刚搅拌好的面团面筋的韧性,使面团得到充分松弛，便于整型操作。主面团延续发酵的时间必须根据中种面团和主面团面粉的使用比例来决定，原则上 85/15（中种面团 85%，主面团 15%）的需延续发酵 15 min，75/25 的则需 25 min，60/40 的需 40 min。面团经过延续发酵后即可进行分割整型。

三、快速发酵法

（一）快速发酵法的特点

快速发酵法是在极短的时间内完成发酵甚至没有发酵的面包加工方法，整个生产周期只需 2～3 h。这种工艺方法是在欧美等国家发展起来的，通常是在特殊情况或应急情况下需紧急提供大量面包时才采用此面包加工方法。

快速发酵法的特点：生产周期短，效率高，产量高；节省设备、劳力和场地，降低能耗和维修成本；发酵损耗很少，提高了出品率；面包发酵风味差，香气不足；面包老化快，贮存期短，不易保鲜；不适宜生产主食面包，较适宜生产高档的点心面包；需使用较多的酵母、改良剂和保鲜剂，故成本大，价格高。

（二）快速发酵法原理

（1）通过增大酵母用量、提高面团温度、增加酵母食料来提高面团发酵速度，缩短发酵时间。

（2）增加 20%～25%的面团搅拌时间，搅拌至稍微过度但不能打断面筋。

（3）使用还原剂、氧化剂和蛋白酶。

（4）降低盐的用量，加快面筋水化和面团形成。但盐用量不能过低，否则起不到改善风味的作用。

（5）降低 1%～2%的糖和乳粉用量以控制表皮着色。

（6）减少大约 1%的水用量，缩短面团水化时间，因水多时面团黏度大。

（7）加入乳化剂，因快速法生产的面包易老化。

（8）加酸或酸式盐，以软化面筋，调节面团 pH，加快面团形成和发酵速度。常用的有醋酸和乳酸，用量为 0.5%～1%，磷酸一氢钙的用量为 0.45%。

（三）快速发酵法工艺

根据快速发酵法原理，可以将不同的面包发酵方法改变为快速发酵，如快速一次发酵法、快速二次发酵法。

1. 面团搅拌

搅拌后面团温度为 30～32℃，加速发酵。搅拌时间较正常法延长 20%～25%，搅拌至稍为过头，使面筋软化以利于发酵。

2. 基本发酵

面团搅拌后应发酵 15～40 min，发酵室温度为 30℃，相对湿度为 75%～80%。若是无发酵的快速法，则需加重面团成熟剂的用量，面团不需经过基本发酵。

3. 面包醒发

最后醒发应比正常的最后醒发时间缩短四分之一，即 30～40 min。

4. 烘焙

烘烤时增加烤炉湿度，有利于增强面包的烘焙急胀。

四、其他发酵法

（一）过夜种子面团发酵法

过夜种子面团发酵法亦称基本中种面团发酵法，该法吸取了二次发酵法和快速发酵法的优点，既缩短生产周期，又能生产出品质好的面包。过夜种子面团的制作较为简单，不受工作时间的影响，也不浪费人力，可利用每天下班前的短时间，将面团搅拌好放在发酵室中，任其发酵。一般发酵时间可延长至 9～18 h，在这段时间里随时都可割取一部分该面团来制作任意种类的新鲜面包。利用过夜种子面团制作的面包最大的特点是面包体积要比快速发酵法面包大得多，发酵风味和香气浓郁。过夜种子面团法相当于二次发酵法，该面团相当于二次发酵法的中种面团，而以后的制作方法则相当于快速发酵法。

（二）低温液种发酵法

低温液种发酵法是以 0～5℃低温发酵的面糊作种子面团，使用前取出置常温下，稍微软化后，加入新的面团原料重新搅拌成面团，经过短时间延续发酵后即可进行正常生产工序的面包制作方法。低温液种发酵法又称低温过夜液体发酵法，通常利用每天下班前将第二天所需的发酵面糊搅拌好，保存在 0～5℃的环境中，进行低温发酵，第二天再将其与其他原料混合搅拌成面团。

用低温液种发酵法制作的面包的品质好、香气足，接近于二次发酵法的生产效果；面包老化缓慢，贮存保鲜期长；节省人力；能够灵活调整生产时间，不受正常加工方法中每道工序相互衔接紧密的限制。但需注意面糊放置时间不宜过久。

（三）低温过夜面团法

低温过夜面团法是指在每天下班前，将面包配方中 60％～80％的面粉以及相应的水量一起搅拌均匀成面团，然后置于 0～5℃的冷藏环境中 12 h 左右，第二天取出在常温下稍微软化后，再与其他原料重新搅拌成面团的面包制作方法。该方法与低温液种发酵法的区别是：前者是面团，无酵母；后者是面糊，含酵母。

低温过夜面团法的特点是：面包品质好，体积膨大，弹性较好，特别是柔软度更佳；面包老化速度较慢，贮存期长；搅拌方法简单，低温贮存，可以随时取用，该面团在 0～5℃的环境中可贮存 3～5 天。低温过夜面团的主要缺点是面团温度不易控制，需经常操作练习，方能熟而生巧。

（四）冷冻面团法

冷冻面团法是 20 世纪 50 年代以来发展起来的面包制作新工艺。即由大面包厂（公司）或中心面包厂将已经搅拌、发酵、整型后的面团快速冷冻和冷藏，然后将此冷冻面团销至各面包连锁店、面包零售店、超级市场、宾馆饭店的冰箱贮存起来，各零售店只需备有醒发室、烤炉即可随时将冷冻面团取出放入醒发室内解冻松弛，然后烘焙即为新鲜面包。这样顾客可以在任何时间都能买到刚出炉的新鲜面包。

冷冻面团要求面粉的蛋白质含量高于正常发酵法的，通常在 11.75％～13.5％之间，以保证面团具有充足的韧性和强度，提高面团在醒发期间的持气性。冷冻面团的吸水量较正常面团低。因为较低的吸水率限制了自由水的量，自由水在冻结和解冻期间对面团和酵母具有十分不利的影响。冷冻面团的酵母用量较正常法稍高，因为冷冻对酵母有所损伤，并且应该选择耐冻性好的鲜酵母。

冷冻面团法多采用快速发酵，即短时间发酵或无时间发酵。许多研究证明，应用长时间发酵的工艺对冷冻面团法生产来说是不理想的。因为在较长的种子面团发酵期间酵母被活化，使得酵母在冷冻和解冻期间更容易受到损伤。

（五）酸面团法

在酵母被广泛用于商业之前，经常是将面粉和水混合后放置于空气中，利用空气中的野生酵母和其他微生物进入其中，产生自然发酵作用，制成发酵面团。这种自然发酵的面团往往带有极重的酸味，故亦被称为酸面团。通常每次生产时会将这些自然发酵的面团保留一部分，然后添加更多的面粉和水搅拌混合，放置一旁，用于第二天面包的制作。留下的面团被称为"起子""老面""面种""发酵引子"。这种方法直到今天仍然被广泛使用。

酸面团法实际上也是中种面团法，酸面团如同中种面团。酸面团中的微生物主要是酵母和产酸菌。酵母发酵产生酒精和二氧化碳，产酸菌发酵生成乳酸、醋酸等有机酸。使用酸面团的主要目的在于其独特的风味特色和膨胀能力。如果酸面团的用量较大，则可省略或减少酵母的用量；如果酸面团的用量很少，其功能则主要是调味，酵母的用量可适当增加。酸的含量及其比例是决定酸面包味道的重要因素。一般认为乳酸的比例在75%～80%、醋酸的比例在0%～25%时，做成的面包味道极佳。

酸面团法从培养发酵起子开始，用面粉和水和成软面团，利用空气中的酵母及其他微生物经自然发酵成发酵起子。在工业化面包生产中则是通过将适合的微生物接种到无菌营养培养基中制成。

酸面团的培养方法很多，以自然发酵方法制备酸面团，其成功与否，某种程度上取决于环境中含有的自然菌的多少，以及发酵过程中温度的控制和使用器具的消毒情况。面团发酵环境中可被利用的野生酵母菌越多以及条件适宜，面团越容易发酵成熟并形成良好风味。为了促进酸面团的形成，在培养之初往往添加一些辅助原料，如活性乳酸饮料、麦芽精、奶酪、苹果、马铃薯等以利于酵母繁殖和面团发酵。在酸面团的制备过程中，全程发酵控制最关键的技术是温度控制。一般在27℃的环境中发酵效果最佳。超过此温度，产酸菌将被活化，导致酸味或苦味过强。在酸面团培养的各个阶段，所使用的各种器具必须先经过煮沸消毒，以防止被其他杂菌污染，影响正常发酵。

工作任务八 面包质量与分析

学习目标

◎ 了解面包老化对面包品质的影响

◎ 熟悉延缓面包老化的方法

◎ 熟悉面包品质鉴定的评价标准

◎ 能够根据面包外观、内部评价指标对面包品质进行评价

问题思考

1. 什么是面包老化？如何延缓面包老化？
2. 可以从哪些方面对面包品质进行评价？

一、面包老化

面包老化是指面包经烘焙离开烤炉后，原本香气诱人、松软湿润的制品发生变化，表皮由脆变韧，面包瓤由软变硬，且易掉渣；面包风味变劣，失去新鲜感；面包消耗吸收率亦降低。一般面包产品在未采取防止老化的技术措施时，12～24 h便会失去吸引力。

面包老化是自发的能量降低的过程，所以只能延缓面包老化而不能彻底防止。根据面包老化的机理，人们研究出多种方法来最大限度地延缓面包老化。

（一）温度

温度与面包老化有直接关系。实验证明，0～4℃时淀粉老化作用最快，高于60℃或低于－20℃时淀粉老化均不易进行。高温保存是延缓面包老化的措施之一，温度越高，面包的延伸性越大，面包越柔软。但是由于温度高，面包水分含量高，容易导致发霉腐烂。冷冻是防止面包质量降低，延缓面包老化的有效方法。已经老化的面包，当重新加热到50℃以上时，可以恢复到新鲜柔软状态。

（二）使用添加剂

1. α-淀粉酶

一般面粉中缺乏α-淀粉酶，而这种淀粉酶于面团发酵及烘焙初期能将部分淀粉水解为糊精和还原糖，改变淀粉的结构，阻碍淀粉结晶的形成，降低淀粉的老化作用。一般麦芽粉的添加量为0.2%～0.4%。

2. 乳化剂

甘油脂肪酸酯、卵磷脂、CSL、SSL等表面活性物质可使面包柔软，延缓老化，增大制品体积，同时还有提高糊化温度、改良面团物性等作用。所以使用乳化剂是改善面包品质，增加贮藏时间最有效、最简单的方法，一般使用量为0.5%。

（三）原辅料的影响

面粉的质量对面包的老化有一定影响。一般来说，面筋含量高的优质面粉会推迟面包的老化时间。在面粉中加入膨化玉米粉、大米粉、α-淀粉、大豆粉以及糊精等均有延缓老化的效果。

在面包中添加的辅料，如糖、乳制品、蛋（蛋黄比全蛋效果好）和油脂等，不仅可以改善面包的风味，还有延缓老化的作用，其中牛奶的效果最显著。糖类有良好的吃水性，油脂则具有疏水作用，它们都从不同方面延缓了面包老化。

（四）采取合适的加工条件和工艺

为了防止面包老化并提高面包质量，在搅拌面团时应尽量提高吸水率，使面团软些；采用高速搅拌，使面筋充分形成和扩展；尽可能采用两次发酵法和一次发酵法，而不采用快速发酵法，使面团充分发酵成熟，发酵时间短或发酵不足的话面包老化速度快；烘焙过程中要注意控制温度。总之，加工工艺和方法对面包老化具有不容忽视的影响，概括起来可用十个字来说明，即“搅透”“发透”“醒透”“烤透”“凉透”。

（五）包装

良好的包装可以防止水分的散失和保持产品的美观与卫生。包装并不能抑制由淀粉β化引起的老化，但相较于没有包装的面包而言能保持较长久的柔软性和风味，从而延缓面包的老化。

二、面包品质的鉴定

由于受地区、原辅料来源与质量、工艺配方及设备等方面的影响，各地区、各国家生产的面包在质量上存在很大差异，要制订一个通用的质量标准几乎是一件不可能的事情，况且面包品质的鉴定工作大多依靠个人的经验，没有科学仪器的帮助，很难做到百分之百的判断准确。但是只要采用专用的原辅料，制订科学合理的配方，采用先进、良好的生产设备，采用先进正确的生产工艺技术，就可以生产制作出高质量的面包。

目前国际上多数采用的面包品质鉴定评比方法是由美国烘焙学院所设计的，从面包外观和内部两方面去评分。该评分方法采用百分制，其中外观品质占 30 分，内部品质占 70 分，面包质量鉴定评分标准见表 6-6，一个标准的面包很难达到 95 分以上，但最低不可低于 75 分。

表 6-6　面包质量鉴定评分标准和细则

<table>
<tr><th>附注</th><th>评分项目</th><th>缺陷</th><th colspan="2">分值</th></tr>
<tr><td rowspan="5">面包外观30分</td><td>体积</td><td>1. 太大 2. 太小</td><td>10</td><td rowspan="10">各项评分总分在75分以上才算合格</td></tr>
<tr><td>表皮颜色</td><td>1. 不均匀 2. 太浅 3. 有皱纹 4. 太深 5. 有斑点 6. 有条纹 7. 无光泽</td><td>8</td></tr>
<tr><td>式样</td><td>1. 中间低 2. 一边低 3. 两边低 4. 不对称 5. 顶部过于平坦 6. 收缩变形</td><td>5</td></tr>
<tr><td>烘焙均匀度</td><td>1. 四周颜色太浅 2. 四周颜色太深 3. 底部颜色太浅 4. 有斑点</td><td>4</td></tr>
<tr><td>表皮质地</td><td>1. 太厚 2. 粗糙 3. 太硬 4. 太脆 5. 其他</td><td>3</td></tr>
<tr><td rowspan="5">面包内部70分</td><td>颗粒</td><td>1. 粗糙 2. 气孔大 3. 壁厚 4. 不均匀 5. 孔洞多</td><td>15</td></tr>
<tr><td>内部颜色</td><td>1. 色泽不白 2. 太深 3. 无光泽</td><td>10</td></tr>
<tr><td>香味</td><td>1. 酸味大 2. 陈腐味 3. 生面味 4. 香味不足 5. 哈喇味</td><td>10</td></tr>
<tr><td>味道</td><td>1. 口味平淡 2. 太咸 3. 太甜 4. 太酸 5. 发黏</td><td>20</td></tr>
<tr><td>组织与结构</td><td>1. 粗糙 2. 太紧 3. 太松 4. 破碎 5. 气孔多 6. 孔洞大 7. 弹性差</td><td>15</td></tr>
</table>

(一) 面包外观评分

面包外观评分分为体积、表皮颜色、式样、烘焙均匀度、表皮质地 5 个方面，共计 30 分。

1. 体积

面包的体积与所用原材料的好坏、制作技术的正确与否有着相当重要的关系。面包由生面团至烤熟，体积膨胀至一定程度，但并不是体积越大越好。面包体积膨胀过大，会影响内部组织，使面包组织不均匀，过分多孔而松软；面包体积膨胀不够，则会使组织紧密，体积小，颗粒粗糙，缺乏弹性，易老化。因此不同种类的面包，对其体积都有一定的规定和可参考的标准体积。实际评分时是用面包的比体积来表示的，即面包体积与重量之比。例如在做烘焙实验时多数采用美式不带盖的白面包来对比，一条标准的白面包的体积应是此面包重量的 6 倍，最低不可低于 4.5 倍。

2. 表皮颜色

面包正常的表皮色泽应是金黄色，顶部较深而四周边较浅，同时颜色应均匀一致，不应有花斑点和条纹。正常的颜色不仅使面包看起来漂亮，还能产生焦香的风味。面包的表皮颜色与烤炉温度和面团内剩余糖的含量有关。如果表皮颜色过深，产生的原因可能是炉温过高，烘烤时间过长，配方内糖用量过多，基本发酵时间不够，装盘时面团摆放过疏等等。如果颜色过浅，则多属于烘烤时间不足或者炉温太低，装盘时摆放过密，配方中糖的用量过少或面粉中淀粉酶活性低，基本发酵时间太长等等原因。所以面包表皮颜色的正确与否不但影响面包外形的美观，同时也反映面包的品质。

3. 式样

正常的面包应外形完整，长、宽、高匀称。以主食面包为例，面包出炉后应方方正正，边缘部分呈稍圆而不可过于尖锐(三明治方包例外)，两头及中间应齐整，不可有高低不平或者四角低垂现象，更不应有表面破裂、中间或边缘部位断裂现象。两侧会因进炉后的膨胀而形成一寸宽的裂痕，应呈丝状地连接顶部和侧面，不可断裂成盖子形状。其他各类面包均有一定的式样。

4. 烘焙均匀度

烘焙均匀度是指面包的全部颜色而言。烘焙正常的面包，四周边壁、上下颜色都应均匀，上部颜色可稍深，边壁和下部可稍浅。如果出炉后的面包上部黑而四周及下部呈白色，则说明该面包未熟，原因是上火大、下火小。烘焙均匀度主要反映烘焙工序使用的上、下火的温度是否恰当。

5. 表皮质地

良好的面包表皮应该薄而柔软，不应该有粗糙、起顶和破裂的现象，可以带有轻微的皱纹，因为面包冷却后有收缩。此外，法国、维也纳、荷兰等欧洲国家的硬皮面包的表皮以硬脆为佳。配方中油脂和糖的用量以及发酵时间的控制得当与否均对表皮有很大影响。一般而言，配方中油和糖的用量太少会使表皮厚而坚韧，发酵时间过久会使表皮灰白、破碎多，发酵不足则产生深褐色、厚而坚韧的表皮。烤炉的温度也会影响表皮质地，温度过低造成面包表皮坚韧而无光泽；温度过高则表皮焦黑、龟裂、变厚。

(二) 面包内部评分

面包内部评分分为颗粒、内部颜色、香味、味道、组织与结构 5 项，共计 70 分。

1. 颗粒

面包内部的颗粒是面粉中的面筋经过搅拌扩展，借助于发酵产生的 CO_2 气体的膨胀形成很多网络结构，面粉中的其他成分如淀粉填充在网格结构中，经烘焙后形成了颗粒的形状。颗粒的状况不但影响面包的组织，而且影响面包的品质。烘焙正常的面包应该颗粒大小一致，气孔小而呈拉长形状，气孔壁薄、透明，无不规则的大孔洞。颗粒和气孔大小与加工工艺操作有直接关系。如果面团在搅拌和发酵过程中操作得当，形成的面筋网络较为细腻，则烤出的面包内部颗粒和气孔较细小，并且有弹性、柔软，面包切片时不易掉渣。如果使用的面粉筋力弱，搅拌和发酵不当，则形成的面筋网络结构较为粗糙、无弹性，烤好的面包气孔大，颗粒也粗糙，切片时易掉渣，气孔壁厚，弹性差。大气孔的形成多数是由整型不当引起的，颗粒粗糙、松散则主要由面团搅拌不足、发酵不当所致。

2. 内部颜色

正常的面包内部颜色应该是洁白或乳白色，并有丝样光泽。面包的内部颜色与所用原材料和制作工艺技术有关。一般面包瓤颜色的深浅取决于面粉的本色，即受面粉精度的影响，如果面包制作得法，有正确的搅拌和良好的发酵，就会产生丝样的光泽。如果面粉加工精度低，含麸皮较多，则面包内部颜色较深；当面粉筋力过弱，面筋网络结构不强，则会造成面包内部气孔大，颗粒粗，颜色深。若面团搅拌不足，发酵不足或过度，也会造成面包颗粒大、粗糙、气孔多、阴影多，内部颜色变得阴暗和灰白。配方中含有大量辅料如鸡蛋、黄油等也会影响内部颜色。

3. 香味

面包的香味是由外皮和内部两部分共同产生的，外皮的香味是由面团美拉德反应和焦糖化作用的结果以及面粉本身的麦芽糖形成的香味所组成。因此面包烘焙时一定要使其四周产生金黄的颜色，否则面包表皮不能达到焦化程度，就不能产生这种特殊的香味。面包内部的香味是由发酵过程中所产生的酒精、有机酸、酯类以及其他化学反应，在烘焙过程中形成各种酯香，综合面粉的麦香味及各种原辅料的香味共同组成。评定面包的内部香味，是将面包横切面放在鼻前，用手挖一大孔洞以嗅闻新发出的气味。正常的香味除了不能有过重的酸味外，还不可有霉味、油的酸败味或者其他怪味，另外面包乏味一般说明面团的发酵不够，也是不正常的。

4. 味道

各种面包由于配方不同，入口咀嚼时味道也各不相同，但正常的面包咬入口内应很容易嚼碎，且不粘牙，不可有酸和霉的味道。有时面包入嘴遇到唾液会结成一团，产生这种现象是由于面包没有烤熟的缘故。

5. 组织与结构

面包的组织结构与颗粒状况有关。正常的面包组织应均匀，颗粒与气孔大小一致，无大孔洞，柔软细腻，不夹生，不破碎，有弹性，疏松度好。如果用手触摸面包的切割面，感觉粗糙且硬即为组织结构不良。

工作任务九　面包制作实例

学习目标

◎ 了解硬式面包、软式面包、起酥面包、调理面包及装饰面包产品的特点
◎ 熟悉各类面包的用料构成及要求
◎ 熟悉各类面包的制作工艺
◎ 掌握硬式面包、软式面包、起酥面包、调理面包及装饰面包的制作方法
◎ 熟悉各类面包的品种变化与创新的思路和方法

问题思考

1. 软式面包有何特点？常见的软式面包有哪些？
2. 吐司面包的原料构成及选用要求是什么？常见吐司面包装模方式有哪些？
3. 吐司面包烘焙时需注意哪些事项？
4. 甜面包的原料构成及选用要求是什么？
5. 甜面包可通过哪些方面进行品种变化与创新？
6. 硬式面包有何特点？常见的硬式面包有哪些？

7. 脆皮面包配方中为什么少油、少糖?
8. 法棍面包表面划刀有什么要求?
9. 起酥面包的特点是什么? 列举几个常见的起酥面包品种。
10. 哪些面包属于调理面包?
11. 装饰面包面团搅拌程度与甜面包的要求一样吗?

单元一 软式面包

软式面包的显著特点是组织松软而富有弹性,即体轻质软,组织细腻,表皮柔软,色泽光亮诱人,形态规整。软式面包面团的含水量比一般面团高,配料方面使用了鸡蛋、糖、油脂等。

一、吐司面包

"吐司"是英文"Toast"的音译名,吐司面包是使用长方形的带盖或不带盖的烤模制作而成,因此亦被称为听型面包。不带盖吐司面包因烘烤时烤模不带盖,面包顶部鼓起成弧形,此种面包体积大,口感轻柔,气泡膜薄。带盖烘烤的吐司面包又称方包,即方形面包,形状为长方体,断面呈正方形,常切成片状出售,是制作三明治面包的基础。

图 6-7 圆顶吐司面包

吐司面包的品种变化可以从产品配方、馅料、表面装饰料、造型等方面考虑。各种吐司面包面团配方变化不大,主要通过变换馅料、表面装饰料和成型方法来丰富吐司面包品种。

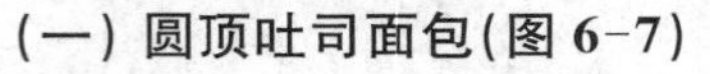

(一) 圆顶吐司面包(图 6-7)

1. 配方(一次发酵法)(表 6-7)

表 6-7 圆顶吐司面包配方

原 料	烘焙百分比(%)	实际重量(g)	原 料	烘焙百分比(%)	实际重量(g)
高筋面粉	100	2 600	砂糖	5	130
即发干酵母	1	26	黄油	5	130
面包改良剂	0.3	7.8	奶粉	2	52
食盐	2	52	水	60	1 560

2. 制作方法

(1) 搅拌:将高筋面粉、即发干酵母、砂糖、奶粉、面包改良剂等干性原料放入搅拌缸,低速混匀,加入水低速搅拌成团,再加入黄油搅拌均匀,转入快速将面团搅拌至完成阶段,搅拌后面团温度为 26℃。

(2) 发酵:时间 120 min,发酵室温度 27℃,相对湿度 75%。

(3) 分割与滚圆:每块面团重 450 g(使用容量 450 g 的吐司模),分割数量为 10 个,并滚圆。

(4) 中间醒发:用塑料膜盖住面团,时间 20 min。

(5) 整型:用擀面棍将中间醒发后的面团擀薄,使面团内气体消失,再以挤和卷的方法将面团卷成长卷形,然后接头朝下放入吐司模中。

(6) 最后醒发:将面包坯放入醒发箱中至烤模体积八分满。醒发室温度 35～38℃,相对湿度 85%。

(7) 烘烤:炉温上火 180℃/下火 200℃, 时间 30 min。

3. 技术要领

(1) 面团搅拌时注意原辅材料投放顺序,面团搅拌程度控制得当。

(2) 吐司成型时卷筒要紧,以使面包组织均匀。

(3) 烘烤时,若吐司模直接入烤炉,则炉温底火应适当降低。

图 6-8　方包

(二) 方包(图 6-8)

1. 配方(快速一次发酵法)(表 6-8)

表 6-8　方包配方

原　料	烘焙百分比(%)	实际重量(g)	原　料	烘焙百分比(%)	实际重量(g)
高筋面粉	100	2 550	砂糖	8	204
即发干酵母	1.2	30.6	黄油	4	102
面包改良剂	0.3	7.65	奶粉	4	102
食盐	2	51	水	60	1 530

2. 制作方法

(1) 搅拌:面团搅拌至完成稍过阶段,搅拌后面团温度为 30℃。

(2) 面团松弛:时间 20 min。

(3) 分割与滚圆:使用 750 g 吐司模,每个吐司模放 150 g 重的面剂 5 个,共分割面剂 30 个,并滚圆。

(4) 中间醒发:时间 20 min。

(5) 整型:用擀面棍将中间醒发后的面坯擀薄,使面团内气体消失,再以挤和卷的方法将面团卷成长卷形,放置松弛 10 min。然后以同样的手法,将长卷形的面团擀薄,再卷成短卷形,把 4 个面团并排,接头朝下放入烤模中。

(6) 最后醒发:醒发室温度 35～38℃,相对湿度 85%。面团醒发至烤模体积八分满时取出,加盖后进行烘烤。

(7) 烘烤:炉温上火 200℃/下火 200℃,时间 50 min。

3. 技术要领

(1) 油脂要在面团搅拌的最后阶段加入。

(2) 注意方包的烘烤温度及时间。

二、奶油餐包(图 6-9)

奶油餐包属于软式餐包，性质较吐司面包更为柔软，且有甜的味道，配方中使用了较多的糖和油，而且使用的面粉的蛋白质含量较一般吐司面包低，多数为11%左右，所以更能促使餐包柔软可口。

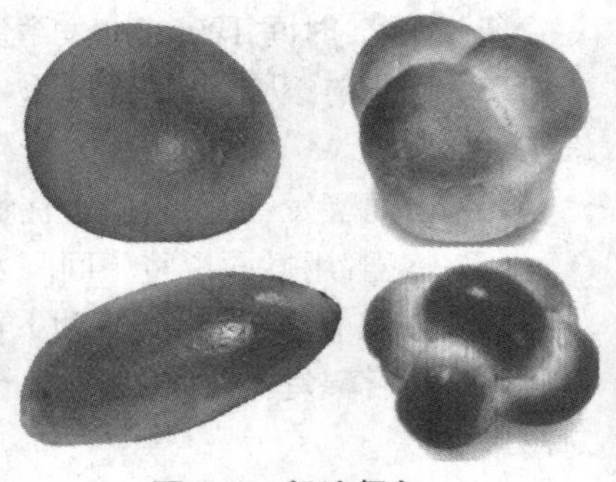

图 6-9　奶油餐包

1. 配方(表 6-9)

表 6-9　奶油餐包配方

原　料	烘焙百分比(%)	实际重量(g)	原　料	烘焙百分比(%)	实际重量(g)
高筋面粉	85	935	砂糖	14	154
低筋面粉	15	165	黄油	14	154
即发干酵母	1	11	奶粉	6	66
面包改良剂	0.3	3.3	鸡蛋	10	110
食盐	1.5	16.5	水	50	550

2. 制作方法

(1) 搅拌：除油以外所有原料放入搅拌缸低速搅拌成团，加入黄油低速混匀，中速搅拌至面团面筋扩展，搅拌后面团温度为 26℃。

(2) 发酵：时间 120 min，不需翻面。

(3) 分割与滚圆：每个面剂重 25 g，分割面剂 80 个，并滚圆。

(4) 中间醒发：时间 15 min。

(5) 整型：①小圆餐包：将面坯第二次滚圆，直接放入擦油的烤盘上，表面刷蛋液；②指形餐包：将滚圆松弛后的面团压在手掌下往返搓成长条形，放入烤盘上，表面刷蛋液；③三叶餐包：将松弛后的面团搓成长条，再用两手掌侧把面团分成三等份，成球形，放入擦油的圆形杯子蛋糕烤盘内，表面刷蛋液；④编结餐包：将松弛后的面团搓成长条状，用两手将面团编织成各式绳结花形，放入烤盘，表面刷蛋液。

(6) 最后醒发：时间 45 min。

(7) 烘烤：炉温 200℃，时间 8～10 min。

3. 技术要领

(1) 高筋面粉中掺入一定比例的低筋面粉，不仅可增添产品的酥软口感，而且可避免使用面粉筋度过高造成的表面起皱现象。

(2) 面团搅拌至扩展阶段即可，无需面筋完全扩展。

三、甜面包

(一) 基础甜面包

1. 配方(一次发酵法)(表 6-10)

表 6-10 基础甜面包配方

原 料	烘焙百分比(%)	实际重量(g)	原 料	烘焙百分比(%)	实际重量(g)
高筋面粉	100	2 000	砂糖	20	400
即发干酵母	1	20	黄油	10	200
面包改良剂	0.3	6	奶粉	4	80
食盐	1	20	鸡蛋	10	200
水	48	960			

2. 制作方法

(1) 搅拌:面团搅拌至面筋扩展阶段,搅拌后面团温度为 28℃。

(2) 发酵:面团松弛 30 min。

(3) 分割与滚圆:每个面剂重 60 g,并滚圆。

(4) 中间醒发:时间 15 min。

(5) 整型:整型成各种不同形状。

(6) 最后醒发:温度 38℃,相对湿度 85%。表面刷蛋液后进入醒发室,时间约 55 min。

(7) 烘烤:炉温 200℃,时间 10～12 min。

3. 技术要领

(1) 面团中油、糖、蛋量增加,水量应作相应减少。甜面包面团的吸水量较吐司面包的要少,面团过软易造成面包表面收缩起皱。

(2) 面团发酵、最后醒发要充分,才能使面包体积膨大,组织松软。

(二) 豆沙面包(图 6-10)

1. 配方(表 6-11)

表 6-11 豆沙面包配方

原 料	实际重量(g)	原 料	实际重量(g)
甜面包面团	1 800	杏仁片	适量
豆沙馅	900		

2. 制作方法

(1) 分割与滚圆:分割甜面包面团,每个面剂重 60 g,滚圆后中间醒发 10～15 min。

(2) 整型:将松弛后的面团包入豆沙馅(30 g/个)成圆形,封口收紧,然后进行整型。

① 三叶形:将包馅后的面团擀成长约12 cm的长型薄片,对折整齐,切割 2 刀,头部保留0.5 cm,再把右边的面团馅部朝上,然后将中间和左边的面团左右拉平,以馅部朝上的方式排列三叶造型,表面刷蛋液,放少许杏仁片。

三角麻花形　　三叶形

图 6-10 豆沙面包

② 三角麻花形:将包馅后的面团压扁,对折相叠,用面刀在面团中央切割一个长约 3 cm

的小洞，深可见底，然后将右边顶部面团往下转向洞口，并从洞口翻出，轻微拉长，即告完成。

(3) 最后醒发：温度35℃，相对湿度85%，待面团体积增大至2倍时取出，在表面刷蛋液，然后入炉烘烤。

(4) 烘烤：炉温200℃，时间10～12 min。

3. 技术要领

(1) 整型操作要动作快，尤其是夏季气温、室温较高时，以避免面包坯在整型前就过度胀发，影响制品的外观形态和内部组织。

(2) 烘烤前豆沙面包坯表面需再刷蛋液，以促进表面快速上色。

(三) 椰蓉面包(图6-11)

1. 配方(表6-12)

表6-12 椰蓉面包配方

原 料	甜面包面团	椰蓉馅					
		椰蓉	奶粉	细砂糖	食盐	鸡蛋	黄油
实际重量(g)	1 800	260	39	260	1.3	104	91

2. 制作方法

(1) 制馅：将椰蓉馅配方中的椰蓉、奶粉、细砂糖、食盐混合均匀，加入蛋液用手充分搓拌均匀，然后再加入黄油，充分搓拌成团即可。

(2) 分割与滚圆：将甜面包面团分割成每个重60 g的面剂30个。

(3) 中间醒发：时间10～15 min。

(4) 整型：将椰蓉馅(25 g/个)包入松弛后的面团，稍放置一会儿后擀薄卷成圆筒状，对折并顺长切一刀，顶端不切断，将刀口向上翻开，放入烤盘中，进行最后醒发。

图6-11 椰蓉面包

(5) 最后醒发：温度38℃，相对湿度85%，表面刷蛋液后进入醒发室，时间约55 min。

(6) 烘烤：炉温200℃，时间10～12 min。

3. 技术要领

(1) 椰蓉馅的软硬要适度，便于包馅与成型。

(2) 烘烤前需再刷蛋液，以使椰蓉面包表面产生良好颜色。

(四) 菠萝面包(图6-12)

1. 配方(表6-13)

表6-13 菠萝面包配方

原 料	甜面包面团	菠萝皮面团					
		酥油	黄油	糖粉	鸡蛋	低筋面粉	奶粉
实际重量(g)	1 800	62.5	62.5	125	75	250	25

2. 制作方法

图 6-12　菠萝面包

(1) 菠萝皮面团调制:将配方中的酥油、黄油与糖粉充分拌至松发,分次加入鸡蛋液搅拌均匀,再加入过筛的面粉与奶粉叠拌成团。

(2) 分割与滚圆:将甜面包面团分割成每个重 60 g 的面剂 30 个,滚圆后中间醒发 10～15 min。菠萝皮面团搓成长条,用面刀切成小块,每块重 20 g。

(3) 整型:取一个完成中间醒发的面团,光滑面粘上一按扁的菠萝皮面剂,再把面团放在左手掌上,菠萝皮朝下,以右手拇指和食指推压的方式,使面团不停地在手中转动,在左手掌上的菠萝皮不断扩大包裹住面团的 2/3 时停止,然后将面团翻转过来,面团表面被菠萝皮完全盖住。用面刀或菠萝印模在面团表面压出十字形菠萝花纹。

(3) 最后醒发:整型后的面团先置于有温度的地方,如烤炉顶部,待面团体积增大 1 倍左右时再入醒发室,体积增大至 2～3 倍时入炉烘烤。

(4) 烘烤:炉温 200℃,时间 10～12 min。

3. 技术要领

(1) 菠萝面包整型后不宜直接放入有湿度的醒发室内,以免菠萝皮潮湿。

(2) 在菠萝皮制作中不要使面团生筋。

(3) 在菠萝皮面团中掺入干果蜜饯(如葡萄干、椰蓉、桔饼等)、可可粉、咖啡等辅料,可以制成各种不同口味、各具特色的菠萝面包。

(五) 墨西哥面包(图 6-13)

1. 配方(表 6-14)

表 6-14　墨西哥面包配方

原　料	甜面包面团	墨西哥面糊						奶酥馅				
		酥油	黄油	糖粉	食盐	鸡蛋	低筋面粉	奶粉	糖粉	低筋面粉	食盐	黄油
实际重量(g)	1 800	50	50	100	1	100	100	275	220	70	1.4	193

2. 制作方法

图 6-13　墨西哥面包

(1) 墨西哥面糊的调制:将配方中的酥油与黄油放入盆内,用打蛋器搅打成糊状,加入糖粉与食盐充分搅拌至松发状,分次加入蛋液搅拌均匀,最后加入过筛的面粉拌匀成糊状即可。

(2) 奶酥馅的调制:将配方中除黄油外的材料全部混合均匀,然后加入黄油搅拌均匀成团即可。

(3) 分割与滚圆:甜面包面团分割成每个重 60 g 的面剂 30 个,滚圆后中间醒发 10～15 min。

(4) 整型:将松弛后的面团包入奶酥馅(25 g/个)成圆形,封口收紧,放入烤盘中,进行最后醒发。

(5) 最后醒发:待面团体积增大至2～2.5倍时取出,然后将墨西哥面糊装入裱花袋,以绕圈式平均挤在面团表面,而后入炉烘烤。

(6) 烘烤:炉温200℃,时间10～12 min。

3. 技术要领

(1) 在墨西哥面糊制作中不要使面糊生筋。

(2) 为保证墨西哥面糊在烘烤时均匀摊流覆盖整个面包表面,挤注时出料的粗细间距应适当。

(3) 烘烤中,墨西哥面糊会因受热的影响而摊流,将整个面团覆盖,多余的面糊会流到烤盘上,故挤料时应以适量为原则。

单元二　硬 式 面 包

硬式面包包括脆皮面包与硬质面包两大类。脆皮面包(Crisp-Crusted Bread)是具有表皮脆且易折断而内部松软的特点的面包。脆皮面包具有软质主食面包所不及的浓郁的麦香味道,尤其在吃的时候表皮松脆芳香,而内部组织柔软并稍具韧性,越嚼越香。最具有代表性的脆皮面包是法国面包、意大利面包、维也纳面包、荷兰脆皮面包等。

好的脆皮面包表皮必须要有松和脆的特性,内部组织结构应细致,有空洞而少颗粒,面包瓤须有韧性但不太强。如整条面包被人用手从半腰折断时应容易地裂成两段,而不会有伸展筋性和折裂不断的现象。脆皮面包的另一显著特点是面包表皮大部分有裂口,这样一是增加了美观性,二是有利于面包体积膨胀。脆皮面包在烘烤时,烤炉内必须有加热蒸汽,以增强面团表面的湿度,有利于面包表面开裂。传统方法是向烤炉内加水增湿,而现代烤炉自带有加湿系统。

硬质面包(Hard Bread)是具有组织结实紧密、含水量低、保存期长的特点的面包。硬质面包有两种不尽相同的性质,其做法和配方也有很大差别。一种硬质面包使用筋度较低的面粉、成分较高、水分较少,而搅拌好的面团较硬,此种硬质面包多数是加入老面团一起搅拌,因此搅拌好的面团不需再经过基本发酵,可直接分割整型,或是将面团用压面机反复压至面团呈现光滑后再整型。以这种方法制作的硬质面包最为结实,尤其是经压面机压过的硬质面包,其内部组织更紧密而质感细致,切片后几乎看不见发酵的空隙,如木材面包、菲律宾面包等就属此类面包。另一种硬质面包是采用筋度较高的面粉来制作,就如一般面包一样,搅拌好的面团同样经过基本发酵再整型,然后通过缩短最后醒发时间或不经最后醒发,使面包达到结构紧实的目的。这种面包的结实感完全控制在最后醒发过程,而面包烤好后的硬度则与配方成分有密切关系。原则上面团的成分越低,烤好的面包越硬,反之则越软。

一、法棍面包(图6-14)

1. 配方(一次发酵法)(表6-15)

表 6-15 法棍面包配方

原 料	烘焙百分比(%)	实际重量(g)	原 料	烘焙百分比(%)	实际重量(g)
高筋面粉	100	2 500	食盐	2	50
即发干酵母	1	25	水	65	1 625
面包改良剂	0.3	7.5			

2. 制作方法

(1) 搅拌：面团搅拌至面筋扩展阶段，搅拌后面团温度为 26℃。

(2) 发酵：时间 2 h 45 min，发酵到 2 h 时翻面一次。

(3) 分割与滚圆：每个面团重 350 g，数量为 12 个，并轻揉成圆形或长方形。

(4) 中间醒发：时间 15 min。

(5) 整型：将面坯用手搓成长 53 cm 的长棒状。实际长度可根据烤盘的尺寸作适当调整，整型后的面包坯放在褶有侧壁的布上或法棍烤盘中。

图 6-14 法棍面包

(6) 最后醒发：醒发室温度 32～35℃，相对湿度 75%～80%，时间约 40 min，至 2/3 程度时取出在面包坯表面割裂口。

(7) 烘烤：炉温 220～230℃，时间 35～45 min。面包坯入炉时需通蒸汽。

3. 技术要领

(1) 为避免全部使用高筋面粉制成的产品的韧性太强，配方中可用 10% 的低筋面粉替代高筋面粉。

(2) 为保证法棍烘烤后呈圆柱形，整型后的面包坯应放在褶有侧壁的布上或法棍烤盘中。

(3) 注意掌握好划刀的时机以及划刀的进刀方法与深度。

(4) 保证蒸汽供应充足。

二、全麦面包(图 6-15)

1. 配方(二次发酵法)(表 6-16)

表 6-16 全麦面包配方

原 料		烘焙百分比(%)	实际重量(g)	原 料		烘焙百分比(%)	实际重量(g)
中种面团	高筋面粉	80	2 400	主面团	全麦粉	20	600
	即发干酵母	1	30		食盐	2	60
	面包改良剂	0.3	9		水	14	420
	水	48	1 440				

2. 制作方法

图 6-15 全麦面包

(1) 中种面团搅拌与发酵:将中种面团原料搅拌成团即可,搅拌后面团温度为 27℃,发酵 1 h。

(2) 主面团搅拌与发酵:中种面团加入主面团原料中并低速搅匀,然后中速搅拌至卷起,再用中速或者高速搅拌至面筋扩展阶段,面团温度为 28℃,延续发酵 10 min。

(3) 分割与滚圆:每个面团重 350 g,数量 14 个,并滚圆。

(4) 中间醒发:收口朝上,表面覆盖保鲜膜,醒发 40 min。

(5) 整型与装盘:拍打醒发好的面团,排出大的气泡,运用捶、擀的手法,将全麦面团做成橄榄形或圆形,摆放在烤盘中。

(6) 最后醒发:醒发室温度 35℃,相对湿度 80%,醒发时间约 40 min,至 2/3 程度时取出在面包坯表面割裂口。

(7) 烘烤:炉温升至 250℃,放入醒发好的面包坯,通蒸汽后降至 200℃,烘烤 30 min。

3. 技术要领

(1) 全麦粉宜加入主面团中一起搅拌。

(2) 搅拌程度适当,勿搅拌过度。

三、脆皮小餐包(图 6-16)

1. 配方(表 6-17)

表 6-17 脆皮小餐包配方

原 料	烘焙百分比(%)	实际重量(g)	原 料	烘焙百分比(%)	实际重量(g)
高筋面粉	100	2 400	砂糖	2	48
即发干酵母	1	24	黄油	2	48
面包改良剂	0.3	7.2	水	60	1 440
食盐	2	48			

2. 制作方法

图 6-16 脆皮小餐包

(1) 搅拌:低速搅拌成团,中速搅拌至面筋充分扩展,搅拌后面团温度为 26℃。

(2) 发酵:时间 2 h 30 min。

(3) 分割与滚圆:每个面剂重 50 g,分割面剂 80 个,并滚圆。

(4) 中间醒发:时间 15 min。

(5) 整型:将面团做成球形、橄榄形。

(6) 最后醒发:醒发室温度 32~35℃,相对湿度 75%,醒发时间 40 min,醒发至 2 倍体积时取出面包坯在表面割裂口,然后入炉烘烤。

(7) 烘烤:炉温 230℃,时间 20 min,炉内要蒸汽。

3. 技术要领

(1) 为了使硬式餐包表皮薄，基本发酵要充足。

(2) 要使表皮脆，在餐包进炉前烤炉内必须有足够的蒸汽。

四、菲律宾面包(图 6-17)

1. 配方(表 6-18)

表 6-18　菲律宾面包配方

原　料	烘焙百分比(%)	实际重量(g)	原　料	烘焙百分比(%)	实际重量(g)
高筋面粉	60	720	食盐	1	12
低筋面粉	40	480	奶粉	4	48
老酵面	30	360	淡奶水	5	60
即发干酵母	0.6	7.2	黄油	8	96
砂糖	20	240	香草粉	0.1	1.2
鸡蛋	12	144	水	20	240

2. 制作方法

(1) 搅拌：将老酵面置于搅拌缸中，加入淡奶水、奶粉、鸡蛋、食盐、砂糖、香草粉低速搅拌均匀，然后加入面粉、酵母、水低速混合，最后加入黄油低速混匀，中速搅拌至面团光滑，搅拌后面团温度为 28℃。

图 6-17　菲律宾面包

(2) 压面、分割与滚圆：先将面团分割成每块 1 kg 左右，以便操作。将分割好的面团用压面机反复压至光滑有光泽，最后将面团压成薄片，卷成圆柱形，分割成每个重 60 g 的面剂，并滚圆。

(3) 中间醒发：时间 10 min。

(4) 整型：将圆球形面团搓成鸡蛋形，放入烤盘，用利刀在其表面划割 5～6 道裂口，深约 0.5 cm。

(5) 最后醒发：醒发室温度 35℃，相对湿度 80%，时间 30～50 min，醒发至体积增加 1 倍时取出，在面包坯表面刷少许淡奶水。

(6) 烘烤：炉温 200℃，时间 10～15 min，烤至面包呈金黄色，出炉后趁热再涂一层淡奶水，以增加光泽。

3. 技术要领

(1) 面团搅拌不宜过度，压面过程也是对面筋的进一步扩展。

(2) 发酵时间宜稍短，否则将影响面包质感。

五、贝果面包(图 6-18)

贝果面包(Bagel)属于半发酵面包，是一种传统的犹太面包圈。在制作中需要将面团揉成环状，然后在热水中稍煮一会，再进行烘烤。由于工艺上的独到之处，使之具有表面光亮，质地硬、脆、酥，麦香浓郁等特殊质感和风味。

1. 配方（表 6-19）

表 6-19　贝果面包配方

原　料	烘焙百分比(%)	实际重量(g)	原　料	烘焙百分比(%)	实际重量(g)
高筋面粉	100	1 200	黄油	3	36
即发干酵母	0.6	7.2	砂糖	5	60
食盐	2	24	水	58	696

图 6-18　贝果

2. 制作方法

(1) 搅拌：搅拌至面团完成阶段，搅拌后面团温度为 27℃。

(2) 发酵：时间 30 min。

(3) 分割与滚圆：每个面剂重 60 g，分割数量为 32 个，并滚圆。

(4) 中间醒发：时间 15 min。

(5) 整型：面坯滚圆并经中间醒发后，先卷成条状，然后搓成长条，用一只手将面团一端压平后粘在另一端上，做成圈形，连接处要捏紧，并将连接口朝下放置烤盘中，静置 20 min，使面坯松弛。

(6) 煮烫：将面包坯表面朝下放入沸水中煮约 1 min，翻面再煮 1 min 捞出。

(7) 烘烤：炉温 200～220℃，时间 20～25 min。

3. 技术要领

(1) 面团发酵时间不宜长，半发酵即可。

(2) 掌握面包坯煮制时间。面包坯在沸水中煮的时间越长，面包的表皮就会变得越硬实，移入烤炉中烘烤时面包坯几乎没有膨胀性，这样烤出的贝果面包有重量感。如果煮的时间稍短一些，使表皮仍保持柔软性，烘烤时面包坯就会膨胀伸展，烤出的面包也较轻，质地较松。

(3) 通过煮烫促使面包表面上色、光亮、松脆。

单元三　起 酥 面 包

起酥面包又称丹麦面包，最初是由一位丹麦面包师，在发酵面团里包入奶油，经过反复压片、折叠，利用油脂的润滑性和隔离性使面团产生清晰的层次，然后制成各种形状，经醒发、烘烤而制成的口感特别酥松、层次分明、入口即化、奶香浓郁的特色面包。丹麦面包在欧洲国家非常流行，后来在很多国家得到普及，深受广大消费者喜爱。

一、丹麦吐司面包(图 6-19)

1. 配方(表 6-20)

表 6-20 丹麦吐司面包配方

原 料	烘焙百分比(%)	实际重量(g)	原 料	烘焙百分比(%)	实际重量(g)
高筋面粉	70	1 155	砂糖	12	198
低筋面粉	30	495	黄油	6	99
鲜酵母	6	99	奶粉	2	33
改良剂	0.5	8	鸡蛋	12	198
食盐	1.5	25	水	46	760
面团裹入油	面团重量的 20%	600			

2. 制作方法

(1) 搅拌:除油脂以外的所有原料放入搅拌缸,低速搅拌成团,然后加入黄油低速混匀,中速搅拌至面团光滑,搅拌后面团温度为 20℃。

(2) 松弛:时间 15 min。

(3) 分割:每块 1 500 g。

(4) 冷冻:面团套入塑胶袋,至－10℃的冷冻库中冷冻 2～3 h。

图 6-19 丹麦吐司

(5) 包油:把冻至适当硬度的面团取出,将面团裹入油包入面团内,并将面团四周接头捏紧,使面团平均包裹住整块黄油。

(6) 折叠:三折三次。将包好油脂的面团用压面机(或滚筒)来回多次压薄。面皮的厚度不宜低于 0.5 cm。完成第一次折叠后,由于面团在室温下呆的时间长了,其延伸性会变差,而且面团与油脂的硬度也会再次出现差别,所以为了便于操作,可以将面团置于冷藏室内松弛 15 min 左右再进行第二次折叠操作,若在第二次折叠后感觉面团延伸性尚好,则可连续做第三次折叠。

(7) 低温发酵:折叠后的面团最好在 1～3℃的冷藏柜中发酵 12～24 h,然后再取出整型。如果不想低温发酵这么长时间,亦可在冰箱里松弛 2 h 左右。

(8) 整型:将完成折叠、松弛的面团压成厚 1 cm 的长方形,然后切成 14×10 cm 的长方块,每块再切 2 刀成 3 条。将 3 根条状面团以编辫子的方式编成辫子型,接头捏紧,双手将面坯稍微拉长,两端折向中间,两头相接,整齐相叠,轻微压紧,接头朝下放入面包模中,进行最后醒发。

(9) 最后醒发:醒发室温度 32℃,相对湿度 70%,时间 120 min,面团膨大至 2～3 倍时取出,进炉烘烤。

(10) 烘烤:炉温 150～180℃,时间约 30 min。

3. 技术要领

(1) 丹麦面团要经过数次的压面擀薄过程,所以面团搅拌不宜过久,以面筋开始扩展为标准。

(2) 裹入用的油脂的硬度应与面团软硬度一致,否则油脂过硬会穿透面皮,使面团无法产生层次,而油脂过软时,油脂在擀压面团时向边缘堆积,造成油脂分布不均,并严重影响操作。

(3) 丹麦吐司面包的面皮平均厚度约在 1～1.2 cm 左右。

(4) 包油、折叠时要注意松弛和冷藏操作，这样才能得到合格的丹麦面包。

(5) 面团的接口处要接好捏紧，接头处朝下放入面包模中，这样可以防止其在醒发时变形。

(6) 丹麦面包因内部含有大量的油脂，故醒发时温度比常规方法的要低。

二、丹麦肉桂面包(图 6-20)

1. 配方(表 6-21)

表 6-21　丹麦肉桂面包配方

原　料		烘焙百分比(%)	实际重量(g)	原　料	烘焙百分比(%)	实际重量(g)
面团	高筋面粉	75	750	细砂糖	15	150
	低筋面粉	25	250	黄油	8	80
	鲜酵母	8	80	奶粉	6	60
	乳化剂	1	10	鸡蛋	150	150
	食盐	1.5	15	水	45	450
	香兰素	2	2			
裹入油	片状起酥油	面团重量的20%～30%	220			
夹馅	肉桂粉		40	黄砂糖		500
	糖粉		600	朗姆酒		200

2. 制作方法

(1) 搅拌：除黄油以外的所有面团原料放入搅拌缸，低速搅拌成团，然后加入黄油低速混匀，中速搅拌至面团光滑，搅拌后面团温度为 26℃。

(2) 分割与冷藏：将搅拌好的面团静置 15 min 后进行分割，每块 1 500 g，用保鲜膜包好后放入冰箱冷冻 1 h 左右。

(3) 包油与折叠：三折三次。

(4) 松弛：时间 15 min。

(5) 整型：把面团擀成厚约 0.3 cm 的长方形，把黄砂糖和肉桂粉均匀地撒在上面，卷起来成为圆条状，将圆条切成 16 段，竖放在烤盘上。

图 6-20　丹麦肉桂面包

(6) 最后醒发：放温暖处最后发酵 20 min 即可。

(7) 烘烤：烤焙温度 210℃，时间约 10 min。烤好稍凉后把朗姆酒和糖粉搅匀涂上即可。

3. 技术要领

(1) 面团发酵不要求充分，醒发时间也要较短，可在醒发室外进行。

(2) 提前将肉桂粉和黄砂糖搅匀更有利于产品风味的一致性。

(3) 烘烤后的产品也可用白马糖膏装饰。

三、丹麦果酱面包(图 6-21)

1. 配方(表 6-22)

表 6-22　丹麦果酱面包配方

原　料	烘焙百分比(%)	实际重量(g)	原　料	烘焙百分比(%)	实际重量(g)
高筋面粉	80	1 280	砂糖	16	256
低筋面粉	20	320	黄油	8	128
鲜酵母	3	48	奶粉	4	64
改良剂	0.1	1.6	鸡蛋	10	160
食盐	1	16	水	52	832
裹入油	面团重量的 20%～30%	600～900	果酱馅	15	240

2. 制作方法

(1) 搅拌：将除裹入油与果酱馅外的全部原料放入搅拌缸，低速搅拌成团，中速搅拌至面团光滑，搅拌后面团温度为 18～20℃。

(2) 松弛：时间 10～15 min。

(3) 分割：每块 1 500 g。

(4) 冷冻：将面团套入塑胶袋，至－10℃的冷冻库中冷冻2～3 h。

(5) 包油与折叠：三折三次。

图 6-21　丹麦果酱面包

(6) 整型：将三折三次操作完成的面团压或擀成

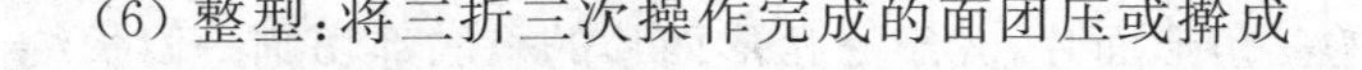

0.4 cm厚的薄片，再使用轮刀将面片分割成 10×10 cm 的方形面片。在方形面片中间放果酱馅，然后将两个对角折向中间，另两角不动，形状似菱形。

(7) 最后醒发：醒发室温度 30～32℃，相对湿度 65%～70%，时间 45～60 min，面片膨大 1 倍时取出，再涂刷少许蛋液，进炉烘烤。

(8) 烘烤：炉温 220℃，时间约 8～12 min。

3. 技术要领

(1) 面坯厚度约为 0.3～0.4 cm，不宜过薄。

(2) 涂蛋液时不要涂到刀口处，以免影响分层。

(4) 果酱馅宜选择耐烘烤的。

四、丹麦牛角面包(图 6-22)

1. 配方(表 6-23)

表 6-23　丹麦牛角面包配方

原　料	烘焙百分比(%)	实际重量(g)	原　料	烘焙百分比(%)	实际重量(g)
高筋面粉	80	1 280	砂糖	16	256
低筋面粉	20	320	黄油	8	128
鲜酵母	3	48	奶粉	4	64
改良剂	0.1	1.6	鸡蛋	10	160
食盐	1.2	19.2	水	52	832
裹入油	面团重量的 10%～20%	300～600			

2. 制作方法

(1) 搅拌:除油脂以外的所有原料放入搅拌缸,低速搅拌成团,然后加入黄油低速混匀,中速搅拌至面团光滑,搅拌后面团温度 26℃。

图 6-22　丹麦牛角面包

(2) 基本发酵:发酵室温度 28℃,相对湿度 60%,时间 45 min,待面团膨胀至 2 倍时,取出准备分割。

(3) 分割:面团每块 1 500 g,然后滚圆或压成方形,放置准备中间醒发。

(4) 中间醒发:时间 45 min,待面团发酵膨大 1 倍时,取出用擀面棍擀平,套上塑胶袋,进行冷藏。

(5) 冷藏:时间 60 min。

(6) 包油与折叠:将冷藏的面团取出,涂上裹入油,然后将面团折叠三层(即三折法)或对折后冷藏 15 min,以相同手法再操作一次,即三折两次或对折两次。

(7) 整型:将三折两次(或对折两次)操作完成的面团压或擀成 0.3 cm 厚的薄片,然后分割成 7 cm(底边)×14 cm(高)的三角形面片,并于三角形面片的平底部切割一刀长约 2 cm。把三角形面片的平底切口拉开,同时用双手由内往外开始卷起。卷至中途用一手拉住面团尖端,以边卷边拉的方式使面团卷得结实,卷成牛角形即成。再用双手指尖轻微地搓动几下面团,使两端产生尖角状,然后作出变曲形状后,排放于烤皿内,进行最后发酵。

(8) 最后醒发:醒发室温度 30～32℃,相对湿度 70%,时间 45～60 min,面包坯体积膨大至 2 倍时,取出刷蛋液。

(9) 烘烤:炉温 220℃,时间 8～12 min。烤好的面包趁热涂刷上一层甜蛋浆,以增加光泽。

3. 技术要领

(1) 面团搅拌至光滑即可,不可搅拌时间过长,扩展过度。

(2) 丹麦牛角包采用的是涂油方式起酥,油脂宜选择熔点稍低的通用型黄油,便于涂抹。

(3) 面团起酥折叠的次数不宜过多。

单元四　调理面包

调理面包一类是用甜面包、软式餐包或白吐司面包面团做成调理面包坯，经最后醒发后，于烘烤前在面团表面添加各种调理料，然后烘烤而成的面包。调理料的取材范围广泛，如青葱、胡萝卜、洋葱、玉米粒、豌豆粒、火腿、腌肉、鱼、肉酱等食物都是制作调理面包的好材料。另一类是经二次加工的制品，常见的快餐面包就属于这一类，如三明治、汉堡包、热狗等，是在烤好后的面包中加入火腿、肉饼、蔬菜、鸡蛋、沙拉、奶酪等。

一、火腿玉米调理面包

1. 配方（表 6-24）

表 6-24　火腿玉米调理面包配方

原　料	甜面包面团	火腿玉米调理料			三明治火腿片	沙拉酱
		罐头玉米粒	沙拉酱	碎火腿粒		
实际重量(g)	1 440	200	20	40	20 片	适量

2. 制作方法

(1) 火腿玉米调理料：罐头玉米粒加入沙拉酱拌匀，再与碎火腿粒拌匀。

(2) 分割：甜面包面团分割成每个重 60 g 的面剂 24 个，滚圆后中间醒发 10～15 min。

(3) 整型：将松弛后的面团擀成长形薄片，表面涂抹少许沙拉酱后，放一片火腿片，然后卷起成圆柱形，稍压扁，对折，再用利刀从折叠的 2/3 处切开（头部应保留 1 cm），将面团翻开，有火腿面朝上，直接放入烤盘，进行最后醒发。

(4) 最后醒发：待面团最后醒发至体积增大至原来的 2～3 倍时取出，表面刷蛋液，将火腿玉米调理料均匀放在面团上，挤上沙拉酱，然后入炉烘烤。

(5) 烘烤：炉温 200℃，时间 12～15 min。

3. 技术要领

(1) 火腿片宜选择有一定韧性的三明治火腿片。

(2) 使用罐头玉米粒时需去水，沥干水分。

(3) 醒发后的面包坯应先刷蛋液，再摆放调理料。

二、比萨饼（图 6-23）

比萨饼是一类在饼皮（主要是发酵面饼）上铺撒各种馅料后烘烤而成的快餐食品。比萨饼起源于意大利的那不勒斯（Napoli）。那不勒斯人制作的比萨饼的主要馅料是番茄、Mozzarella 奶酪及香料 Basil。有趣的是它们的颜色正好与意大利国旗颜色相吻合：Basil 的绿色，奶酪的白色和番茄的红色。

图 6-23　比萨饼

比萨饼是意大利人最喜爱的食物之一，被称为意大利餐桌上的珠宝。比萨饼在 19 世纪后期由意大利人带到美国,逐渐发展,成为仅次于汉堡包的第二大快餐食品。现今,比萨饼的品种、用料更加丰富。比萨饼的饼皮像一只盘子,上面的馅料则像由盘子盛装的菜肴。所以,比萨饼馅料的选择类似于菜肴制作,有较大的灵活性和创新性。

比萨饼常用的馅料有:肉类,如畜禽肉、鱼肉、火腿、海鲜等;蔬菜,如番茄、蘑菇、辣椒、水果等;调味料,如洋葱、蒜、葱、奶酪、香料等;调味酱料(底面酱汁),如番茄酱、调味油汁、辣味酱、土豆泥等。

1. 海鲜比萨饼配方

(1) 比萨饼皮(表 6-25)

表 6-25 比萨饼皮配方

原 料	烘焙百分比(%)	实际重量(g)	原 料	烘焙百分比(%)	实际重量(g)
高筋面粉	100	1 500	食盐	2	30
即发干酵母	2	30	水	50	750
植物油	6	90	香料	2	30
砂糖	2	30			

(2) 海鲜比萨馅(表 6-26)

表 6-26 海鲜比萨馅配方

原 料	实际重量(g)	原 料	实际重量(g)
番茄酱	240	紫菜丝	60
虾仁	100	蒜片	120
凤尾鱼	180	番茄片	600
蟹肉	180	香料粉	12
奶酪	240		

2. 制作方法

(1) 搅拌:全部面团原料放入搅拌缸内,搅拌至面团呈现光泽,光滑有弹性。

(2) 松弛:时间 20 min。

(3) 分割与滚圆:将面团分割成每个重 200 g 的面剂 12 个。

(4) 松弛:时间 10 min。

(5) 整型:擀成圆饼状,直径约 23 cm,厚 0.3 cm,放入比萨模中或直接放入烤盘内,涂抹番茄酱,撒上香料,放上番茄片、虾仁、凤尾鱼碎块和蟹肉块,再撒上紫菜丝、蒜片及奶酪。

(6) 醒发:松皮比萨饼整型后需醒发 20~30 min,脆皮比萨饼则无需醒发直接烘烤。

(7) 烘烤:炉温 250℃,时间 15 min,烘烤至饼皮呈金黄色。

3. 技术要领

(1) 面团搅拌至光滑即可。

(2) 面团整型时擀制后松弛一下再继续擀制要容易得多。

(3) 比萨饼的饼皮有脆皮(薄皮)和松皮(厚皮)之分。脆皮比萨饼烘烤后口感香脆,其面团需用较高筋力的面粉,蓬松剂除使用酵母外,还可使用化学蓬松剂(发粉)。松皮比萨饼需用高筋面粉,一般用酵母发酵,并有短时间的醒发,以形成类似面包的质地。

(4) 比萨饼饼皮面团可直接使用也可以冷冻后再使用。

(5) 放馅料时,把不易烤熟的馅料放在面上,使之易于成熟。

三、三明治(图 6-24)

三明治是指切片后夹肉馅的面包。三明治最早是由英国的一位名叫三明治的伯爵发明的,据传这位伯爵十分迷恋桥牌游戏,以至于废寝忘食。他吩咐女佣将他的餐食都配到一起,后来伯爵为了节省时间,将牛排和沙拉夹到面包当中直接食用,慢慢地经过演变,就出现了现代的三明治。

图 6-24　三明治

三明治在国外一般作早餐主食,配以牛奶、咖啡、茶水等。作午餐时,宜佐以蔬菜沙拉和饮料。它的特点是制作简单、食用方便,符合生活、工作快节奏的时代要求,因而迅速普及全世界,成为一种正餐食品。制作三明治面包片的最常用面包是各种用带盖烤模烤出来的方形吐司面包,这种方形面包片最适宜夹入方火腿制成三明治。三明治的花色品种繁多,除用传统的吐司面包外,全麦面包、丹麦面包、法棍面包、贝果、夏巴塔、一般甜面包等均可作为三明治的面包片。面包切片后需经过烘焙,然后夹上各种馅料,其中肉类馅料主要有火腿、烤牛肉或熏牛肉、烤鸡或鸡肉糜、猪肉、腌肉、鱼虾肉、意大利香肠等;蔬菜馅料主要有番茄、黄瓜、生菜、卷心菜、蘑菇、土豆、辣椒、洋葱、腌菜等;还有奶油、奶酪、鸡蛋(煎蛋或煮鸡蛋切片)、水果等其他馅料。此外,也可以加入番茄酱、沙拉酱、花生酱、甜辣酱、肉酱、鱼酱、果酱等涂抹膏料以及盐、胡椒粉、芥末等调料。

1. 火腿鸡蛋三明治配方(表 6-27)

表 6-27　火腿鸡蛋三明治配方

原　料	吐司面包片	鸡蛋	火腿	黄瓜	黄油
实际用量	2 片	1 个	1 片	4 片	8 g

2. 制作方法

(1) 将吐司面包片烘烤后,涂上黄油。

(2) 将鸡蛋、火腿煎熟,放在一片吐司面包上,放上黄瓜片后再盖上另一片吐司面包。

3. 技术要领

(1) 吐司要去边,这样制作出来的三明治更整齐,口感也更好,重要的是避免烘烤时边缘上色过快。

(2) 鸡蛋、火腿和黄瓜的摆放要尽量平均,避免空隙。

四、汉堡包(图 6-25)

汉堡包是风行世界的著名快餐食品,由两片圆面包之间夹入肉类、蔬菜、调味酱等馅料而制成。提起汉堡包中国人很容易联想到的是肯德基和麦当劳，在中国，正是由于这两个国际企业的推广，才使得汉堡包逐渐走进中国人的饮食世界中。汉堡包与三明治一样，营养丰富，口味多变，制作简单，都是在面包的中间夹入各种各样的肉类、菜品和调味汁，增加了面包的风味，相比而言，汉堡包比三明治更受到中国人的喜爱。

图 6-25　汉堡包

通过变化汉堡包馅料的种类，可形成各具风味的汉堡包。汉堡包馅料的种类主要包括：肉类，如汉堡牛排（也叫汉堡肉，系用牛肉糜煎成的圆饼）、煎鸡肉饼、炸鸡脯肉、火腿、午餐肉等；蔬菜，如生菜（片或丝）、卷心菜（片）、番茄（片）、腌黄瓜（片）、洋葱、甜椒等；调味料，如沙拉酱、番茄酱、辣椒酱等；其他馅料，如奶酪、煎鸡蛋（或煮鸡蛋）等。

1. 配方

(1) 汉堡面包（表 6-28）

表 6-28　汉堡面包配方

原　料	烘焙百分比(%)	实际重量(g)	原　料	烘焙百分比(%)	实际重量(g)
高筋面粉	100	300	黄油	8	24
即发干酵母	1.3	4	鸡蛋	6	18
面包改良剂	0.5	1.5	奶粉	3	9
食盐	1.2	4	水	55	165
砂糖	12	24	表面装饰芝麻		适量

(2) 炸鸡汉堡包（表 6-29）

表 6-29　炸鸡汉堡包配方

原　料	汉堡面包	沙拉酱	生菜丝	炸鸡块
实际用量	1 个	15 g	25 g	1 块

2. 制作方法

(1) 搅拌：面团搅拌至完成阶段，搅拌后面团温度为 28℃。

(2) 松弛：时间 20 min。

(3) 分割：重量 50～70 g/个。

(4) 中间醒发：时间 10 min。

(5) 整型：将中间醒发后的面团再次滚圆，面团上可沾芝麻，放入汉堡面包专用的烤盘内，进行最后醒发。

(6) 最后醒发：醒发室温度 38℃，相对湿度 85%，时间约 90 min。

(7) 烘焙：炉温上火 200℃/下火 180℃，时间 10～12 min。

(8) 夹馅：汉堡面包用刀分成上下两片，即面包盖和面包底，在面包盖上涂抹沙拉酱，再依次放上生菜丝和炸鸡块，盖上面包底即成。

3. 技术要领

(1) 搅拌过后面团的温度最好在26℃左右，因此气温高时，应使用适量冰水，使面团发酵不易变酸，气温低时则应使用适量温水，保证面团的发酵速度。

(2) 汉堡面包的外形很重要，因此应尽量避免因为醒发过度、烘焙时间不足、面团发酵不足或者出炉冷却太快造成的表皮发皱、龟裂现象。

(3) 用刀分切面包时要尽量平整。

(4) 生菜要沥干水分，否则影响口感。

五、热狗面包(图6-26)

图6-26　热狗面包

热狗面包即红肠面包，将细如手指的红肠夹入椭圆形的面包中，很像热天时狗在张嘴吐舌。热狗面包取食方便，适合旅游野餐，已成为风行世界的快餐食品。

1. 配方(表6-30)

表6-30　热狗面包配方

原　料	椭圆面包	小红肠	沙拉酱	番茄酱	生菜叶	番茄	腌黄瓜
实际用量	1个	1根	15 g	15 g	2～3片	2～3片	2～3片

2. 制作方法

(1) 按照汉堡面包的配方制作热狗面包。

(2) 小红肠表面略划几刀(将表皮划破即可)，放入油锅中炸热。

(3) 热狗面包从中间切开，但不切断。

(4) 面包切口两边涂抹沙拉酱，一边放生菜叶，另一边放腌黄瓜片、番茄片，再将炸好的小红肠放在当中。

(5) 在馅料上挤上番茄酱，如需要，还可挤少许芥末酱。

3. 技术要领

(1) 椭圆面包纵向划口，保持底部相连。

(2) 红肠油炸时间不宜长，不然失水过多会造成红肠收缩发皱。

项目七 蛋糕加工及装饰技术

蛋糕类品种在焙烤食品中占有相当的比重，这不仅仅是因为它的浓郁香甜，更因为它的用途广泛。蛋糕可以呈现出不同的形式，从简单的片状蛋糕，到制作精细如艺术品般装饰华丽的婚礼蛋糕。虽然蛋糕的基本配方只有数种，但配上种类繁多的霜饰料、馅料和装饰手法，烘焙师可以将之制作成适应各种场合或目的的甜点。

不论是哪种类型的蛋糕，其基本加工工序是相似的，主要有：面糊搅拌、装盘（模）、烘烤、冷却、霜饰、组装装饰。

工作任务一 面糊搅拌

学习目标

◎ 掌握乳沫类蛋糕、面糊类蛋糕、戚风蛋糕的搅拌原理

◎ 熟悉乳沫类蛋糕、面糊类蛋糕、戚风蛋糕的搅拌方法

◎ 能够正确鉴别蛋泡的搅拌程度

◎ 能够将乳沫类蛋糕、面糊类蛋糕、戚风蛋糕的搅拌方法运用到实际操作中

问题思考

1. 乳沫类蛋糕面糊搅拌的方法有哪些？
2. 影响乳沫类蛋糕面糊形成的因素有哪些？
3. 面糊类蛋糕面糊搅拌的方法有哪些？
4. 影响面糊类蛋糕面糊形成的因素有哪些？
5. 戚风蛋糕的制作原理是什么？

蛋糕搅拌有两个最大的作用，一是将配方中所有原料混合均匀，形成光滑、均匀、无颗粒的面糊；二是凭借不同的搅拌器具和速度，在面糊中打入适量空气，使烤出的蛋糕具有膨大的体积和正确的组织结构。如果搅拌不当就可能得不到理想的产品，最终前功尽弃。

一、乳沫类蛋糕的搅拌

（一）乳沫类蛋糕的搅拌原理

1. 蛋液发泡作用

乳沫类蛋糕组织疏松多孔，柔软而富有弹性，是由蛋液搅打所产生的发泡作用形成的。蛋液发泡是因为蛋白具有良好的起泡性。蛋液经强烈搅打，混入大量空气，空气泡被蛋白

质胶体薄膜所包围形成泡沫。随着搅打继续进行，混入的空气量不断增加，蛋泡的体积逐渐增加。刚开始气泡较大而通明并呈流动状态，空气泡受高速搅打后不断分散，形成越来越多的小气泡，蛋液变成乳白色细密泡沫，硬度增加并呈不流动状态。气泡越多越细密，制作的蛋糕体积越大，组织越细致，结构越疏松柔软。

2. 蛋泡的搅拌程度

蛋浆打发过程中，随着气泡逐渐增加，浆料的体积和稠度也逐渐增加，直到增加到最大体积。如果继续搅打，由于气泡的破裂，浆料体积反而会下降。为了安全起见，搅打的最佳程度应控制在接近最大体积时便停止搅拌。因此乳沫类蛋糕制作中，对浆料打发程度的判断是至关重要的，否则会导致浆料打发不足或打发过度，从而影响到成品的外观、体积与质地。

天使蛋糕、分蛋法海绵蛋糕及戚风蛋糕是以蛋白作为其基本膨大原料，因此蛋白泡沫的搅拌程度对产品组织、体积及口感有着相当大的影响。蛋白发泡过程可分为四个阶段，即粗泡期、湿性发泡期、干性发泡性和棉花期，如图 7-1 所示。

(1) 粗泡期　(2) 湿性发泡期

(3) 干性发泡期　(4) 棉花期

图 7-1　蛋白发泡过程

(1) 粗泡期。蛋白用球状搅拌桨以快速搅拌后呈泡沫液体状态，表面有许多不规则的气泡，气泡较大。

(2) 湿性发泡期。蛋白渐渐凝固起来，表面不规则的小气泡消失，变为均匀的细小气泡，洁白而有光泽，以手指勾起呈细长尖峰，且峰尖呈弯曲状，故又称鸡尾状或软尖峰状。

(3) 干性发泡期。蛋白泡沫逐渐变得无法看出气泡组织，颜色洁白但无光泽，以手指勾起呈坚硬尖峰，峰尖不弯曲或仅有微微的弯曲。

(4) 棉花期。蛋白泡沫变成一块块球状凝固体，泡沫总体积已缩小，以手指勾起泡沫无法形成尖峰状，形态似棉花，故称棉花状。此时表示蛋白搅拌过度，无法用于蛋糕制作。

(二) 乳沫类蛋糕的搅拌方法

1. 海绵蛋糕的搅拌方法

(1) 糖蛋搅拌法

糖蛋搅拌法是制作海绵蛋糕常用的传统方法。其调制方法与工艺要点如下：

① 鸡蛋打入容器内，加入糖，快速搅拌，使蛋液逐渐由深黄变成棕黄、淡黄、乳黄，体积胀发约3倍，成为有一定稠度、光洁而细腻的泡沫膏状。

② 在慢速搅拌下加入色素、风味物质(如香精香料)、甘油、牛奶或水等液体成分。

③ 加入已过筛的面粉，用手混合。

④ 最后加入流质的色拉油或奶油拌匀。

(2) 分蛋搅拌法

这是一种改良的传统工艺，将蛋白和蛋黄分开，每一部分都加一定量的糖，分别搅打，再混合在一起，然后加入筛过的面粉。这种方法特别适合于制作非常松软的海绵蛋糕。其调制方法与工艺要点如下：

① 蛋黄加糖、盐先快速搅打成泡沫膏状，然后继续以慢速搅打，直到蛋黄打发好。

② 蛋清加糖、塔塔粉快速搅打至湿性发泡阶段，成蛋白泡沫膏状，取1/3拌入蛋黄泡沫膏中搅拌至光洁，再小心拌入剩余2/3的蛋白膏。

③ 面粉过筛，缓慢加入蛋浆中拌匀。

(3) 乳化搅拌法

乳化搅拌法也称一步法，由于此方法中添加了蛋糕乳化剂，所有原料基本是在同一阶段被搅拌混合在一起。搅拌所得到的面糊均匀细腻，可制作出组织结构相当良好的海绵蛋糕。以乳化搅拌法制作的海绵蛋糕亦被称为乳化海绵蛋糕。其调制方法与工艺要点如下：

① 先将蛋液、糖、盐放入搅拌缸内，慢速搅拌至糖溶化。

② 加入蛋糕油、面粉、发粉等干性原料用慢速搅拌均匀。

③ 转入高速打发，中途将水缓缓加入，继续搅打至接近最大体积。

④ 转入慢速，加入色拉油或熔融的奶油，搅匀即可。

2. 天使蛋糕的搅拌方法

(1) 传统搅拌法

传统天使蛋糕配方中不含油脂及额外水分，配方中的糖分成两部分，一部分与蛋清一起加入搅打蛋白糊，剩余部分与面粉一起拌入蛋白糊中。其调制方法与工艺要点：

① 将蛋白、塔塔粉、盐放入搅拌缸快速打至粗泡阶段，加入蛋白部分的糖继续搅打。

② 将蛋白打至湿性发泡阶段，用手指勾起泡沫呈鸡尾状。

③ 面粉过筛与剩余糖一起拌入蛋白泡沫中混合均匀。

(2) 混合搅拌法

现代蛋糕多使用蛋糕专用粉制作，面糊吸水能力大大提高，较之传统天使蛋糕，配方中不仅增添了水分，部分品种的配方还添加了油脂，因此面糊搅拌方法与传统法略有差别，采用的是混合搅拌法。即除去搅打蛋白糊部分的原料外，剩余各项原料混合搅拌成面糊，再与蛋白糊混合成天使蛋糕面糊。其调制方法与工艺要点如下：

① 将面糊部分的原料即细砂糖、水、色拉油放入容器内搅至糖完全溶化。

② 加入筛过的面粉、发粉，搅拌混合成均匀面糊。

③ 将蛋清、塔塔粉、盐放入搅拌缸，搅打起泡后加入糖，搅拌至湿性发泡阶段。

④ 将蛋白糊分 2～3 次拌入面糊中混合均匀。

(三) 影响乳沫类蛋糕搅拌的因素

1. 搅拌速度和时间

采用高速打发浆料，可以在短时间内引入大量气泡，从而缩短搅拌时间。面糊搅拌的程度还与搅拌时间有关。若搅拌时间短，易造成面糊搅拌不足，气体充入量少，成品疏松度差，体积小；而搅拌时间过长，易导致搅拌过度，蛋泡的胶体性能遭到破坏，使蛋泡持气能力变劣，形成的泡沫也会随之消失。对于乳化海绵蛋糕，搅拌过度易使面糊充气过多，面糊比重小，成品烘烤后会收缩塌陷。

2. 温度

采用全蛋搅拌方式制作海绵蛋糕，蛋在搅拌前予以加温可降低蛋液稠度，促进蛋液起泡。常用的温蛋方法是水浴法，蛋液温度不可超过 43℃，加热过程中须不断搅动以使蛋液温度均匀。若加入蛋糕乳化剂可忽略温度的影响。

对天使蛋糕，蛋白的最佳搅打温度为 22℃。高温会使泡沫加速产生，但稳定性差；低于 22℃时泡沫产生慢，且不能达到最终体积。

3. 鸡蛋质量

新鲜鸡蛋的蛋液较为浓稠，具有良好的起泡性和泡沫稳定性。陈蛋蛋液变稀，起泡性和泡沫稳定性较差。

4. 糖

糖能增加蛋液的浓稠度，有助于泡沫稳定，故海绵蛋糕浆料常采用蛋与糖一起搅打的方式。加入细砂糖、糖粉比加入其他类型的糖打发更快。

5. 油脂

由于油脂有消泡作用，因而在用传统方法制作海绵蛋糕时，搅打蛋液或蛋白时不能有油脂存在，搅拌用的器具必须干净无油。

6. 乳化剂

乳化剂有助于蛋糕浆料的发泡和泡沫稳定。气泡均匀、细小，浆料稳定性的增强，使得在操作或者在注入烤模到烘烤之间的任何时候气泡都不易破裂，使海绵蛋糕各方面品质均得到改善。

7. pH

pH 对蛋白泡沫的形成和稳定影响很大。偏酸性条件下有助于蛋白泡沫的形成与稳定。在蛋白搅打过程中，往往加一些酸（如柠檬酸、醋酸等）、酸性物质（如塔塔粉），就是要调节蛋液的 pH。蛋白在 pH 值约为 5 时起泡性最好。

8. 面粉质量

面粉应选用蛋糕专用粉或低筋面粉。面粉筋度过高，易造成面糊生筋，影响蛋糕膨松度，使蛋糕变得僵硬、粗糙、体积小。

二、面糊类蛋糕的搅拌

(一) 面糊类蛋糕的搅拌原理

面糊类蛋糕即油脂蛋糕的膨松是依靠油脂在机械打发过程中能充入气体的性能。制作油脂蛋糕的油脂应是具有良好可塑性和融合性的可塑脂。从理论上讲,若使固态油脂具有一定可塑性,必须在其成分中包括一定的固体脂和液体油。固体脂以极细的微粒分散在液体油中,由于内聚力的作用,以致液体油不能从固体脂中渗出。固体微粒越细、越多,油脂硬度越高,涂布性越差,可塑性越小;相反,固体微粒越粗、越少,油脂硬度越低,涂布性越好,可塑料性越大。因而固体脂和液体油的比例必须适当才能得到所需的可塑性。可塑性还和温度有关,温度升高,部分固体脂熔化,可塑脂变软,可塑性增大;温度降低,部分液体油固化,未固化的液体油黏度增加,可塑脂变硬,可塑性变小。

油脂在空气中经高速搅拌起泡时,空气中的细小气泡被油脂吸入,油脂的这种含气性称为融合性(充气性)。油脂的饱和程度越高,搅拌时吸入的空气量越多,结合空气的能力越强。油脂的融合性和可塑性是相辅为用的,前者使油脂在搅拌时易于拌入空气,后者使油脂易于保存空气。

油脂可塑性和融合性的好坏除了与油脂本身性质有关,还与油脂的熔点有关。好的可塑脂都有较高的熔点,且塑性范围宽,即温度变化对其可塑性影响不大。兼备这两种性质的天然油脂只有奶油。加工油脂中有氢化油、人造奶油、起酥油等。

油脂吸入空气的量还受搅拌情况和加入糖的颗粒大小的影响。油脂经高速搅拌得愈充分,吸入空气量愈多;糖的颗粒愈小,油脂吸入空气量愈多。

油脂面糊配方中的蛋主要用作水分供应原料,以溶解糖和湿润面粉。蛋要在油脂打发后分次加入,边加边搅打至油、蛋完全融合。同吸入空气一样,可塑脂具有吸收和保持水分的能力。奶油、人造奶油等油脂中含有磷脂等乳化剂,蛋黄中含有卵磷脂,都能促使油水充分乳化。搅打油脂过程中蛋不能加得过早或过急,否则影响油脂打发并出现油水分离现象。

(二)面糊类蛋糕的搅拌方法

1. 糖油搅拌法

糖油搅拌法又称传统乳化法,是指在面糊调制过程中,首先搅打糖和油然后加入其他原料的方法。糖油搅拌法是搅拌面糊类蛋糕最常用的方法。使用此法的配方中可添加更多的糖和水,烘烤出来的蛋糕体积较大。此法也常用于面糊类、混酥类点心的制作。

糖油搅拌法的调制方法与工艺要点如下:

(1) 将糖、油脂、盐倒入搅拌缸用中速搅拌 8~10 min,使糖油充分乳化,充入较多空气,直至呈蓬松的绒毛状。中途应停机数次,将缸底未拌匀的糖油刮起,继续搅拌均匀。

(2) 蛋液分多次加入已打发的糖油中,每次加蛋时应停机把缸底未拌匀的原料刮起,加蛋后应充分搅拌,使蛋与糖油乳化均匀细腻,糖要充分溶化,不可有颗粒存在。

(3) 面粉与发粉先拌匀,然后过筛,与奶水交替加入上述混合物中,奶水每次应成线状慢慢加入混合物中,用低速搅拌均匀细腻即可,不可搅拌过久,以免起筋。

2. 粉油搅拌法

粉油搅拌法是指在面糊调制过程中,首先搅打面粉和油脂然后加入其他原料的方法。这种方法主要用于重油类蛋糕。其特点是产品体积小,但组织非常细密、柔软。使用粉油搅拌法时,配方中的油脂含量应在 60%以上,含量太少时运用此法易使面糊生筋,得不到理想效果。

粉油搅拌法的调制方法与工艺要点如下:

(1) 面粉过筛,与油脂一起放入搅拌缸中,先用低速搅打 1 min,使面粉表面全部被油脂黏附后再改用中速将粉油拌合均匀并搅拌至蓬松,约需 10 min。搅打过程中应经常停机,将缸底未搅拌到的原料刮起。

(2) 将糖、盐、发粉加入已打发的粉油混合物中,继续用中速搅拌均匀,约需 3 min。

(3) 改用低速将奶水缓缓加入,混合均匀。

(4) 再改用中速将蛋液分次加入,继续搅拌至糖全部溶化为止。

3. 糖水搅拌法

糖水搅拌法是指在面糊调制过程中,先将糖和水搅拌均匀,然后加入其他原料的方法。这种方法的优点是,面糊容易产生乳化作用,在搅打过程中可使面糊充入大量气体,在工艺上免除了停机刮缸底的麻烦。这种方法特别适合于没有精制砂糖,而使用颗粒较粗砂糖的生产条件。

糖水搅拌法的调制方法与工艺要点如下:

(1) 将配方中所有的糖和 60%的水放入搅拌缸内,用球形搅拌桨搅拌至糖全部溶化。

(2) 将所有干性原料与油加入已调好的糖水中,用中速搅拌至均匀光滑。

(3) 加入剩余水与蛋液,继续用中速搅拌均匀。

4. 两步搅拌法

两步搅拌法比粉油搅拌法和糖油搅拌法简便,但不适用于筋度高的面粉,因为用此法调制面糊易生筋。

两步搅拌法的调制方法与工艺要点如下:

(1) 将全部水和配方内所有干性原料如面粉、糖、盐、发粉、奶粉及油脂一起放入搅拌缸内,先低速搅拌使干性原料湿润,再改用中速搅打搅打均匀。

(2) 将全部蛋液慢慢加入第一步的混合物中,用低速搅打,再用中速搅打均匀。

5. 直接搅拌法

直接搅拌法又称一次搅拌法,是将所有原料一次加入搅拌缸内进行搅拌的方法。这种方法的特点是缩短搅打时间,节省能源,比其他方法简单。但此法不适宜大批量生产,因为它对原料要求较严,必须使用低筋面粉,油脂的可塑性要好,否则面糊极易生筋,蛋糕品质不佳。

直接搅拌法的调制方法与工艺要点如下:

(1) 所有原料放入搅拌缸,低速搅打 1 min,使原料吸水。

(2) 高速搅打 2 min,使原材料快速混合均匀。

(3) 中速搅打 2 min,使空气在面糊内逐渐增加并均匀分布。

(4) 低速搅打 1 min,消除不均匀的大空气泡,使空气均匀分布在整个面糊内。

(三) 影响面糊类蛋糕搅拌的因素

1. 油脂的种类

油脂的种类、性质决定了它的打发性。制作油脂面糊的油脂要选择可塑性、融合性好,熔点较高的油脂。氢化油、起酥油的机械胀发性要比奶油、人造奶油好。

2. 糖的颗粒大小

糖的颗粒大小影响着油脂吸入空气的能力。糖的颗粒愈小,油脂吸入空气的能力越强。另外,糖的颗粒大小还影响油脂的搅拌时间,糖的颗粒愈大,油脂打发所需时间愈长。

糖的颗粒太大，在糖油搅打过程中不易完全溶化，油脂面糊成熟时易出现流糖现象。

3. 加蛋情况

油脂面糊配方中的蛋主要是作为水分供应原料，以溶解糖和湿润面粉。蛋要在油脂打发后分次加入，边加边搅打至油、蛋完全融合。搅油过程中蛋不能加得过早或过急，否则影响油脂打发并出现油水分离现象。每次加蛋时应停机，把缸底未拌匀原料刮起。蛋加入后应充分与糖、油乳化均匀细腻，糖要充分溶化，不可有颗粒存在。

4. 面粉的质量

应选用蛋糕专用粉或低筋面粉。拌粉操作应采取慢速搅拌。

5. 温度

温度的高低影响着油脂的打发性。温度低，油脂硬，油脂不易打发，需要的搅打时间长。必要时可用水浴的方法加温。温度高，油脂软，油脂打发速度快，但温度过高的话，若超过油脂熔点，油脂熔化后反而打发不起来。

搅拌后的油脂面糊温度对烘烤操作与蛋糕体积、组织和品质有较大影响。油脂面糊温度过高，在装盘进炉前显得稀薄，烤出的蛋糕体积达不到标准，且组织粗糙，外表色深，蛋糕松散干燥。油脂面糊温度过低，显得浓稠，流动性差，烤出的蛋糕体积小，组织紧密。油脂面糊的最佳温度为 22℃，此温度下烤出的蛋糕膨胀性最好，蛋糕体积最大，内部组织细腻。

三、戚风蛋糕的搅拌

(一) 戚风蛋糕的搅拌原理

戚风蛋糕面糊是将乳沫类和面糊类两种不同的面糊分别调制再混合而成。首先将蛋白与蛋黄分开，分别搅拌成蛋白泡沫糊和蛋黄面糊，再混合而成戚风蛋糕糊。蛋黄面糊性质类似油脂面糊，蛋黄良好的乳化作用可促进面糊中油水混合，因而戚风蛋糕较之普通海绵蛋糕，其配方中可添加更多的水和油脂。而蛋白泡沫赋予戚风蛋糕充足的膨胀性和柔韧性。通过蛋黄面糊和蛋白泡沫糊两种性质面糊的混合，达到改善蛋糕的组织和颗粒状态，使蛋糕质地非常松软，柔韧性好。此外，戚风蛋糕水分含量高，口感滋润嫩爽，存放时不易发干，蛋糕风味突出，因而特别适合作为高档卷筒蛋糕及鲜奶油装饰蛋糕的蛋糕坯。

(二) 戚风蛋糕的搅拌方法

戚风蛋糕的搅拌方法亦称为戚风搅拌法，也是分蛋搅拌混合法。具体方法是蛋黄部分加糖、水、油脂、面粉等原料搅拌成匀滑面糊，蛋白部分加糖、塔塔粉等原料搅拌成蛋白泡沫糊，然后将二者混合。

戚风蛋糕面糊的调制方法与工艺要点如下：

1. 调制蛋黄面糊

(1) 将蛋黄、细砂糖放入盆中用打蛋器搅拌均匀，再加入色拉油继续搅拌至光滑糊状。

(2) 加入水(包括牛奶、果汁等)搅拌混合均匀。

(3) 将面粉、发粉等混合后一起过筛，加入蛋黄糊中充分搅拌成匀滑且有光泽的面糊。

2. 调制蛋白糊泡沫

(1) 将蛋白和塔塔粉、盐放入搅拌缸中，快速搅至粗泡期。

(2) 加入细砂糖，继续搅打至蛋白湿性发泡。

3. 混合蛋黄面糊与蛋白泡沫糊

(1) 先取 1/3 蛋白泡沫糊与蛋黄面糊混合。

(2) 再将剩余的 2/3 蛋白泡沫糊全部加入,用手轻轻搅拌均匀即可。

四、面糊比重的控制

面糊比重是测定其充气程度的重要指标,是判断蛋糕搅拌程度是否得当的重要依据。面糊在搅拌过程中不断地充入空气,空气充入越多,面糊比重越轻,成品蛋糕体积越大,内部组织亦较疏松。但如果搅拌过度,充入的空气太多,面糊比重变得过小,则成品蛋糕内部组织粗糙,气孔多,烘烤时蛋糕受热较快,容易使烤出来的蛋糕水分损失太多而变得干燥、口感差,形状也不规整。如果搅拌不足,则充入的空气少,面糊比重大,入炉后膨胀无力,成品体积小,内部组织紧密、坚韧。每种蛋糕因选用原料不同、搅拌工艺不同,面糊比重亦不同。因而每一种蛋糕在搅拌时都有一定比重标准,以此作参照,如果烘烤时炉温控制得当,所烤出来的蛋糕一定是成功的好蛋糕。

面糊比重的测定公式如下:

$$面糊比重=\frac{相同体积面糊的重量}{相同体积水的重量}$$

每类蛋糕因配方成分存在差异,因此面糊比重标准也是不同的。我们在尝试生产一个新配方的蛋糕前,应该先做一连串试验,等到试验结果令人满意时,就可以此配方的面糊比重作为以后搅拌的依据。

工作任务二 装盘(模)与烘烤

学习目标

◎ 了解蛋糕面糊装盘(模)的重要性,熟悉面糊重量与烤盘(模)容积的比例

◎ 掌握烤盘(模)涂油与垫纸的方法

◎ 熟悉蛋糕烘烤过程的几个阶段,掌握蛋糕烘烤的工艺条件

◎ 能够正确使用不同的烤盘、烤模,并能够进行涂油与垫纸

◎ 在实际操作中,能够正确运用蛋糕烘烤过程的几个阶段

问题思考

1. 面糊重量与烤盘(模)容积的比例是多少?
2. 哪些蛋糕的烤盘用刷油?哪些蛋糕的烤盘不用刷油?
3. 蛋糕烘烤过程中体积和外观会发生哪些变化?
4. 蛋糕烘烤过程中需要哪些工艺条件?

一、装盘(模)

蛋糕面糊搅拌完成后,应立即进入下一道工序——装模或装盘。因为蛋糕面糊属于稀

料，必须装入模具中或烤盘内进行成熟定型。烘烤完成后的蛋糕坯可以是成品，也可能只是半成品，需要进一步的装饰成型。因此，装盘(模)是蛋糕制作中非常重要的一个环节，操作的好坏不仅影响蛋糕外观形态，也影响着蛋糕内部组织与颗粒状态。

(一) 面糊重量与烤盘(模)容积的比例

蛋糕烤盘或烤模的尺寸、容积与盛装的面糊重量应有一定比例，过多或过少都会影响蛋糕的品质。同样，面糊使用不同比例的烤盘或烤模做出来的蛋糕的体积、组织、颗粒都会有所不同。

蛋糕面糊因种类不同、配方不同、搅拌方法不同，所以面糊装盘(模)的数量也不尽相同。最标准的装盘(模)数量要经过多次的烘烤试验得到。小型蛋糕模填充面糊的量也可由目测的方法确定。一般装模量为模具的7～8成满。

(二) 烤盘、烤模涂油与垫纸

不同种类蛋糕的性质不同，装模与装盘时的要求也不一样。除油脂蛋糕一般不装盘烘烤外，其他类型蛋糕均可装盘烘烤。蛋糕面糊一般不能直接倒入烤盘中烘烤，烤盘需先涂油、垫纸，否则蛋糕难以从烤盘中取出。烤盘垫纸通常选用具有一定韧性的食品用纸，垫入烤盘前需做适当裁剪，使之大小与烤盘相适应，如图7-2所示。垫纸前，根据需要确定烤盘是否刷油。一般海绵蛋糕面糊装盘前烤盘需刷油，这样才易于脱盘。用于盛装戚风蛋糕、天使蛋糕面糊的烤盘一般不刷油，因为这两种蛋糕面糊比重较轻，刷油后易影响其向上的膨胀以及造成烤后蛋糕收缩下陷。

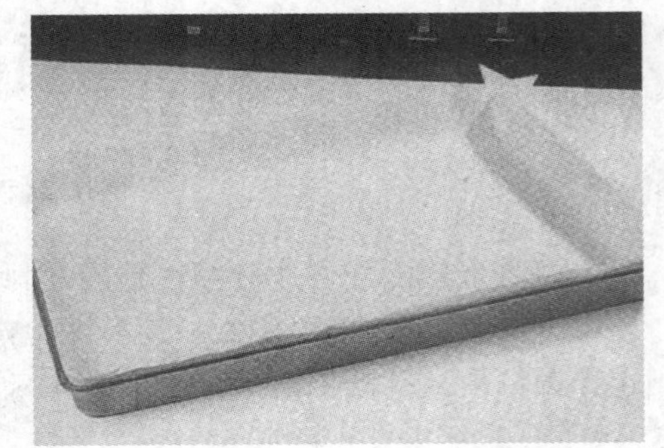

图7-2　烤盘垫纸

面糊本身不能塑造形象，更多地需要借助模具造型，用于蛋糕烘烤的模具很多，有各种材质、形状、规格的蛋糕模。使用非不粘的金属模具时，通常在盛装海绵蛋糕、油脂类蛋糕面糊前需涂油、垫纸或撒粉。将烤模垫纸装入烤模中是面糊装模前的重要工作，烤模垫纸的大小应与烤模相适应。对于模壁较深的模具而言，使用液体植物油涂刷后最好再扑上一层薄面粉，这样有利于产品脱模，或者涂油时选择固态油脂，如黄油。一些小型金属蛋糕模、多连金属模、连体烤模在装入面糊前可先放入烤炉加热，再趁热刷油、填入面糊，也有良好的脱模效果。

(三) 面糊入模

面糊倒入烤盘或烤模后应将表面刮平整，这样才能保证烘烤后的蛋糕厚薄一致，这对于蛋糕薄坯而言尤为重要。将装好面糊的烤盘或烤模在操作台上敲震一下，使面糊中大的空气泡溢出，可促进蛋糕组织均匀。

二、烘烤

烘烤是决定蛋糕质量的重要环节，烘烤不仅是使蛋糕成为熟食品的过程，对蛋糕的色、香、味、形、质均起到重要作用。

(一) 蛋糕烘烤过程

蛋糕在烘烤过程中一般经历以下三个阶段后成为熟食品：

1. 体积膨胀阶段

面糊内包含的气体受热膨胀，使面糊体积迅速增大。

2. 外观定型阶段

随着面糊温度升高，蛋白质凝固、淀粉糊化，制品的形态结构固定下来，体积不再增长。

3. 表面上色阶段

随着烘烤进行，蛋糕表面失水，表皮温度升高，促进了焦糖化作用和美拉德反应的进行，蛋糕表皮颜色逐渐加深，最终形成诱人的金黄色、棕红色。

（二）蛋糕烘烤工艺条件

蛋糕烘烤的主要工艺条件是炉温与时间的控制。它们与产品配方、规格大小、厚薄、模具使用情况有关。在相同的烘烤条件下，油脂类蛋糕比海绵蛋糕的烘烤炉温低、时间长。因为油脂类蛋糕中油脂用量大，配料中干性原料所占比例大，水分较少，面糊较干稠，如果烘烤炉温高、时间短易发生外焦内生现象。而海绵蛋糕面糊为泡沫体系，烘烤时热量容易渗透，易于成熟，所以要求温度高一些，时间短一些。长方形大蛋糕坯比圆形或花型蛋糕坯的烘烤温度低、时间长。大而厚的蛋糕坯要比薄坯的烘烤温度低、时间长。烘烤薄坯时为使蛋糕成熟和上色同步，烤炉的上、下火温度要求是不同的，如整盘烘烤的卷筒蛋糕薄坯，烘烤时上火 230℃左右，下火仅 160℃左右。

要测试烘烤中的蛋糕是否成熟，可用手指在蛋糕中央顶部轻轻触试，如感觉较实呈固体状且手指压痕马上弹回，则表示蛋糕已经熟透；或者使用竹签在蛋糕中央插入，待拔出后若竹签上不会黏附湿润的面糊则表示蛋糕已经烤熟。烤熟后的蛋糕应立即从烤炉中取出，以免烘烤过久蛋糕水分损耗太多而变得干燥影响品质。

工作任务三　蛋糕冷却与霜饰

学习目标

◎ 了解蛋糕霜饰的目的，掌握蛋糕质地与霜饰材料的搭配

◎ 掌握不同种类蛋糕的冷却方法

◎ 熟悉一般蛋糕的组装与装饰，能够对不同蛋糕进行组装与装饰

问题思考

1. 蛋糕为什么要冷却？
2. 蛋糕霜饰有哪些意义？
3. 蛋糕质地与霜饰材料如何进行搭配？
4. 蛋糕组装与装饰有哪些方法？

一、冷却

不同种类蛋糕在烘烤后冷却的方式有所不同。乳沫类蛋糕，尤其是天使蛋糕和戚风蛋糕出炉后应趁热立即翻转过来，如图 7-3 所示，使蛋糕正面朝下放置于冷却架上，利用蛋糕

自身重力，可以防止蛋糕坯收缩，有利于蛋糕表面保持平整。模型类海绵蛋糕（如圆形蛋糕）一般在烤熟后留在模具内冷却，待使用时才脱去蛋糕圈，揭去垫纸，以保证蛋糕不被风干而影响质量。

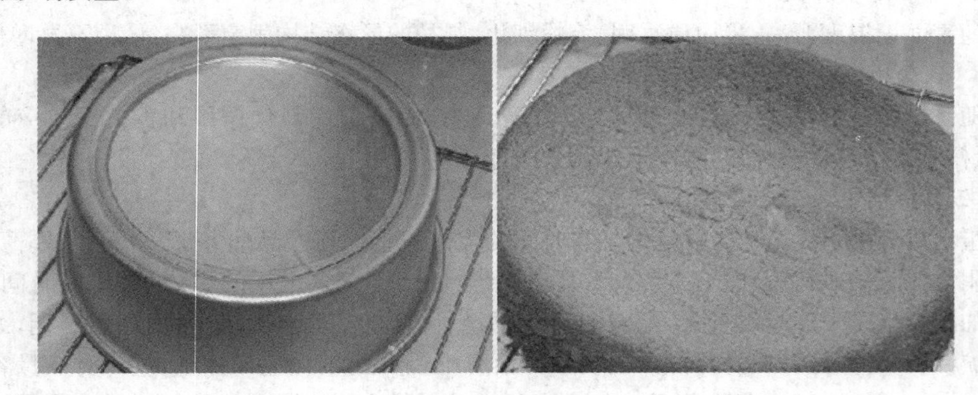

图 7-3　蛋糕冷却

油脂类蛋糕自烤炉中取出后，应继续留置烤盘内约 10 min，待热度散去，烤盘不感炽热烫手时就可把蛋糕从烤盘内取出，继续冷却。

二、霜饰

（一）蛋糕霜饰的目的

很多时候，烘烤完成后的蛋糕坯仅仅是半成品，还需要进一步的加工组织成型和装饰，才能成为展示在顾客面前华美精致的蛋糕成品。蛋糕装饰的目的一是增加产品美观，二是增加蛋糕风味，三是延长蛋糕保存时间。

对多数蛋糕在出炉冷却以后要予以适当霜饰，使其外表有诱人的色泽和图案，以吸引顾客的购买欲望。通过装饰不仅使蛋糕变得美观，而且能藉以表达庆贺之意，同时增大产品销量。

虽然每类蛋糕都有各自不同的特性和风味，但若不加夹馅、装饰，则易产生单调感，从而难以引起好的食欲。如果在蛋糕间夹上不同味道的馅料并在表面予以不同霜饰，这样不仅增了加蛋糕自身以外的风味，而且通过馅料和表面霜饰料的不同，可以变化出很多花样和口味。

一般烤好冷却后的蛋糕应该在 10℃以下的冷藏柜中保存，如果没有冷藏设施，蛋糕在室温下出售，尤其是炎热夏季，蛋糕很容易变质。而存放在冷藏柜中的蛋糕，因冷藏柜内湿度较低，蛋糕中水分容易散失，导致蛋糕老化而失去原有风味。如果蛋糕经过霜饰则另当别论，因为霜饰材料多为奶油、糖膏、果冻膏等，它们可以阻止蛋糕内水分的蒸发散失，使蛋糕能较长时间地保持柔软。

（二）蛋糕质地与霜饰材料的搭配

蛋糕坯可分为油脂类蛋糕（包括重奶油蛋糕、轻奶油蛋糕两种）、乳沫类蛋糕（包括海绵蛋糕、天使蛋糕）、戚风蛋糕三大类。蛋糕霜饰材料包括各种风味的奶油膏、鲜奶油膏，糖粉膏、糖霜、白帽糖膏，果占、果酱、果冻，还有巧克力、杏仁膏等。

通常质地坚硬的蛋糕应用硬性的霜饰材料，质地柔软的蛋糕要用软性的霜饰材料。如重奶油蛋糕可不作任何装饰，或者在表面点缀干果蜜饯或坚果核仁；轻奶油蛋糕多用奶油膏霜饰；海绵蛋糕、天使蛋糕可选用奶油膏、鲜奶油膏或果酱、果占霜饰；戚风蛋糕常用奶油膏、鲜奶油膏甚至冰淇淋、慕斯作霜饰。

（三）一般蛋糕的组装与装饰

蛋糕的装饰形式多样，在每种形式中又可能演变出成千上万种不同的设计。这里主要介绍一般蛋糕的装饰方法。

1. 杯子蛋糕

杯子蛋糕的霜饰方法主要有三种，如图 7-4 所示。第一种是浸蘸法，适用于稠度较稀的霜饰料，如糖霜、巧克力等，将杯子蛋糕表面浸于融化且稠度适中的糖霜、巧克力中，然后提起，使蛋糕表面均匀浸蘸上一层霜饰料。第二种方法是抹面法，用抹刀将霜饰料抹在蛋糕表面，适用于浓稠、塑性较强的霜饰料，如奶油膏、蛋白膏。第三种方法是裱花法，将塑性膏料装入裱花袋中，利用裱花嘴挤注出的花纹装饰蛋糕。

浸蘸法　　抹面法

裱花法

图 7-4　杯子蛋糕的装饰方法

2. 片状蛋糕

片状蛋糕的装饰较为简单，适合大量供应。在特殊场合，对片状蛋糕进行整体霜饰做出多彩图案，可烘托出欢乐的气氛。但是，在大多数情况下，片状蛋糕经切割后进行个别的霜饰。具体操作如下：

（1）将整盘烘烤后的蛋糕薄坯或厚坯取出冷却。

（2）用锯齿刀修整边缘。

（3）扫去蛋糕上的蛋糕屑。

（4）在蛋糕中央放适量霜饰膏料，用抹刀将膏料逐步推至蛋糕边缘将蛋糕表面覆盖，再抹至平整均匀。

（5）用西点刀或抹刀刀背将蛋糕划分成数等份，但不切开。

（6）用带有星形花嘴的裱花袋在每个小块上挤出装饰花形，或再加以水果、干果、巧克力饰片等装饰。

（7）根据销售或食用需要切开蛋糕。

3. 夹馅蛋糕

夹馅蛋糕可由多层蛋糕薄坯夹馅组成，圆形蛋糕坯可被横向切割成多片后夹馅，如图 7-5(a)所示。蛋糕层数一般为 2～3 层，总厚度为 1.5～2 in(4～5 cm)。每一层的夹馅料可以是不同风味的。最常用的夹馅膏料有奶油膏、蛋白膏、巧克力馅、果酱等。蛋糕片夹馅后稍压实,冷藏片刻,用利刀切割成所需形状,如正方形、长方形、三角形等,如图 7-5(b)所示。夹馅蛋糕表面霜饰可在切割前进行,也可在切割后进行。霜饰膏料不仅限于涂抹表面,也可涂抹侧面,还可撒上果仁碎、椰子或巧克力屑等。然后蛋糕顶部再做精巧装饰。

(a)圆形夹馅蛋糕　　(b)正方形夹馅蛋糕

图 7-5　夹馅蛋糕

许多蛋糕在霜饰前或霜饰后需要进行切块,这时尤其需要注意刀具的卫生,夏季时蛋糕容易发霉和酸败,多数是因工具不洁造成细菌污染而引起的。因此,切割蛋糕前必须注意消毒处理刀具。切割过程中,刀具两侧易黏附上湿润的蛋糕屑,如果不加以清除会使切割的蛋糕显得粗糙和不整齐,而一般用于清洁刀侧的湿布多数情况下使用的是生水,从而导致蛋糕被污染。最好的消毒办法是在切割蛋糕的工作台边用高深的罐子盛水放在炉上煮沸,刀子在每次切割后放入沸水中浸煮一下再继续切割,就可避免细菌污染,延长保存时间。

4. 卷筒蛋糕

卷筒蛋糕是以烘烤的蛋糕薄坯为基础,经抹馅、卷筒、定型、切块等成型装饰工序而制成。卷筒操作是卷筒蛋糕成型时的关键工序,直接影响到蛋糕外观形态表现。卷筒蛋糕品种的变化非常多样,一方面源于蛋糕坯本身质感、风味的变化,另一方面是源于夹馅和表面霜饰、装饰料的变化。海绵蛋糕、戚风蛋糕、天使蛋糕、轻奶油蛋糕是卷筒蛋糕常用坯料,它们具有质地柔软、易于卷筒操作的特点。卷筒蛋糕成品常见形态有整块条状或切割成小片,图7-6所示为利用擀面杖卷筒。

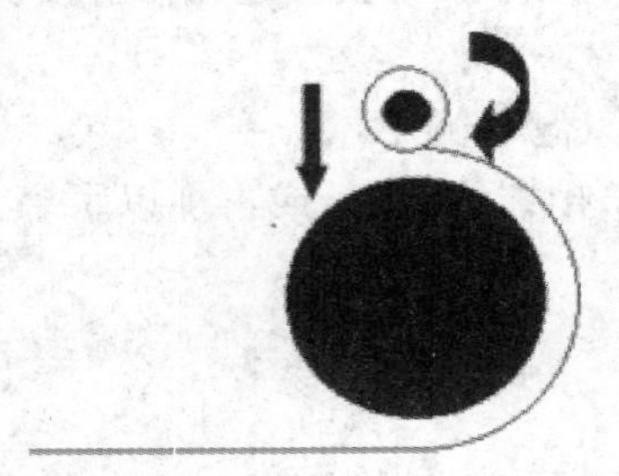

图 7-6　蛋糕卷筒方法

工作任务四　蛋糕质量分析

学习目标

◎ 了解蛋糕质量要求

◎ 熟悉蛋糕生产过程中常出现的质量问题

◎ 熟悉造成蛋糕质量问题的原因

◎ 能够针对蛋糕生产过程中出现的问题提出恰当的解决方案

问题思考

1. 好的蛋糕，其色泽、外形、内部组织和口感应是怎样的？
2. 造成蛋糕体积小的原因是什么？如何解决？
3. 造成蛋糕韧性过强、组织结构紧密的原因是什么？如何解决？

一、蛋糕质量要求

蛋糕质量主要从色泽、外形、内部组织和口感四个方面进行评价，标准质量的蛋糕应达到如下要求：

（一）色泽

标准的蛋糕表面呈金黄色，内部为乳黄色（特殊风味的除外），色泽要均匀，无斑点。

（二）外形

蛋糕成品形态要规范，厚薄一致，无塌陷和隆起，不歪斜。

（三）内部组织

组织细密，气孔大小均匀，无大孔洞，无生粉、糖粒、蛋等疙瘩，无生心，富有弹性，膨松柔软。

（四）口感

入口绵软甜香，松软可口，有纯正的蛋香（奶油香味），无异味。

二、蛋糕质量问题分析

蛋糕在生产过程中经常会出现各种各样的质量问题。要制作出高质量的蛋糕产品，必须掌握造成蛋糕质量下降的各种原因及改善、提高蛋糕质量的各种措施和方法。本节中列出了蛋糕在生产过程中经常出现的若干质量问题以及造成这些问题的原因。

（一）蛋糕外观质量问题及原因

1. 蛋糕表皮颜色太深

原因：①配方内糖的用量过多或水用量太少；②烤炉温度过高，尤其是上火太强。

解决方法：①检查配方中糖的用量与总水量是否适当；②降低烤炉上火温度。

2. 蛋糕体积膨胀不够

原因：①配方中柔性原料太多；②鸡蛋不新鲜；③油脂可塑性、融合性不佳；④面糊搅拌不当；⑤油脂添加时机与方法不当，造成蛋泡面糊消泡；⑥面糊搅拌后停放时间过长；⑦面糊装盘数量太少；⑧烤炉温度过高。

解决方法：①检查配方是否平衡；②检查使用原料是否新鲜与适当；③注意面糊搅拌时间及搅拌方法；④面糊搅拌后应马上烘烤。

3. 蛋糕表皮太厚

原因：①烤炉温度太低，蛋糕烘烤时间过长；②配方内糖的用量过多或水的用量不足；③面粉筋度太低。

解决方法：①使用正确的烘烤炉温与时间，原则上蛋糕的成熟与上色应同步；②注意配方平衡与使用适当的原料。

4. 蛋糕在烘烤过程中下陷

原因：①面粉筋度不足；②配方中水分太多；③面糊中柔性原料如糖、油的用量过多；④烘烤炉温太低；⑤烘烤过程中还未成熟定型却受震；⑥发粉用量太多；⑦面糊比重过低，拌入的空气过多。

解决方法：①注意配方平衡，选用性能适当的原料；②注意烘烤炉温及蛋糕进炉或焙烤过程中的动作应小心。

5. 蛋糕表面有斑点

原因：①搅拌不当，部分原料未能完全搅拌均匀；②糖的颗粒太粗；③发粉未与面粉拌和均匀；④面糊内水分不足。

解决方法：①搅拌过程中随时注意缸底和缸壁未被搅拌到的原料，及时刮缸搅匀；②注意配方平衡与原料选择。

(二) 蛋糕内部质量问题及原因

1. 蛋糕组织粗糙，质地不均匀

原因：①搅拌不当；②贴附在搅拌缸底或缸壁的原料未搅匀；③发粉与面粉未拌匀；④配方内柔性原料如糖、油的用量过多；⑤配方内水的用量不足，面糊太干；⑥发粉用量过多；⑦烘烤炉温太低；⑧糖的颗粒太粗。

解决方法：①注意搅拌时的投料顺序和搅拌过程的工艺要求；②注意配方平衡；③蛋糕面糊内尽量选择细砂糖；④调整好烤炉温度。

2. 蛋糕韧性太强，组织过于紧密

原因：①面粉筋度过高；②面粉用量过多；③面糊拌粉时搅拌时间过长或速度过快，造成面粉起筋；④配方中糖和油的用量太少；⑤配方中化学膨松剂用量不足；⑥所用发粉属于快速反应发酵粉，面糊入炉后膨胀后劲不足；⑦油脂类蛋糕配方中蛋量超过油量太多。

解决方法：①注意配方平衡，并选择适当原料；②注意搅拌程序及工艺要求；③油脂类蛋糕中蛋量不超过油量的10%。

3. 蛋糕风味及口感不良

原因：①面粉、盐、糖、牛奶贮存不良；②油脂的品质不良；③香料调配不当或使用超量；④原材料内掺杂其他的不良物品；⑤使用不良的装饰材料；⑥配方比例不平衡；⑦烤盘或烤模不清洁；⑧蛋糕表皮烤焦；⑨烤炉内部不干净；⑩蛋糕烘烤不足；⑪蛋糕未冷却至适当温度即包装；⑫蛋糕冷却的环境不卫生；⑬切片及包装设备不干净；⑭展示、贮放产品的橱柜不干净；⑮由冷藏设备污染了不良气味。

解决方法：①选择品质优良的新鲜原料；②注意配方平衡，香料按规定使用；③掌握正确的冷却与包装方法；④注意烤盘(模)、冷却与包装设备、存放设备及器具卫生。

工作任务五 蛋糕霜饰料制作

学习目标

◎ 了解蛋糕霜饰料的种类及运用

◎ 熟悉乳脂类、糖膏类、酱膏类霜饰料的特点及运用

◎ 掌握常用乳脂类、糖膏类、酱膏类霜饰料的制作方法及技术要领

问题思考

1. 什么是乳脂类霜饰料？常用的乳脂类霜饰料有哪些？
2. 黄油膏与鲜奶油膏的性质是否相同？为什么？
3. 常用的糖膏类霜饰料有哪些？
4. 蛋白糖霜与皇家糖霜有何不同？
5. 翻糖糖膏与塑形糖膏有何不同？
6. 杏仁糖膏与翻糖糖膏的运用是否相同？
7. 常见的酱膏类霜饰料有哪些？
8. 巧克力酱制作过程中需注意哪些事项？
9. 果占与果酱有何不同？

单元一 乳脂类霜饰料

乳脂类霜饰料是指以黄油、人造黄油、起酥油、鲜奶油为主料制成的霜饰膏料。此膏料具有入口肥美爽滑、奶味香浓、含热量高、营养价值丰富等特点，一般用于蛋糕和点心的夹馅以及蛋糕抹面、裱花装饰等。

一、黄油膏

黄油膏(Butter Cream)又称黄油忌廉、装饰奶油、裱花奶油，在西式糕点中大多用于蛋糕表面装饰，如各式裱花蛋糕，也可用于掼馅，如泡芙。黄油膏是制作西式糕点的重要霜饰膏料，尤其在欧洲各国的点心制作上占有重要地位。用它制作的各类点心香甜柔软、清润鲜美，深受顾客的欢迎。黄油膏的制作工艺多种多样，但随着技术的发展和工艺水平的提高，加之原料质量的发展，而今最普遍的制作工艺主要有以下几种。

(一) 基础黄油膏

在黄油膏基础上，可添加巧克力、咖啡、果汁、调味酒、果泥调制成各种风味黄油膏。

1. 配方(表 7-1)

表 7-1 基础黄油膏配方

原 料	烘焙百分比(%)	实际重量(g)	原 料	烘焙百分比(%)	实际重量(g)
黄油(无盐)	100	500	鸡蛋	20	100
砂糖	50	250	水	25	125

2. 制作方法

(1) 将水与砂糖放入锅中加热煮沸数分钟成糖浆。

(2) 将鸡蛋搅散,边搅拌边将糖浆缓缓加入蛋液中搅匀,晾至室温。

(3) 将在常温下已回软的黄油用打蛋机搅打膨松,缓缓加入糖蛋浆料搅匀,继续搅打至呈光滑且有一定硬度的膏状。

3. 技术要点

(1) 砂糖溶尽后方可冲入搅散的蛋液中。

(2) 糖蛋浆料要分次加入打发奶油中,每加一次要使糖蛋浆料与油脂乳化均匀后再加下一次。

(二) 意式黄油膏

1. 配方(表 7-2)

表 7-2 意式黄油膏配方

原 料	烘焙百分比(%)	实际重量(g)	原 料	烘焙百分比(%)	实际重量(g)
砂糖	200	400	黄油(无盐)	100	200
水	65	130	香草粉	1	2
蛋清	100	200	食盐	2.5	5

2. 制作方法

(1) 煮糖水:将 150 g 的砂糖和水放入平底锅内,放火上煮至糖水变稠至 116℃。

(2) 打发蛋清:将蛋清和 50 g 的砂糖放入搅拌缸内,用中速打发至膨胀。

(3) 冲蛋清:将糖水慢慢倒入搅拌缸内,此时让搅拌缸仍旧转动,以使糖水和蛋清充分混合均匀。

(4) 加黄油、香草粉、盐:当蛋清温度降下来后,将黄油慢慢加入搅拌缸内。待黄油搅拌至柔软有光泽时,加入香草粉和食盐,拌匀即可。

3. 技术要领

(1) 搅拌蛋清的搅拌缸内不要有油、水及其他杂物,以免影响蛋清的打发。

(2) 熬制糖水时,应注意不要将糖水熬上色,否则会影响成品的色泽和口味。

(3) 在向蛋清里倒入糖水时,应小心不要将糖水倒在转动的搅拌头上,要顺着缸边成一条直线倒入。

(4) 加入黄油之前,应保证缸内温度在 35～38℃,如果温度过高会使其熔化成液体。

(三) 英式黄油膏

1. 配方(表 7-3)

表 7-3　英式黄油膏配方

原　料	烘焙百分比(%)	实际重量(g)	原　料	烘焙百分比(%)	实际重量(g)
蛋黄	33	200	水	83	500
砂糖	95	570	黄油(无盐)	100	600

2. 制作方法

(1) 煮糖水:将 450 g 砂糖和水放入锅内,放火上加热煮至糖水变浓稠。

(2) 打发蛋黄:将蛋黄和 120 g 砂糖放入搅拌缸内打发。

(3) 冲蛋黄:将糖水冲入打发的蛋黄中,边加边搅,搅至浓稠即可。

(4) 加黄油:将软化的黄油分次加入其中,充分搅拌均匀即可使用。

3. 技术要领

(1) 调制黄油膏时应尽量用优质黄油,如果黄油含水分多时,应减少煮糖水时水的用量。

(2) 加入糖水至蛋黄液时应小心,不要将糖水倒在快速转动的搅拌头上。

(3) 黄油加入蛋黄糖浆中前一定要软化。

二、鲜奶油膏

鲜奶油膏指用动物鲜奶油(淡奶油)搅打而成的膨松膏料。它与固体黄油制成的膏料相比,含水量稍高,含脂较少,带有鲜牛奶的风味。鲜奶油膏呈白色,奶香浓郁,口感滑爽,不像黄油膏那么油腻。

1. 配方(表 7-4)

表 7-4　鲜奶油膏配方

原　料	烘焙百分比(%)	实际重量(g)	原　料	烘焙百分比(%)	实际重量(g)
鲜奶油	100	500	细砂糖	50	250

2. 制作方法

鲜奶油置搅拌缸中,由慢到快地搅拌,待搅打起发成塑性泡沫膏状时,加入细砂糖,改慢速拌匀即成鲜奶油膏。

3. 技术要点

(1) 搅拌器具应清洁卫生。

(2) 砂糖应在奶油泡沫有一定塑性后加入,这样搅打出来的鲜奶油膏体积最大。

(3) 加入砂糖后不应再高速搅打,以免搅打过度,造成膏体粗糙。

(4) 注意制作时的温度,夏秋炎热时节,车间温度较高时,搅拌缸下可用冰块冷却降温,否则成品不会坚挺。

(5) 注意搅拌程度。

(6) 未搅拌的鲜奶油的储存一般要求在－10℃,若温度高易引起鲜奶油酸败。

三、植物鲜奶油膏

1. 配方

植物鲜奶油的主要成分为棕榈油、玉米糖浆及其他氢化物，是专门做蛋糕装饰用的商品人造鲜奶油，通常为900 ml盒装，市场有售，从包装上的成分说明可看出是否为植物鲜奶油。植物鲜奶油通常是已加糖的，甜度较动物鲜奶油高。港式用语称其为甜忌廉，反之，称不加糖的动物鲜奶油为淡忌廉、淡奶油。植物鲜奶油的熔点高于动物鲜奶油，因其所含油脂成分不同于动物鲜奶油，故奶味较淡，适合一般不喜好鲜奶油味道的消费者。

2. 制作方法

(1) 植物鲜奶油在运输和储存过程中应保持冷冻，冷冻温度为−18℃或以下。使用前，应预先将植物鲜奶油放入冰箱冷藏室内(2～7℃)解冻。自开始解冻至完全熔化至没有残留冰块存在的液体状态的整个过程大约需要24～48 h(遵循这一原则，产品的稳定性、光洁度、细腻度会更好)。

(2) 待完全解冻后，应先摇匀，再开盒。将解冻后的液体鲜奶油倒入预先冷却过的搅拌缸内，倒入量勿超过搅拌缸容量的20%。理想的搅拌温度为7～10℃。用中速搅拌至液体鲜奶油体积膨胀，有软尖峰形成、鲜奶油趋向离开缸壁即可使用。

(3) 打好未用完的产品应放入冰箱冷藏室内密封储存。

3. 技术要点

(1) 在2～7℃的冰箱冷藏条件下解冻2天以上比解冻1天以内的植物鲜奶油在打发后的稳定性、细腻度、光洁度等方面要好得多。

(2) 夏季气温较高，如果搅拌前的植物鲜奶油不按规定的储存温度(2～7℃)储存，加之打发时摩擦生热，搅打过程所带入的高温空气会使产品温度升高，会不同程度地影响产品的稳定性、细腻度、光洁度、打发倍率等。

(3) 打发好的植物鲜奶油置于常温25～30℃下1～2 h后会有轻微发泡现象，此时，再用筷子或刮刀等工具略微搅拌，气泡便会消失，当将其继续置于常温下，观察便会发现，其再次发泡的速度会大大减缓。

(4) 夏季搅打植物鲜奶油时，打发的硬度稍小比打发的硬度稍大更易发泡。所以，搅打时应特别注意膏体硬度，打至产品有开始脱离缸壁的趋向并伴随出现软尖峰即可使用。

(5) 由于冰箱具有吸收水分的作用，搅拌后未使用完的植物鲜奶油膏应使用带盖的容器密封储存于冰箱冷藏室内待用。

(6) 如果植物鲜奶油本身的温度超过10℃以后再打发，打发后的产品质地会很粗糙，孔隙变大，表面不光亮平滑，打发倍率降低，操作较困难。

(7) 如果植物鲜奶油本身的温度超过15℃以后打发，甚至会有无法打发的可能。

单元二　糖膏类霜饰料

糖膏类霜饰料是指以糖为主体，与蛋清、琼脂、明胶等原料通过各种工艺制成的乳沫状或半固体状的膏料，常用的有蛋白糖霜、白马糖膏、白帽糖膏、糖粉膏、杏仁膏、岩糖、果占等。

一、蛋白糖霜

蛋白糖霜(Meringue)又称蛋白膏,是由蛋清和糖(糖浆)一起搅打制成的膏状料。一般来说,糖越多,蛋白膏越浓稠,也越稳定。蛋白糖霜的制作方法可分为三种:冷法,即配方中的糖不加热,也不熬成糖浆;热法,即糖预先经烤炉烘热后再搅打,但不熬成糖浆;糖浆法,即糖需熬成糖浆后再和蛋白一起搅打。三种方法制成的蛋白糖霜,其稳定性高低顺序是:糖浆法、热法、冷法。

(一) 法式蛋白糖霜

1. 配方(表 7-5)

表 7-5 法式蛋白糖霜配方

原 料	烘焙百分比(%)	实际重量(g)	原 料	烘焙百分比(%)	实际重量(g)
蛋白	100	200	糖粉	100	200
细砂糖	100	200	香草粉	1	2

2. 制作方法

(1) 搅打蛋白:将蛋白稍微打发。

(2) 加砂糖:将细砂糖分次加入其中,边搅边加,待加完后,充分搅打至湿性发泡。

(3) 加糖粉、香草粉:将糖粉、香草粉加入其中,拌匀即可使用。

3. 技术要领

(1) 加砂糖时,蛋白稍微打发即可。

(2) 砂糖一定要在蛋白搅拌好之前加入。

(3) 砂糖颗粒越细越好。

(二) 瑞士蛋白糖霜

1. 配方(表 7-6)

表 7-6 瑞士蛋白糖霜配方

原 料	烘焙百分比(%)	实际重量(g)	原 料	烘焙百分比(%)	实际重量(g)
蛋白	100	500	细砂糖	200	1 000

2. 制作方法

(1) 将蛋白和细砂糖放入不锈钢容器中水浴加热至 50℃,边加热边搅拌。

(2) 将蛋白糖浆倒入搅拌缸中,用高速搅拌至硬性发泡,并彻底冷却。

3. 技术要点

(1) 水浴加热温度不能过高,以免蛋白变性凝固。

(2) 通过水浴加热后使蛋白起泡性增强。

(三) 意式蛋白糖霜

1. 配方(表 7-7)

表 7-7 意式蛋白糖霜配方

原 料	烘焙百分比(%)	实际重量(g)	原 料	烘焙百分比(%)	实际重量(g)
蛋白	100	200	细砂糖	150	300
水	50	100	葡萄糖浆	50	100

2. 制作方法

(1) 煮糖浆:将配方中的细砂糖、葡萄糖浆、水放在盆内置火上煮沸后,用刷子蘸清水刷盆子四周以防焦糊,煮至115℃。

(2) 冲蛋白:当糖浆达到112℃时,开始搅打蛋白,蛋白刚好打至干性发泡,然后将煮好的糖浆慢慢地倒入打发的蛋白中,待全部糖浆倒完后,改中速或快速再打发到干性发泡即可。

3. 技术要领

(1) 煮糖浆的过程中要注意温度和时间的把控。

(2) 蛋白要经完全搅打后再冲入糖浆。

(四) 琼脂蛋白糖霜

1. 配方(表7-8)

表7-8 琼脂蛋白糖霜配方

原 料	烘焙百分比(%)	实际重量(g)	原 料	烘焙百分比(%)	实际重量(g)
蛋白	100	500	细砂糖	400	2 000
琼脂	4	20	水	200	1 000
果酸	0.5	2.5			

2. 制作方法

(1) 琼脂加入清水,入锅加热,待琼脂溶化后过滤去掉硬杂质,再倒入锅内加入细砂糖继续加热,等到糖浆能拉丝时端离火口待用。

(2) 将蛋白放入打蛋器内打发至原来体积的双倍左右时,冲入糖浆,继续搅打,再加入果酸打至蛋白能坚挺不塌为止。

3. 技术要点

(1) 蛋白以新鲜的为佳,这样的蛋白黏稠,韧性好,起泡性强。

(2) 琼脂熬化后需过筛,以免胶块混入蛋白膏内影响质量。

二、皇家糖霜

皇家糖霜(Royal Icings)又名白帽糖膏、粉糖膏、粉糖蛋清膏,它是用糖粉和蛋清混合而成具有可塑性的糖膏。此糖膏的可塑性强,可拉制成精细花纹,裱制立体花、制作饰板等,一般用于蛋糕表面装饰和大型礼点、橱窗样品。

1. 配方(表7-9)

表7-9 皇家糖霜配方

原 料	烘焙百分比(%)	实际重量(g)	原 料	烘焙百分比(%)	实际重量(g)
蛋白	20～30	100～150	糖粉	100	500
果酸	—	少许			

2. 制作方法

(1) 糖粉过筛。

(2) 糖膏搅拌。将筛好的糖粉放于干净的盛器内,分次加入鲜蛋清,用流板反复搅打至糖膏发松，挺而不塌，糖粉与蛋清完全溶为一体。

(3) 加酸调香。糖膏搅打至不垮塌，即加入化成溶液的柠檬酸和香精。膏料中加入适量的柠檬酸、苹果酸等酸性物质，是为了促使蛋白部分变性而使糖膏颜色变白，膏体组织变浓稠。酸的用量以糖膏挑起有一定立体感受，可塑性较强，流动性较弱为宜。香精加入膏料主要是增色调味。

(4) 配制有色白帽糖膏。可通过加入一定的色料调制成不同色相的膏料，以适应不同中西糕点造型装饰的工艺需求。调入色料应在膏体基本搅好时加入。

3. 技术要点

(1) 糖粉必须过筛，除尽糖粒糖块。

(2) 调搅糖蛋时，蛋清一般分 3～4 次加入，头两次稍多，后两次稍少。若先加入过多蛋清，后加入糖粉调制，极易使糖膏发砂返粗。

(3) 皇家糖霜的硬度可用蛋清调节，蛋清越多硬度越低。凡用于挤塑立体感强的制品，糖粉与蛋清的比例以 5∶1 为宜；凡用于平涂、夹馅的制品，糖粉与蛋清的比例有 10∶3 左右即可。

(4) 酸味剂、增香剂加入后要充分搅拌均匀后方可进行下一步操作。

(5) 若采用固态色料配色，应先将色料用溶液剂分别溶解成浓度为 1%～10%的溶液，再按一定的比例加入糖膏中搅匀。配制色料液的用水应用凉水或蒸馏水。

(6) 未加入色料的白帽糖膏应当色泽洁白，组织细腻，不返粗，不发砂。

(7) 用于挤注立体花型的糖膏，要求其具备良好的可塑性，因此糖量可酌减，蛋清的比例稍大。用于涂抹平面或夹心的膏料，因其塑性要求不高，糖量可稍多，色泽(固有色或调入色)应鲜亮。

(8) 添入酸量应适度，甜酸比例适中，香味淡雅幽香为好，不可过酸而带刺激感，无异味。

(9) 备用糖霜需用湿布覆盖。

三、白马糖膏

白马糖膏又名白马糖、风糖、粉糖、白马子、半转化糖。白马糖膏晶粒细小，有轻微光泽，常用于蛋糕、面包、泡芙等产品的淋面、挂霜等表面装饰，也可作为杏元、牛利饼干等小干点的夹心所用，既可增加甜度，又可作装饰。

1. 配方(表 7-10)

表 7-10　白马糖霜配方

原　料	烘焙百分比(%)	实际重量(g)	原　料	烘焙百分比(%)	实际重量(g)
砂糖	100	500	葡萄糖浆	10	50
清水	35	175	—	—	—

2. 制作方法

(1) 熬制糖浆。将砂糖与水倒入锅内置于炉上加热熬至 110℃时，加入葡萄糖浆搅匀，继续加热至 115～118℃左右，至糖浆浓缩起骨时，端离炉火冷却。将这个时候的糖液蘸少许滴入冷水中，两手指可捏住水中的糖滴，两手轻搓时可形成一个软球。

(2) 搅拌拉白。当糖浆温度降至45～50℃时(手试感温热)，将其倒入搅拌机中搅拌至糖膏组织浓稠，色泽呈乳白色时即可。

3. 技术要点

(1) 熬糖时，不可将砂糖沾于锅边，以免影响糖浆转化程度。

(2) 制成的白马糖应及时放入铜锅中，盖上湿布，让其自然回软成糖膏，防止干燥。

(3) 使用时，取适量白马糖膏入于盆中，置于火炉上，或采用温水座浴法，边加热边不停地搅拌。如嫌过于稠厚，可在溶化时加入适量温水，待其稠密度适宜化匀即可。

四、翻糖糖膏

翻糖糖膏又称糖皮，英文名为Fondant，Sugar Paste。翻糖糖膏质地较软，可塑性强，一般用作覆盖蛋糕的糖皮。

1. 配方(表7-11)

表7-11　翻糖糖膏配方

原　料	烘焙百分比(%)	实际重量(g)	原　料	烘焙百分比(%)	实际重量(g)
糖粉	100	500	粟粉	25	125
明胶粉	3	15	白油	10	50
葡萄糖浆	10	50	香草精	少许	少许
水	15	75	—	—	

2. 工艺过程、条件及要点

(1) 明胶粉加水浸泡。

(2) 将葡萄糖浆、白油加入明胶粉与水的混合物中搅拌均匀，隔水加热至明胶粉溶化。

(3) 粟粉与糖粉混合均匀，取2/3与上述液体混合均匀，再加入剩余的粉料搓揉至糖皮光滑、细腻有韧性。

(4) 用双层保鲜膜包裹，放入冰箱冷藏24 h后使用。

五、塑型糖膏

塑型糖膏又称造型翻糖(Modeling Paste)、札干，其质地结实，稍微有弹性，干燥后的成品非常坚硬牢固，常用来制作各种小动物、人物、器具的造型。塑型糖膏放入开水中搅拌成浓稠液体后也可以作翻糖黏合剂使用。

1. 配方(表7-12)

表7-12　塑型糖膏配方

原　料	烘焙百分比(%)	实际重量(g)	原　料	烘焙百分比(%)	实际重量(g)
糖粉	100	1 000	醋精	0.2	少许
粟粉	30	300	明胶片	5	50
蛋清	5	50	水	—	适量

2. 工艺过程、条件及要点

(1) 明胶片放入水中,充分浸泡。

(2) 将浸泡软后的明胶片捞出放入碗中,上笼蒸至熔化。

(3) 将糖粉、粟粉、蛋白、醋精拌合均匀,再将制好的明胶水加入其中调制成团,反复揉匀。

(4) 用保鲜膜将糖面团包裹起来备用。

六、杏仁糖膏

杏仁糖膏又叫作杏仁糖面、杏仁糖泥,英文称 Marzipan,故又称作马子畈。它与杏仁酱的成分极为相似,但制作方法和用途不同,它比杏仁酱稍厚一些,白一些,恰似粉团。它是用杏仁、砂糖加适量的朗姆酒或者白兰地制成的,质地柔软细腻,气味香醇,是制作西点的高级原料,可以制成馅料、皮料,捏制植物、动物等装饰品,大多用于制作成小动物和仿真水果等工艺性制品,多用于儿童蛋糕、杏仁糖面蛋糕的表面装饰。

杏仁糖膏是由杏仁和其他核果所配成的膏状原料。杏仁糖膏可以用于烘烤、制作杏仁饼干,作为糕面及蛋糕内馅,也可用来制作小杏仁蛋糕及富有色彩的糕点装饰。它与杏仁粉糖衣(Almod Paste,又称作杏仁酱或杏仁糊)的区别在于其杏仁成分的比例。杏仁糖膏最少要有 25%的杏仁成分,少于这个份量的,则称为杏仁粉糖衣,无论是杏仁糖膏还是杏仁粉糖衣,都不可以选用杏仁粉以外的果仁来制作。

1. 配方(表 7-13)

表 7-13　杏仁糖膏配方

原　料	烘焙百分比(%)	实际重量(g)	原　料	烘焙百分比(%)	实际重量(g)
糖粉	100	1 000	杏仁粉	100	1 000
砂糖	100	1 000	鸡蛋	32	320

2. 制作方法

(1) 将糖粉与杏仁粉一起混合过筛。

(2) 把砂糖与蛋液混合,隔水加热至 49℃。

(3) 将混合粉料加入糖蛋液中搅拌混合至呈光滑的糊状即可。

3. 技术要点

(1) 杏仁粉的粒度要够细。

(2) 制作好的杏仁糖膏一定要用湿布盖好,以免表面变硬。

单元三　酱膏类霜饰料

一、巧克力酱

(一) 软质巧克力酱

1. 配方(表 7-14)

表 7-14　软质巧克力酱配方

原　料	烘焙百分比(%)	实际重量(g)	原　料	烘焙百分比(%)	实际重量(g)
可可粉	100	300	沸水	133	400
巧克力	83	250	细砂糖	67	200
黄油	800	2 400	色拉油	133	400

2. 制作方法

(1) 将细砂糖倒入沸水混合溶解,加入可可粉调制均匀。

(2) 加入软化黄油混合均匀。

(3) 巧克力隔水熔化,加至糖油混合物中搅拌均匀,最后用色拉油调制软硬度即可。

3. 技术要点

(1) 黄油、巧克力一定要软化、熔化后才能与其他原料混合,同时注意软硬度。

(2) 用色拉油调节巧克力酱的稠度,使之便于操作使用。

(二) 淋面巧克力酱

1. 配方(表 7-15)

表 7-15　淋面巧克力酱配方

原　料	烘焙百分比(%)	实际重量(g)	原　料	烘焙百分比(%)	实际重量(g)
鲜奶油	100	120	吉利丁	8.3	10
砂糖	150	180	可可粉	50	60
水	87.5	105	—	—	—

2. 制作方法

(1) 将可可粉、砂糖、鲜奶油、水混合均匀,置于火上加热煮沸。

(2) 吉利丁放冷水中泡软,挤干水分,放入可可糊中煮至熔化。

(3) 将煮好的可可糊过筛,放入盆中冷却后,即可用于点心淋面使用。

3. 技术要点

(1) 煮制可可粉时注意边煮边搅拌,搅拌均匀,防止粘锅糊底。

(2) 淋面巧克力酱在使用前必须冷却处理,但也不可以冷却过度,否则将过于黏稠,不易操作。

二、果酱

(一) 水果酱

果酱是由等量的砂糖和去皮水果一起加热熬制而成的,它的性质是由糖的溶解性和水果中果胶质的性质所决定的。果酱在加工过程中,由于糖的溶解、水分的蒸发和果胶质的作用,形成具有一定凝固性的制品。

1. 制作方法

(1) 将新鲜的熟水果洗净去皮,放入锅中。

(2) 加糖后用微火加热,使糖完全溶解,加热时要不断搅动,以防止糖在锅底焦化。

(3) 糖溶解后改用中火煮沸，熬制到果酱的凝固点。果酱的凝固点因水果种类的不同而不同，一般熬煮 20 min 左右即可达到，测试的方法是用汤匙取适量果酱，滴回锅中，如果达到凝固点，最后滴回的几滴冷果酱应呈现薄片状；或者在干净的平盘上滴数滴果酱，放在冷的地方，如已达到凝固点，用手指触摸其表面会形成皱纹。

2. 技术要点

(1) 水果要新鲜，并洗净去皮后才可使用。

(2) 较大的水果切块后再进行加工。

(3) 不宜选用铁锅熬制果酱，因为水果中的花青素苷会与铁起反应而生成亚铁盐类，使果酱带有深褐色的变色斑点。

(4) 注意熬制果酱的火候和时间，要使果酱中的水分彻底蒸发，以确保果酱的黏稠度。

(二) 果仁酱

果仁酱是指用果实的种子(即果仁)与糖为主料制作而成的果酱馅料，其命名也是根据所用果仁而定，例如杏仁酱、花生仁酱等。果仁，作为植物的种子，大多都富含脂肪。例如核桃仁，其脂肪含量为 40%～50%，杏仁为 55.7%，松子仁更甚，为 63.5%。果仁同时还含有较多的醇、甘油脂等芳香性物质。因此，果仁酱具有吃口油润、芳香味浓、香甜可口、富有营养等特点。

1. 制作方法

(1) 选料：选取新鲜、无霉烂、无杂质的花生仁作制酱原料。将其洗净后，入温水浸泡除去红皮。

(2) 去皮后的花生仁与白砂糖和水一起置入不锈钢锅中，边加温边搅拌，至糖溶化且能起少许糖丝，再将其用机器磨成酱泥，待冷却后即成花生仁酱。

2. 技术要点

(1) 选料及初加工时，一定不能混有发霉的花生仁。

(2) 糖水浓度一定要熬至略起糖丝，因为花生仁中基本不含果胶质，本身无黏稠感。

(3) 如果花生仁酱制得过浓，可在调搅时加少许色拉油来调整。

三、果占

果占实质上是一种变异的果冻，主要用于点缀、装饰糕点制品。

1. 配方(表 7-16)

表 7-16　果占配方

原　料	烘焙百分比(%)	实际重量(g)	原　料	烘焙百分比(%)	实际重量(g)
琼脂	2.5	50	砂糖	175	3 500
水	100	2 000	柠檬酸	0.5	10

2. 制作方法

(1) 先将琼脂与 1/2 的水浸泡 2 h 左右，使之充分浸泡涨润。

(2) 将砂糖和余下的 1/2 的水煮沸，然后倒入琼脂液，最后加入柠檬酸继续熬煮 10 min。

(3) 将熬煮好的糖浆进行过滤,除去杂质,使之更加清澈透明,然后冷却。

(4) 将冷却好的糖浆放入搅拌缸内,用中速或者慢速进行搅拌,至均匀细腻即可。

3. 技术要领

(1) 琼脂与水要充分浸泡涨润。

(2) 熬制过程中要注意不能产生返砂现象,否则会影响成品质量。

(3) 熬煮好的糖浆必须要进行过滤。

(4) 搅拌前要进行冷却,且搅拌不可过度。

(5) 制好的果占可根据需要进行调色,用于书写文字或配色点缀点心,也可用于点心夹馅。

四、卡士挞酱

卡士挞酱(Custard Cream),又称作吉士酱、蛋黄酱,是西式糕点中用途极广的基本馅料之一,从冷冻甜点到派、挞类制品,很多都要用到卡士挞酱。一般来说,卡士挞酱是用牛奶、蛋黄、玉米淀粉或者卡士挞粉、砂糖、香草等原料熬制而成的。熬制卡士挞酱的工艺方法有多种,所用的辅料也各有变化,但基本的制作方法一致。

1. 配方(表 7-17)

表 7-17 卡士挞酱配方

原　料	烘焙百分比(%)	实际重量(g)	原　料	烘焙百分比(%)	实际重量(g)
牛奶	77	500	黄油	5	30
玉米淀粉	35	225	香草豆荚	—	适量
砂糖	69	450	食盐	0.5	3
蛋黄	10	650	—	—	—

2. 制作方法

(1) 先将牛奶加入香草豆荚,放于火上煮沸。

(2) 将蛋黄、玉米淀粉、砂糖一起混合搅拌均匀,然后将煮沸的牛奶加入,拌匀。

(3) 将上述混合液放入厚底锅内,用小火继续熬煮,并不停地慢慢搅动,以防止其粘锅底。

(4) 煮开后加入食盐,拌匀,再用微火继续搅熬一两分钟,使其熟透。

(5) 将煮好的酱汁离火,将香草豆荚取出后加入熔化的黄油拌匀,静置待用。

3. 技术要领

(1) 在熬煮的过程中为防止糊锅底,开锅后要改用微火,并不停地搅拌。

(2) 为熬制好的酱汁防止在冷却的过程中表面脱水干燥,可在其表面盖一层保鲜纸。

(3) 熬制好的酱汁要在室温下完全冷却后,才可放入恒温冰箱中冷藏。

工作任务六　蛋糕装饰品加工

学习目标

◎ 了解巧克力装饰品、糖艺装饰品的特点及运用
◎ 熟悉巧克力的工艺特性
◎ 熟悉糖艺制作工艺流程
◎ 能够正确进行巧克力的调温操作
◎ 掌握巧克力装饰插件的制作方法及要领
◎ 熟悉巧克力模型膏的制作方法
◎ 了解糖艺中糖体的熬制方法，熟悉拉糖、吹糖技法的要领及运用
◎ 了解糖艺造型、珊瑚糖、气泡糖的制作方法

问题思考

1. 巧克力如何用于西式糕点装饰？
2. 巧克力为什么需要进行调温定性？
3. 巧克力装饰插件按制作方法可分为哪几种？
4. 制作糖艺装饰品对应选择什么样的糖？制作糖艺对水有要求吗？
5. 糖花、彩带是用什么糖艺技法制成的？
6. 珊瑚糖、气泡糖有何用途？

单元一　巧克力装饰品

巧克力装饰品是西式糕点中重要的装饰品，也是技术工艺较强的制作品种之一。巧克力最大的特点是可以通过调温定性来制作种类繁多、形状各异的装饰品，用于点心的装饰，可以增强点心的质感和立体感，使其具有更高的使用价值和艺术价值。

一、巧克力的工艺特性

(一) 巧克力的调温定性

巧克力对温度和湿度异常敏感，熔化和冷却时都必须对温度正确控制，才能保证所做的巧克力插件、造型等有光亮的外表和质地。巧克力的调温定性是指在巧克力熔化和调温冷却的过程中，通过恰当的温度控制，使巧克力具有良好的可操作性和产品品质的过程。巧克力的调温定性操作包括熔化、调温、回温三个步骤。

1. 熔化

切碎的巧克力可利用热水隔水加热发(即热水浴法)或微波炉直接加热法使巧克力熔化。高品质的巧克力熔点较低，水浴加热时水的温度在60～80℃之间，期间需要通过搅拌来保持受热均匀，好的巧克力熔化后温度通常在50℃左右。若利用微波炉加热，约1 min即可熔化。熔化巧克力需要注意的事项有：

(1) 如果需要熔化的是巧克力砖，可将其切成豌豆大小的颗粒状；如果本身是巧克力豆，则不需要再切。

(2) 熔化巧克力适宜用平底锅或碗，化好的巧克力最后用塑料容器盛装，这样利于保温和保证巧克力品质的均匀。

(3) 熔化巧克力所使用的器皿必须擦拭干净，不能带有水分。巧克力熔化过程中不可加入水或牛奶等液体，因为巧克力具有吸湿性，遇水后会立即吸收部分水分而凝结，从而破坏巧克力原来油脂的平衡，使巧克力中的油脂分离出来，巧克力变得粗糙厚重而失去光泽，从而严重影响巧克力的工艺效果。

(4) 熔化巧克力不能直接使用明火，因为明火加热易使巧克力变性、油脂分离，出现发沙的情况甚至成为焦块，缺乏光泽，口感不好。

(5) 利用微波炉加热的方式熔化巧克力时，因为无法持续地搅拌以及目视熔化的状况，所以不可以用太高的波段及太长的时间来熔化，可以每次熔化后取出搅拌均匀后，再放入继续加热，直到完全熔化。

2. 调温

调温又称为冷却或预结晶，是巧克力经熔化后，全部或部分冷却至黏稠的糊状，成为可供沾浸、涂层、塑型等操作的过程。巧克力中含有大量可可脂，可可脂在植物脂中是一种非常奇特的油脂，共有 6 种不同的晶型，从 16～35℃，在不同的熔点时，结晶体会有所变化。如果最后凝固为固体的阶段能在最好的型态下结晶，巧克力就会首先凝固，然后收缩，接着展现出光泽。如果只是简单的熔化将难以操作，这样熔化后的巧克力的凝固时间会延长，而且即便凝固后也达不到理想的色泽和质地。

调温的目的就是让巧克力中的可可脂形成稳定的晶体结构，赋予巧克力光亮的外表和优良的质地。经过调温的巧克力可以快速定型，只经熔化而未经调温的巧克力的定型时间长，质地较差，表面粗糙，因部分可可脂浮在表面而形成白层。调温通常在大理石台板上进行，操作时将 2/3 的熔化好的巧克力倒在大理石板上，用铁铲将巧克力铲平，再用刮刀快速将其刮到一起，如此反复操作，使巧克力均匀冷却。当巧克力冷却到 26～29℃时，呈浓稠糊状，将其快速刮回碗中与剩余的熔化好的巧克力混合均匀。

3. 回温

调温冷却后的巧克力过于黏稠，无法用于沾浸、造型或者其他操作，因此使用前需稍微加热，放在热水中加热搅拌，直到调至适当温度和浓度。此步骤必须谨慎小心，不能超过推荐温度，若温度过高，调温过程中形成的油脂晶体将会熔化，必须重新调温，重复前述步骤。如果巧克力达到推荐温度时过于黏稠，可以添加少量熔化的可可脂稀释，切勿加热稀释。

不同种类的巧克力熔点是不一致的，这取决于巧克力的成分。因此，调温时需要事先了解所用巧克力的最高熔点和最低熔点，以便正确掌握巧克力熔化、调温、回温的温度，这是巧克力制作的基本知识。表 7-18 列出了基本类型巧克力的操作温度范围。

当巧克力冷却定型后会收缩，让使用模具塑型成为可能，这使巧克力会脱离模具，易于取出。用于巧克力定型的模具可以是金属或是塑料制成，要求模具必须清洁、干爽，内壁光滑且无凹痕。

表 7-18　巧克力调温操作温度范围

过程	黑巧克力	牛奶巧克力和白巧克力
熔化	50～55℃	45～50℃
调温(冷却)	27～29℃	26～28℃
回温	30～32℃	29～30℃

(二) 巧克力装饰插件的制作

1. 切割型巧克力插件

将巧克力熔化调温后抹在油纸或者平整的硬质塑料纸上，也可以将其抹在专门用于制作巧克力插片的转印纸上，待凝固后可用加热过的刀具将其切割成各种形状，如长片、方片、三角片、圆片等，再将其取下粘贴或者插放在蛋糕、甜点上，如图 7-7 所示。

2. 挤注型巧克力插件

将巧克力熔化调温后装入纸卷中，在油纸上挤出各种图案，可以是各种抽象的几何图形、线条等，也可以是具体写实的花草树木等，待凝固后，将其取下用于点心装饰。可以采用不同的颜色搭配使用，如黑白巧克力搭配使用，效果更加鲜明，质感更强，如图 7-8 所示。

图 7-7　切割型巧克力插件

图 7-8　挤注型巧克力插件

3. 推切型巧克力插件

将巧克力熔化调温后倒在大理石案板上，用抹刀抹平，使其厚薄均匀，待巧克力未完全凝固时，用巧克力铲刀推切成型。此方法可以用于制作巧克力卷或扇形的巧克力铲花等，如图 7-9 所示。

图 7-9　推切型巧克力插件

4. 模具成型巧克力

将巧克力熔化调温后，倒入专用的巧克力模具中，待冷却凝固后取出。此方法可以用于制作各种类型的巧克力制品，如各种圣诞节巧克力制品、复活节巧克力制品、情人节巧克力制品等，如图 7-10 所示。

图 7-10 模具成型巧克力

二、巧克力模型膏

巧克力模型膏是指在巧克力中加入一定量的糖浆，经过加工而成的具有可塑性的制品，如图 7-11 所示。利用巧克力制成的模型膏，不仅不容易熔化，而且硬度和柔韧性也较巧克力好，因此巧克力模型膏是制作大型巧克力装饰品的优良原料。制作好的巧克力模型膏可以放入冰箱内冷却，使用前将其取出，放到压面机里反复碾压成面团，其软硬度可通过碾压的次数来掌握。利用巧克力模型膏制作出的装饰品，在定型后可根据需要，在表面喷涂上特制的油脂或食用色素，增加制品的光亮度和色彩质感，使制品更加美观。

图 7-11 巧克力模型膏制品

1. 配方（表 7-19）

表 7-19 黑巧克力模型膏配方

原　料	烘焙百分比(%)	实际重量(g)
黑巧克力砖	100	500
麦芽糖	100	500
砂糖	15	75
水	13	65

2. 制作方法

(1) 将黑巧克力砖切碎，放入不锈钢盆中隔水加热熔化。

(2) 将水、砂糖、麦芽糖混合加热煮至115℃。

(3) 将煮好的糖水冲入熔化好的巧克力中，快速搅匀，然后放在不粘烤布上冷却。

(4) 待冷却后可稍作揉搓，然后可以加工捏制各种造型，如玫瑰花、小动物等。

3. 技术要领

(1) 煮糖水的温度必须控制掌握好。

(2) 调制好的巧克力模型膏必须冷却之后才能揉搓，否则巧克力中的可可脂会渗出，巧克力模型膏会失去可塑性。

(3) 冷却后的模型膏会变硬，可以稍作揉搓使其软化，恢复可塑性。

(4) 将黑巧克力换作白巧克力，并适当增加一点白巧克力的量，可制作白巧克力模型膏。

单元二　糖艺装饰品

"糖艺"是一门艺术，是指选用砂糖、水、葡萄糖浆等原料经过严格的配比及温控，熬制成糖体，利用拉糖、吹糖等特殊的造型技巧加工处理，制作出具有观赏性、可食性和艺术性的独立食品或食品装饰插件的加工工艺。

一、熬制糖体

1. 配方(表7-20)

表7-20　糖体配方

原　料	烘焙百分比(%)	实际重量(g)	原　料	烘焙百分比(%)	实际重量(g)
砂糖	100	1 500	葡萄糖浆	30	300
蒸馏水	50	750	—	—	—

2. 糖艺原料选用原则与要求

(1) 砂糖。砂糖是糖艺制作的主要用料，但砂糖来源四面八方，致砂糖的质量良莠不齐，而砂糖的质量直接影响到最终产品的质量，因此砂糖的选择至关重要。糖艺制作宜选用纯度较高的幼砂糖或方糖，对砂糖的选择有以下要求：色泽洁白明亮；纯度高，甜味正，无异味；颗粒均匀，干燥流散；糖液清晰透明。

(2) 淀粉糖浆。淀粉糖浆亦称葡萄糖浆、玉米糖浆，是制造糖体的另一重要原料，其质量好坏直接影响到糖体的色泽、风味、形态和保存性。因此，糖体熬制时使用的淀粉糖浆应符合规定的质量指标。一般的糖体制作中，常用中转化糖浆，DE值(葡萄糖转化值)在38%～42%的糖浆。

淀粉糖浆在糖体中的作用有：可作为糖体的一部分，可以改善糖体的组织状态和风味；作为抗结晶剂，很好地控制糖的结晶；保持水分，增加糖体体积，使成品不易变形；适量的淀粉糖浆可以阻止或延缓糖体的发烊和返砂，改进糖体的质地，延长贮存期。

(3) 糖醇。糖醇是糖艺制作的较理想的原料,做出的产品存放时间长,且透明度高。糖醇的种类很多,糖艺制作中常使用的是艾素糖醇(异麦芽酮糖醇),其呈白色无臭结晶状,味甜,甜度约为蔗糖的 45%~65%,吸湿性小,与蔗糖、葡萄糖或某些低聚糖相比异麦芽酮糖醇具有非常低的吸湿性。异麦芽酮糖醇有较高稳定性,在较强的酸、碱条件下也不易水解,高温下也不易产生褐变,与蔗糖相比,其稳定性在数值上要大 10 倍以上。糖艺制作过程中,熬制糖稀时可将其直接溶化使用,不需要其他辅料。

(4) 水。糖艺制作的用水必须是蒸馏水,不能使用自来水或者矿泉水等含有杂质或矿物质的水,之所以如此要求,是因为含有杂质或矿物质的水容易使熬制中的糖稀返砂,品质得不到保障。

3. 制作方法(图 7-12)

(1) 将砂糖放入复合平底锅内,加入蒸馏水,搅拌均匀。

(2) 以中火煮开,加入葡萄糖浆,如糖液表面沸腾后发现有起泡脏沫浮在表面,应及时清理干净。

(3) 当温度升到 138℃时,根据需要加入色素调色。

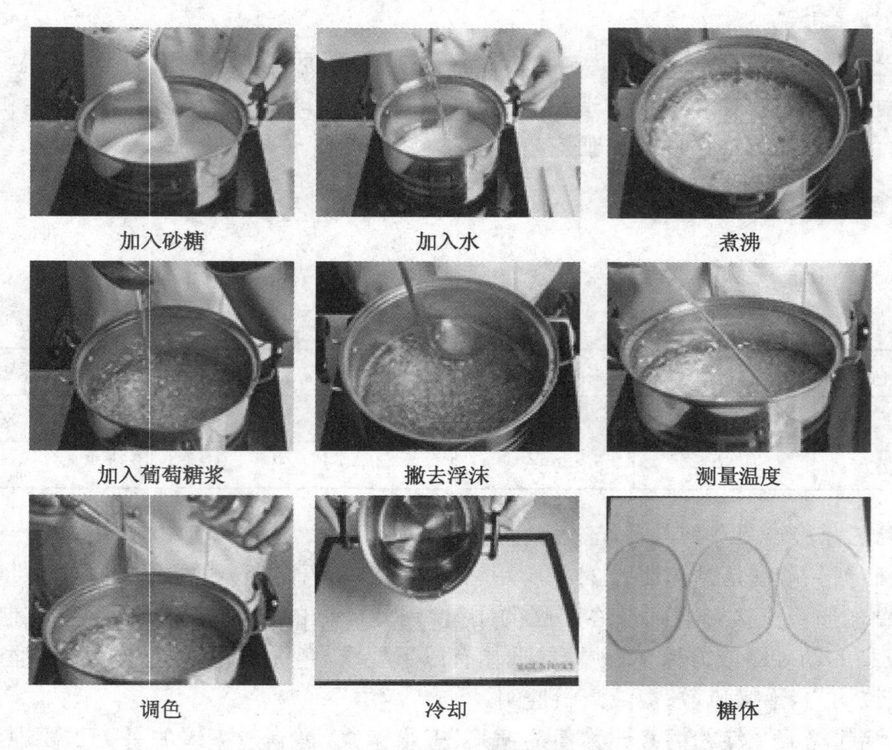

图 7-12 糖体熬制过程图

(4) 当糖稀温度达到 150℃时,停止加热,将糖锅放到冷水中冷却半分钟,目的是迅速切断热源,确保温度准确。冷却时不要将锅底吃水太深,使冷水集中在最底部即可。然后将糖锅转移到干净的毛巾上静置 3~5 min,糖稀变稠后将其慢慢倒在不沾硅胶垫上冷却。

(5) 待糖稀稍冷却后,带上洁净的橡胶手套,将糖稀从四周向中央卷起,并且不断翻动,使糖体均匀降温。

(6) 糖体的温度均匀降低后用剪刀将其裁开，整理形状，冷却后真空包装存放。

4. 技术要领

(1) 熬制糖稀时，熬糖量是器皿总容量的1/2，如果太少，糖稀的温度会迅速升高，糖稀温度的变化不容易控制，并且温度计在糖稀中受热的深度不够，测量的结果不会准确；如果太多，糖稀沸腾时有可能溢出，而当糖稀浓度达到一定高度后，底部和表面的温度存在差异，使测量结果不准确。

(2) 加入蒸馏水以后要搅拌均匀，即便是很干松的砂糖倒入锅中也不会自动化开，搅拌可以达到防止糊底的目的。

(3) 当糖液沸腾后，液体表面出现的浮沫要及时用干净的不锈钢勺子清理干净，锅壁上的水珠要快速地用棉布条清理干净，因其含有少量结晶的砂糖颗粒，回落入糖液中容易使糖稀翻砂。在清理过程中，旁边最好准备一盆清水，以便及时将使用过的工具清理干净。

(4) 温度在138℃时，如果需要加入色素，此时是最好的时机。滴入几滴色素以后不需要搅拌，色素会自然散开。

(5) 当温度接近150℃时气泡变小而且细密，这时用温度计在糖稀中搅拌几下再查看温度，因为糖稀的内侧与外侧以及底部与表面的温度有很大差异，搅拌之后测量温度比较准确。

(6) 在倒出之前糖稀将复合平底锅再次回到电磁炉或电炉上加热几秒钟，待再次出现气泡时将其缓慢倒出，这样做的原因是尽可能多地将糖稀倒出，减少浪费。

(7) 当糖稀的温度降低以后，糖稀的边缘就会最先冷却变硬，因此要先将边缘的部分折回到里面，与较热的糖稀形成热量交换，以免糖体的温度不均匀，形成硬结，出现颗粒，如果直接使用，就会观察到较硬的糖块不易散开，必须再次升温才能熔化。

二、拉糖

(一) 初始拉糖

初始拉糖是为进一步制作糖体，拉糖的目的一是降温，二是在糖体中充入适量气体，气体在糖体中被挤压，产生折射使糖体迸发出光泽。使用低温糖体前，先在常温下将其放置两个小时，使糖体的温度和环境温度保持一致后，在专用加热器上缓慢加热并且多次翻动，使糖体再次变软，当糖体的温度在80℃时，晶块或硬核会完全变软，此时要趁热操作，动作要干净利索，糖体完成初始拉糖后，正好是60℃左右的操作温度。操作过程中的环境温度应在22～26℃之间，相对湿度应低于50%。

首先将软化的糖体搓成粗细均匀的棒形，反复折叠拉伸数次，使其温度均匀，柔软度一致。随着拉拔次数的增加，糖体温度有所降低，此时稍微加快拉糖的速度，以免充气量不够时糖体变硬。随着充气量的增加，糖体被逐渐氧化，产生少量结晶，加上压力气泡的趋光性，糖体开始出现金属般的光泽。拉好的糖体裁切成小块，将剪切的刀痕整理圆滑，放在不粘垫上，用手掌压平，厚度小于1 cm，小块糖体的重量约120 g左右，确保在单位时间内用完糖体。

(二) 拉糖技法

经过初始拉糖之后，糖体进入中度状态，糖体的软硬度会有所变化，将糖体放在恒温器上继续加热和整理，待其软硬适中后即可使用。

1. 拉糖花

(1) 制作花蕊。将软硬适度的糖体从边缘向内侧卷入,糖体结构会绷紧,密度加大,糖体内部的气泡会压扁,形成单位面积内重叠的高气压层,从而产生折射,释放出绚丽的光泽。双手手指从球面的光洁处挤压,双手力向外层撕开,形成一个外层很薄的切面,从里向外,由厚逐渐变薄,然后一只手捏住已经拉出的糖片,再用另一只手的拇指和食指将长条形的尾部掐住拧断或用剪刀剪下。将拉好的糖片尾部沿斜方向卷起成锥形的空心,整理做成饱满的花蕊形状。

(2) 制作花瓣。左手将糖片拉出约 4 cm 长时,用右手拇指和食指捏住尾部,在左手拉的同时逐渐收紧,一直到断开。将收尾最薄的部分向内折叠,再用左手拇指肚顺势下压糖片形成漂亮的勺子形花瓣,并将花瓣边缘微微向外翻开。

(3) 制作月季花。成品花的花瓣数量没有限定,根据情况灵活掌握。月季一般情况选用 2、3、4、5、6 瓣进行组合,即除花蕊外由里到外花瓣数量依次是 2 瓣、3 瓣、4 瓣、5 瓣、6 瓣。第一层花瓣将花蕊包裹紧密,一般前面两瓣略高于花蕊;第二层花瓣开始一片粘在第一层两个花瓣之间,平均分配距离,并且稍微张开一点,依次往后,张开的角度逐渐增大,花瓣外缘翻卷程度也逐渐加大。在粘连花瓣时,用拇指和食指捏住花瓣的最外缘,加热花瓣的底部,要远离酒精灯火焰,逐渐加热,从顶部观察花瓣的位置,用无名指或小拇指推动花瓣尾部进行粘连。

(4) 制作牡丹花。将拉好的花瓣用四根手指捏住,向内侧推挤,形成自然花褶,外缘向内侧弯曲,角度集中在外侧,根部窄,同时延长。牡丹花瓣常用 3、4、5、6 瓣进行组合,即由里到外依次是 3 瓣、4 瓣、5 瓣、6 瓣。再用其他颜色的糖体制作花蕊,要求采用有硬度的中度糖体,拉开成细丝之后用手指团成有根的球状,用镊子夹住,在花蕊根部稍微加热,快速粘连在花朵中央空出部位。花蕊应略微高些,使用不同颜色的糖体可以形成强烈的反差,效果更佳。

牡丹花朵的层次要清晰,花褶要自然合理,最外缘的花瓣要逐渐放长放大,向外翻卷,组合时中央部位不要太高,花蕊要适量。

2. 拉叶子

糖艺制作中,花朵固然重要,但是色泽单调,用绿色的叶子加以调配,会进一步衬托出花朵的美丽。制作叶子时同样要求色彩鲜活,形象生动,因此制作叶子派生出了很多不同的手法,下面介绍两种常用手法。一种是将糖体撕开拉出,用剪刀剪下,立即用小刀的背面压出花纹,动作必须迅速,否则糖体变硬,叶子比较厚实,会留下明显的剪刀痕迹。另一种是将温度合适的中度糖体从外层向中间翻动,糖体变亮后,用双手拇指和食指少量压下,快速撕开,用左手拇指和食指配合,拉出一条糖片,同时用右手拇指和食指在拉的同时顺势收回,这时糖片陡然变细,快速揪下。然后将其按叶子纹理方向放在硅胶模子上,拇指用力垂直压下,使其被压上清晰的花纹即可。趁叶子没有完全变硬时,用手指捏住叶子两侧,轻轻拧一下,使叶子产生角度,显得更加鲜活自然,整型完成之后可用风扇快速冷却,或者直接放在细砂糖上,防止变形。这两种方法可根据实际需要进行选择。

3. 拉彩带

使用三块(或三块以上)不同颜色的糖体,每块糖体温度必须保持一致,将每块糖体搓成大小相同的条状并排在一起,两手分别握住糖体的两端,慢慢地向两端拉开,用力要均匀，并不断整理糖体，使其保持粗细均匀一致。然后将拉开的糖体剪成两段，再次并排在一起，捏住两端再次拉伸，使其线条均匀一致，根据需要选择拉伸的次数和宽窄度以及薄厚程度。最后将拉出的彩带按照要求的长度剪断，以快速缠绕在木棒上等方式进行简单的造型，再冷却定型即可。

三、吹糖

吹糖是用手指挤压气囊，将气体鼓入柔软的糖体中，糖体在压强的作用下产生膨胀后进行艺术造型的方法。吹糖讲究八个字：不温不火，轻吹慢扯。学习吹糖技法要循序渐进，首先是调试糖体的温度，使糖体温度均匀，没有结块。一般吹糖会使用到几种不同的糖体。一种是透明糖体，也就是没有经过初始拉糖的糖体，用其吹制的产品晶莹剔透，产品造型华丽。但是此种糖体属于不定型糖，容易被氧化还原和返砂，保质期短、变形快，因此这种糖体适用于短期使用或现场制作。另一种是中度糖体，即经过若干次拉拔的糖体，具有似透非透之感，既有光泽，又很剔透。这种糖体趋于中度定型，即存放时糖体逐渐从不定型糖向定型糖转化，这种糖体在干冷的冬季使用时成品存放时间能够延长，但是光泽会受到影响，而在潮湿的季节或环境中，糖体会发黏、返砂或者熔化时，这是操作者使用最多的糖体。最后一种是过度糖体，就是超过中度糖体极限的糖体，光泽暗淡，糖体僵硬，使用这类糖体制作作品时，操作者必须在短时间内快速完成操作。用其制成的产品定型快，容易保存，但是一般只有在特殊情况下才使用这样的糖体。

1. 吹球

吹糖技法要从最基础的吹球开始练习，主要掌握和控制糖体的温度、翻糖、上糖、吹球。具体如下：选用大块中度糖体放在恒温器上进行加热，反复翻动糖体，均匀加热至 75℃左右；将糖体边缘向内侧翻卷，糖体呈现出金属般的光泽，如此反复翻卷数次，使糖体的温度降低，气压均匀，气泡精密，软硬度适中；选择糖体质地细密的部位，用拇指和食指收紧，根据要求掐定糖球的大小，并且挤出球体；将球体根部逐渐收到最小，球体表面亮泽光滑，没有拉糖的痕迹和较大的气泡；用剪刀将球体剪下，如果是较大的球体，剪下的同时要转动球体，剪痕越圆越好；稍加整理，用食指或笔杆在剪开的部位压下一个深坑，深度为糖体的 2/3，将坑口部位稍加收紧，整理成管状；将加热气囊的金属嘴，趁热插入球体的 1/3 处，捏紧球体和金属嘴的接触部位，稍作整理后，鼓入少量气体，观察球体变化，确认没有漏气后再进一步鼓入气体，使球体逐渐膨胀变圆，鼓气要平稳适量，如果用力过猛会出现厚薄不均匀的现象，此时再重新调整已经来不及了；待其变大且厚薄均匀后，将球体往外推出，待球体冷却后，用力抽出金属嘴，然后用电风扇吹凉，轻轻剪下球体即可。

吹制球体是吹糖技法中最基本的技巧，在此基础上结合拉糖技术可以变化制作出桃子、梨子、香蕉、苹果、菠萝等基本装饰品种。而在此基础上继续加以练习，配合模具，即可进一步制作出人物、动物等高难度的作品。

2. 吹桃

吹桃是在吹球的基础上进行简单的加工处理。首先在球体顶部轻轻压一下，然后缓慢拉出，进行初步造型并且补入少量气体，同时将尾部的金属嘴退出到合适的位置。此时糖体不宜过硬，要有合适的柔软度，以便于对糖体进行整型加工。托住桃子的后面，在正面拉出的部位用餐刀背面将桃子缓缓地压出一道折线，同时后面的受力面积尽量扩大，此时桃子会呈扁平状，属于正常现象。再次鼓气，整理形状，如此反复几次之后糖体开始定型，此时需要仔细查看整体，小心修整。当完成整型之后，用电风扇将桃子冷却定型后，加热桃子根部与金属管接触的部位，待糖体软化以后，用剪刀剪下桃子即可；或一手握住桃子，一手将金属管旋转抽出。最后将底部收口处捏紧，确定没有漏气，再用手指将多出的部位推回尾部，整理成桃子的形状即可。用散开的细毛笔刷蘸上少量水质红色素，在干净的毛巾上吸附一下，从桃子的顶部垂直下滑和上挑，绘制出自然的纹理，在桃子的顶部要加大颜色的密度。用喷色笔先覆盖一层浅绿色，干燥一个小时后，再覆盖少量的橙黄色，继续干燥，使色素中的水分进一步蒸发和吸收，最后用红色修补局部。水果着色的方法要遵循大自然的法则，桃子的成熟是从绿色开始的，那么着色的第一步就是绿色。其他水果例如苹果、梨子等，也应如此。

四、糖艺造型

糖艺造型是指糖体经过不同的方法加工之后的重新组合，选材以糖体为主，生成具有审美特点的观赏品。糖艺造型必须以拉糖和吹糖等基本功为基础，巧妙的创意和合理的组织需要有多年的时间和积累。糖艺造型水平的高低是综合考核操作者的核心部分，无论多好的零散糖艺制品，没有巧妙的创意和构思，也无法形成一件完美的糖艺制品。此处讲的造型是一个比较广义的概念，在拉糖和吹糖的技巧中有很多细小的环节都与造型有关，要正确理解、区别对待。

造型就像盖房子一样，有各种各样的方法，但是糖艺还是有其不同的特点。首先糖艺是一门食品艺术，是饮食行业的一部分，目前还没有形成独立的糖艺制品在市场上流通，在糖艺水平很高的发达国家也只是出售一些小型的糖艺品，例如糖花、天鹅等。这是由糖艺制品自身的属性决定的，首先是保质期短，其次是不易包装和运输。因此，糖艺造型必须遵循以下原则：

(1) 糖艺作为食品艺术的一部分，创意和造型都应该围绕食品活动这一主题来进行，偏离了这一主题，糖艺就会失去意义。

(2) 糖艺制品必须简洁生动，最大限度地融合抽象艺术的加工手法，用简单的线条表达出更多的内容。不提倡那些写实派的艺术加工手法，一个简单的创意需要制作十天十夜，产品简直像微雕一样。在欣赏艺术造型的同时，也要考虑到这件制品能带来多少经济效益。

(3) 糖艺制作要与其他食用性原料广泛结合，例如糖粉、巧克力、人造黄油、奶油等，要放开思路大胆创新，充分利用高新技术手段，例如喷色泵、电子温度计、硅胶垫等，还要利用新原料产品，如艾素糖醇、可塑糖糕、可塑巧克力膏等。但是也忌讳与瓜果蔬菜、木材和金属之类的原料一起使用。

糖艺造型中常见的造型方法主要有渐进法、组合法两种。

渐进法即制作过程必须紧密衔接，依次或分阶段完成一件形体或构造比较完整的作品的方法。这种方法能够准确地反映出操作者的真实水平，例如制作水果篮、吹制天鹅等。利用此种方法造型的制品很多，在操作时必须结合操作者自身的特点，提前计划、灵活运用，尤其在繁重劳累的工作环境中，使用渐进法创作作品十分必要，要坚信每天的少量积累最后一定会获得精彩的作品。

组合法是一件作品采用不同原料和工艺，分阶段加工和制作，最后经过合理的拼接组合而成糖艺制品的方法。组合法是渐进法的进一步发展，是制作大型糖艺制品最常用的方法。组合法需要更全面的技术和综合利用原材料的能力。不同质感材料的运用有助于形成色彩的反差和过度，对烘托主题起到积极作用，以至节省时间和成本。尤其值得强调的是，抽象艺术作为生活中实物的进一步加工和再现，它源于生活，高于生活，是糖艺制作中使用最多的，其效果最为有表现形式，在组合法中具有举足轻重的地位。

五、珊瑚糖

珊瑚糖是一种装饰用糖，是利用蔗糖的快速还原原理制作而成的，在糖艺中作为陪衬品使用。

1. 配方(表7-21)

表7-21 珊瑚糖配方

原　料	烘焙百分比(%)	实际重量(g)	原　料	烘焙百分比(%)	实际重量(g)
砂糖	100	500	糖粉	2	10
纯净水	30	150	蛋清	0.6	3

2. 制作方法

(1) 将砂糖、纯净水放入复合平底锅内，放电磁炉上加热。

(2) 将蛋清和糖粉放碗内调成糖粉糊备用。

(3) 待糖液熬至140℃时，将制好的糖粉糊快速倒入，同时用单抽快速搅拌，待糖液还原成晶体时停止加热。

(4) 快速将糖沫倒入垫有锡箔纸的烤盆中，放入烤箱中，以80℃的温度加热，使其膨胀到最大限度。

(5) 冷却后，将糖块取出，剥掉锡箔纸即成珊瑚糖，也可根据需要进一步造型。

3. 技术要领

(1) 糖液刚开始沸腾时，要注意用刷子清理浮沫。

(2) 拌入糖粉糊时要注意搅拌均匀，使糖液和糖粉糊快速融合。

(3) 剥离锡箔纸时要小心，以免剥碎。

六、气泡糖

当熬糖温度接近糖稀焦化温度时，泼出去的糖稀会以薄片的形式出现并且能快速凝固。泼气泡糖就是利用这一原理，在不粘硅胶垫上抹上100%的酒精，将滚烫的糖稀泼在酒精上，酒精遇热会快速挥发，形成很多的气泡。也可以烤制气泡糖，用两张不粘烤垫夹住葡萄糖稀后在190℃的烤箱中烘烤，待其外侧开始变色凝固后取出。气泡糖上的空洞很多，如同自然形成一般。

1. 配方(表7-22)

表7-22 气泡糖配方

原　料	烘焙百分比(%)	实际重量(g)	原　料	烘焙百分比%	实际重量(g)
砂糖	100	1 500	葡萄糖稀	20	300
蒸馏水	50	750	食用色素	—	适量

2. 制作方法

(1) 将砂糖放入复合平底锅中，加入蒸馏水，搅拌均匀。以中火煮开，加入葡萄糖稀继续熬煮。

(2) 将糖液熬煮至138℃，滴入色素调色。

(3) 继续熬煮糖液，待其温度上升到160℃的时候，快速将其泼在抹有酒精的硅胶垫上，然后抓住硅胶垫的两个角提起，使糖液流动起来，形成薄的糖片，而且会有很多的气泡生成。

(4) 冷却后，直接用平刀铲下即可。

(5) 根据需要的颜色做过渡性着色处理，即第一遍颜色喷好后，待其干燥后，再进行第二遍着色。色彩的反差应该明显、有特点。

3. 技术要领

(1) 熬糖初始阶段要注意用刷子清理浮沫。

(2) 做好的糖片要尽量保留大片，使用时可根据需要再掰成碎块，尽可能地保持其自然形态。

(3) 掰碎之后的气泡糖可根据需要用电吹风对其进行加热处理，然后变化出不同的造型。

(4) 最后将做好的气泡糖要放在干燥盒中，否则其极容易吸潮溶化。

工作任务七 蛋糕制作实例

学习目标

◎ 了解海绵蛋糕、戚风蛋糕、油脂蛋糕、乳酪蛋糕/慕斯蛋糕及装饰蛋糕的产品特点

◎ 熟悉各类蛋糕的用料构成及要求

◎ 熟悉各类蛋糕的制作工艺

◎ 掌握海绵蛋糕、戚风蛋糕、油脂蛋糕、乳酪蛋糕/慕斯蛋糕及装饰蛋糕的制作方法

◎ 熟悉各类蛋糕品种变化与创新思路和方法

问题思考

1. 海绵蛋糕有何特点？有哪些常见的海绵蛋糕？
2. 戚风蛋糕有何特点？戚风蛋糕制作中需注意哪些事项？
3. 什么是磅蛋糕？其配料构成有何特点？
4. 乳酪蛋糕有哪些类型？
5. 慕斯蛋糕的特点是什么？
6. 常见的装饰蛋糕有哪些类型？有何特点？

单元一 海绵蛋糕

海绵蛋糕是用鸡蛋、糖和面粉为主要原料，采用糖蛋搅拌法制作而成。鸡蛋具有融合

空气和膨大的双重作用，再加上糖和面粉，调配好的面糊无论是蒸还是烘烤都可以做出膨大松软的蛋糕。成品因膨大和松软形似海绵，所以被称作海绵蛋糕。

一、普通海绵蛋糕(图 7-13)

图 7-13 普通海绵蛋糕

1. 配方(表 7-23)

表 7-23 普通海绵蛋糕配方

原 料	烘焙百分比(%)	实际重量(g)	原 料	烘焙百分比(%)	实际重量(g)
低筋面粉	100	800	香兰素	0.5	4
砂糖	90	720	蛋糕油	7.5	60
鸡蛋	150	1 200	牛奶	25	200
泡打粉	1	8	液态酥油	20	160

2. 制作方法

(1) 称料：按配方将原料称好，低筋面粉、泡打粉和香兰素混合后过筛。

(2) 面糊搅拌：将鸡蛋和砂糖放入搅拌缸中，先用慢速搅拌至砂糖溶化。然后加入过了筛的低筋面粉、泡打粉和香兰素、蛋糕油先慢速搅拌均匀后再快速搅拌至原体积的 3 倍，加入牛奶搅拌均匀，最后再慢速加入液态酥油拌匀即成蛋糕糊。

(3) 装盘：烤盘刷油，垫上白纸。面糊倒入烤盘内，用刮片抹平。

(4) 烘烤：烘烤整盘海绵蛋糕，炉温控制在上火 170℃/下火 170℃，时间约 40 min。

(5) 冷却、成型：冷却后从烤盘中取出，撕去蛋糕底部白纸，切割成 7 cm×5 cm 大小的长方形。

3. 技术要领

(1) 盛蛋液的容器和搅拌缸必须干净无油污。

(2) 面糊搅拌程度适宜。

(3) 面粉宜选择低筋面粉。

(4) 液态酥油应在蛋糕糊搅拌好后加入，提前加入会影响面糊的起发。

(5) 可根据蛋糕坯的厚度掌握烘烤的时间，保证蛋糕表面金黄。

二、瑞士卷(图 7-14)

图 7-14 瑞士卷

1. 配方(表 7-24)

表 7-24 瑞士卷配方

原 料	烘焙百分比(%)	实际重量(g)	原 料	烘焙百分比(%)	实际重量(g)
低筋面粉	100	255	砂糖	100	255
鸡蛋	235	600	奶香粉	1	2.5
蛋糕油	10	25	食盐	1	2.5
液态酥油	20	50	牛奶	47	120
果酱	—	适量			

2. 制作方法

(1) 将鸡蛋、砂糖、食盐放入打蛋缸内,先搅拌至砂糖溶化。

(2) 加入低筋面粉、奶香粉、蛋糕油慢速搅匀。

(3) 换快速搅拌至面糊体积胀发至 3 倍,显稠状时加入牛奶搅拌均匀。

(4) 加入液态酥油慢速搅拌均匀即可。

(5) 烤盘刷油并垫上白纸,将搅拌好的蛋糕糊倒入烤盘内,用刮片抹平待烤。

(6) 烘烤温度为上火 240℃/下火 160℃,烘烤时间约 10 min。

(7) 烤熟后出炉晾冷后将蛋糕纸去掉,底部抹上适量果酱,然后将其卷起定型(表面卷在外面),稍后依据所需大小进行切制成型即可。

3. 技术要点

(1) 搅打蛋液的时间可视搅拌机的转速而定,转速慢者适当延长搅打时间。

(2) 蛋糕糊尽量抹平整一些,否则会出现烤好的蛋糕不平整的现象。

(3) 卷制蛋糕时注意正反面,一定要卷紧。

(4) 操作时注意不要将蛋糕表皮弄破裂,影响美观。

单元二　戚风蛋糕

戚风蛋糕的搅拌方法采用的是分蛋法，即蛋黄和蛋白分开搅拌，然后再混合在一起。戚风蛋糕最大的特点是组织松软，水分充足，久存而不易干燥，尤其气味芬芳、口味清淡，不像其他蛋糕那样油腻和太甜。戚风蛋糕在低温的环境中存放不会变硬而失去原有的新鲜度，因其本身水分含量较多，而且组织较其他种类蛋糕松软，在冰箱内冷藏不至变质，所以戚风蛋糕最适合制作冷藏类蛋糕。

图 7-15　香草戚风蛋糕

一、香草戚风蛋糕(图 7-15)

1. 配方(表 7-25)

表 7-25　香草戚风蛋糕配方

	原　料	烘焙百分比(%)	实际重量(g)		原　料	烘焙百分比(%)	实际重量(g)
蛋黄部分	低筋面粉	100	850	蛋白部分	蛋白	176	1 500
	蛋黄	76	650		塔塔粉	2.3	20
	砂糖	35	300		砂糖	94	800
	牛奶或水	47	400		食盐	1	8.5
	色拉油	47	400		—	—	—
	泡打粉	2	18		—	—	—
	香草粉	1.1	10		—	—	—

2. 制作方法

(1) 称料、分蛋：按配方将原料称好，蛋黄、蛋白分开。

(2) 制作蛋黄部分：低筋面粉、泡打粉、香草粉混合均匀过筛；砂糖、牛奶、色拉油放入盆内搅拌均匀至糖溶化，加入过筛后的低筋面粉、泡打粉、香草粉拌匀，再分次加入蛋黄搅拌均匀。

(3) 制作蛋白部分：将蛋白和塔塔粉放入搅拌缸内中速拌匀后，再加入砂糖和食盐用高速搅打至蛋白湿性发泡。

(4) 混合：先取 1/3 的蛋白部分与蛋黄部分混合，再与剩余的蛋白部分混合均匀。

(5) 烘烤：烤盘直接垫纸，倒入蛋糕面糊迅速刮平，烘烤戚风蛋糕的炉温控制在上火 180℃/下火 170℃，时间约 40 min。

(6) 冷却、成型：蛋糕出炉后倒置散热网上撕去蛋糕底部垫纸，冷却后根据要求成型。

3. 技术要领

(1) 盛蛋白的容器和搅拌缸等必须干净、不含其他油脂，以免影响蛋白的发泡。

(2) 制作蛋白部分时应注意蛋白的发泡程度，湿性发泡为佳，即用手指把打发的蛋白勾起时有硬的剑锋，倒置时不会弯曲，呈鸡尾状。

二、巧克力戚风蛋糕卷(图 7-16)

1. 配方(表 7-26)

表 7-26 巧克力戚风蛋糕卷配方

原料		烘焙百分比(%)	实际重量(g)	原料		烘焙百分比(%)	实际重量(g)
A 部分	蛋黄	80	320	A 部分	泡打粉	3	12
	精炼油	62.5	250		香草粉	1.25	5
	低筋面粉	87.5	350	B 部分	蛋白	170	680
	可可粉	12.5	50		细砂糖	70	280
	牛奶	62.5	250		塔塔粉	2.5	10
	糖粉	35	140	夹馅	鲜奶油膏	—	适量

2. 制作方法

(1) 将 A 部分的牛奶、精炼油、糖粉混合均匀，再加入过筛后的低筋面粉、可可粉、香草粉、泡打粉搅拌至没有粉粒状，然后加入蛋黄搅拌透彻。

(2) 将 B 部分的蛋白、塔塔粉倒入搅拌缸内搅拌至湿性发泡阶段，再将细砂糖分两次加入，并充分搅拌至中性发泡即可。

(3) 将搅拌好的 B 部分的 1/3 与 A 部分混合拌均。

(4) 最后将余下的 2/3 的 B 部分全部倒入 A 部分中混合均匀即可。

图 7-16 巧克力戚风蛋糕卷

(5) 烤盘刷油并垫上白纸，将蛋糕面糊倒入，用刮片抹平整，待烘烤。

(6) 烘焙温度为上火 220℃/下火 160℃，时间约为 15～20 min。

(7) 将出炉冷却后的蛋糕去掉底部垫纸后，表面抹上鲜奶油膏，然后将其卷起(底部卷在外面)，定型后切块。

3. 技术要点

(1) 分蛋时蛋白中不能混有蛋黄，搅打蛋白的器具也要洁净，不能沾有油脂和碱。

(2) 可可粉加入前一定要过筛。

(3) 加入色拉油的目的是使蛋糕更加滋润柔软，但用量要准确。

(4) 在蛋白中加入塔塔粉的作用是使蛋白泡沫更稳定，但用量要准确，一般塔塔粉的用量为蛋白的 0.5%～1%。

(5) 搅打蛋白糊时要先慢后快，这样蛋白才容易打发，蛋白膏的体积才更大。

(6) 蛋黄糊和蛋白糊应在短时内混合均匀，并且拌制动作要轻要快，若拌得太久或太用力，则气泡容易消失，蛋糕糊会渐渐变稀，烤出来的蛋糕体积会缩小。

单元三　油脂蛋糕

一、磅蛋糕(图 7-17)

欧美人士最早烘烤蛋糕时制定了材料用量的标准，即一份鸡蛋可以加一份砂糖和一份面粉，但做出来的蛋糕韧性很大，为了解决这个缺点他们又想出在配方中加一份黄油，黄油属于柔性原料，用它做出来的蛋糕松软可口。因此在制作黄油蛋糕时使用的原料为面粉 1 磅、砂糖 1 磅、鸡蛋 1 磅、黄油 1 磅，而搅拌后面糊装盘的重量也是 1 磅，所以被称作磅蛋糕。

图 7-17　磅蛋糕

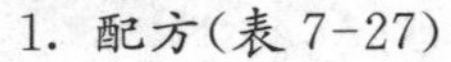

1. 配方(表 7-27)

表 7-27　磅蛋糕配方

原　料	烘焙百分比(%)	实际重量(g)	原　料	烘焙百分比(%)	实际重量(g)
鸡蛋	100	1 000	黄油	100	1 000
砂糖	100	1 000	香草粉	1	10
低筋面粉	100	1 000	食盐	1	10

2. 制作方法

(1) 称料：按配方将原料称好，低筋面粉和香草粉混合后过筛。

(2) 面糊搅拌：将黄油、砂糖放入搅拌缸内，先用慢速搅打，待砂糖和黄油混合均匀，再改用高速搅拌至膨松状态呈乳黄色。分次加入鸡蛋液，每次使鸡蛋液与黄油充分融合后再加下一次。将过筛后的低筋面粉和香草粉、食盐倒入搅拌缸中慢速搅拌均匀。

(3) 装模：将蛋糕糊装入耐高温纸杯，约八分满。

(4) 烘烤：上火 180℃/下火 170℃，时间约 40～50 min。

(5) 冷却、成型：产品出炉冷却后按需切块。

3. 技术要领

(1) 黄油、砂糖要搅拌至膨松状态呈乳黄色且砂糖溶化。

(2) 要分次加入蛋液，每次使蛋液与黄油充分融合后再加下一次。

(3) 当蛋糕烤至表面定型上色时可以用美工刀在蛋糕表面划一刀口，以便于蛋糕膨胀且成品美观。

二、葡萄干马芬蛋糕(图 7-18)

1. 配方(表 7-28)

图 7-18　葡萄干马芬蛋糕

表 7-28 葡萄干马芬蛋糕配方

原 料	烘焙百分比(%)	实际重量(g)	原 料	烘焙百分比(%)	实际重量(g)
低筋面粉	100	450	牛奶	18	80
黄油	67	300	食盐	1.3	6
糖粉	71	320	泡打粉	3.5	16
鸡蛋	89	400	葡萄干	20	90

2. 制作方法

(1) 将糖粉、黄油放入搅拌缸内,先慢速后快速搅拌至发泡呈乳白色。

(2) 分几次将鸡蛋液、牛奶加入继续搅拌均匀。

(3) 将低筋面粉、泡打粉、食盐过筛后加入以慢速搅拌成无干粉状,再加入葡萄干(用朗姆酒浸泡半小时),搅拌混合均匀。

(4) 将面糊装入裱花袋中,挤入耐烤纸模至八分满,放入预热好的烤箱以上火 190℃、下火 170℃烘烤约 25 min 后取出即可。

3. 技术要点

(1) 制作马芬蛋糕时尽量选用糖粉,因为马芬面糊最好能缩短搅拌的时间,所以使用更容易溶化混合的糖粉会比使用颗粒较粗的砂糖好一些。

(2) 鸡蛋、牛奶要分次加入,否则易出现油水分离现象。

(3) 面粉、泡打粉要过筛。

(4) 马芬面糊会在烘烤时膨胀,挤注时要注意装模量,八分满即可。

单元四 乳 酪 蛋 糕

乳酪蛋糕又称奶酪蛋糕、芝士蛋糕,是以海绵蛋糕、派皮、饼干等为底坯,将加工后的乳酪混合物倒入底坯上面,经过烘烤、装饰而成的制品。乳酪蛋糕按地域分有意大利芝士蛋糕、德国芝士蛋糕、美国芝士蛋糕等多个种类,每个地域都有其独特的味道。按奶油乳酪(Cream Cheese)用量多寡分有重乳酪蛋糕和轻乳酪蛋糕。重乳酪蛋糕基本就是用奶油乳酪做的,西方国家所说的 Cheese Cake 都是这种蛋糕。轻乳酪蛋糕是改良版本的乳酪蛋糕,含奶油奶酪较少,这可能更符合亚洲人的口感。

图 7-19 重乳酪蛋糕

轻重乳酪蛋糕的区别主要是奶油奶酪的烘培百分比含量、蛋白打发的程度以及玉米淀粉、面粉用量的差异。下面以重乳酪蛋糕(图 7-19)为例说明乳酪蛋糕的制作方法。

1. 配方(表 7-29)

表 7-29 重乳酪蛋糕配方

原 料	烘焙百分比(%)	实际重量(g)	原 料	烘焙百分比(%)	实际重量(g)
奶油奶酪	100	450	全蛋	20	90
砂糖	35	157.5	蛋黄	7.5	34
食盐	1	4.5	高脂奶油	10	45
玉米淀粉	2	9	牛奶	5	22.5
柠檬皮碎	0.3	1.5	柠檬汁	1.3	6
香草粉	0.6	3	饼干碎	—	适量
黄油	—	适量			

2. 制作方法

(1) 称料:按配方将原料称好,低筋面粉和香草粉混合后过筛。

(2) 饼底制作:将饼干碎用少量熔化的黄油拌匀,倒入蛋糕模底部,用勺子将饼干碎压实。

(3) 面糊搅拌:将奶油奶酪、高脂奶油放入搅拌缸内,用桨状搅拌器中速搅拌至光滑无颗粒。加入砂糖、玉米淀粉、柠檬皮碎、香草粉和食盐搅拌均匀,不要打发。将全蛋和蛋黄液分次适量加入,当完全吸收后,再加入下一次,搅拌均匀。分次加入牛奶和柠檬汁搅拌均匀。

(4) 装模、烘烤:将蛋糕糊装入模具中,八分满,水浴加热。烤箱温度为上火 170℃/下火 170℃,时间约 60 min。

(5) 冷却、装饰:出炉后脱模冷却,进行装饰。

3. 技术要领

(1) 以中低速搅拌并控制正确的搅拌时间。这对于蛋糕拥有正确的质地结构非常重要。

(2) 在搅拌期间应不时停止搅拌,将搅拌缸内边缘的原料刮下,以确保所有原料充分搅拌均匀,质地光滑无颗粒。

(3) 如不用水浴加热,可先用 200℃的温度烤 10 min 后将炉温降至 105℃烘烤定型,时间约 60～70 min。

单元五 慕斯蛋糕

慕斯是一种冷冻的甜点,可以直接食用。慕斯蛋糕则是慕斯和蛋糕的结合。慕斯蛋糕最早出现在美食之都法国巴黎,最初大师们在奶油中加入起稳定作用和改善结构、口感与风味的各种辅料,使其外型、色泽、结构、口味变化丰富,更加自然纯正,冷冻后食用其味无穷,成为蛋糕中的极品。下面以香草巧克力慕斯蛋糕(图 7-20)为例说明慕斯蛋糕的制作方法。

图 7-20 香草巧克力慕斯蛋糕

1. 配方(表 7-30)

表 7-30 香草巧克力慕斯蛋糕配方

原 料	烘焙百分比(%)	实际重量(g)	原 料	烘焙百分比(%)	实际重量(g)
打发鲜奶油	100	200	砂糖	15	30
淡奶油	53.5	107	牛奶	30	60
黑巧克力碎	76.5	153	鱼胶粉	3.5	7
蛋黄	48	96	香草粉	0.5	1
全蛋	20	40	糖水	—	适量
戚风蛋糕坯	—	2片	—	—	—

2. 制作方法

(1) 制作巧克力酱:将淡奶油煮开后离火,分次倒入黑巧克力碎,使之完全溶化即可。

(2) 制作香草巧克力慕斯液:将蛋黄、全蛋和砂糖放入盆内水浴加热,并用蛋抽搅打至浓稠状,然后加入牛奶搅拌均匀,再加入溶解的鱼胶粉拌匀后冷却,最后加入搅打至七成发的鲜奶油搅拌均匀。将混合物分成两份,在一份中加入香草粉拌匀,另一份中加入巧克力酱拌匀。

(3) 装模:8 寸蛋糕圈中放入 1 片戚风蛋糕坯,蛋糕坯表面刷糖水。将香草味的混合物倒入模具中装半满,放入冰箱待慕斯液凝固后取出,再垫上一片蛋糕坯,倒入巧克力味的混合物抹平。

(4) 冷冻、脱模、装饰:慕斯蛋糕放入冰箱中冷冻定型,然后取出脱模、切块,用巧克力插片和水果装饰。

3. 技术要领

(1) 水浴加热时应控制好温度,防止将鸡蛋烫熟。

(2) 用适量的温水溶解鱼胶粉,水浴加热至鱼胶粉全部溶解,如有鱼胶颗粒可过滤。

单元六 装饰蛋糕

装饰蛋糕是蛋糕制作技术与绘画、造型艺术相结合的产物,是把我们生活中美好的东西加上主观意念,以一种特殊的原料的表现方式应用到蛋糕的制作上,使蛋糕具有秀色可人、妙趣横生的特点。

一、生日蛋糕(图 7-21)

生日蛋糕起源于法国。中古时期的欧洲人相信,生日是灵魂最容易被恶魔入侵的日子,所以生日当天,亲朋好友都会齐聚在生日者身边,给予祝福并且送蛋糕以带来好运驱赶恶魔。生日蛋糕最初只有国王才有资格拥有,流传到后来,老百姓无论男女老少,都可以在生日当天买个漂亮的生日蛋糕,享受众人给予的祝福。最早的生日蛋糕是用几样简单的材料做出来的,款式也很简单,这些生日蛋糕大多是古老宗教神话与奇迹式迷信的象征。

图 7-21 生日蛋糕

1. 配方(表 7-31)

表 7-31 生日蛋糕配方

原　料	实际用量	原　料	实际用量
戚风蛋糕坯	1个	果占	适量
鲜奶油	适量	色素	适量
巧克力酱	适量	水果	适量

2. 制作方法

(1) 蛋糕体整理:将冷却后的蛋糕坯去掉垫纸后,切割成直径为 25 cm 的圆形蛋糕薄片三片,先将第一片蛋糕薄片放置在蛋糕裱花转台上,将鲜奶油打发好,用抹刀抹在上面作为夹层并放上少许切成丁的水果,然后将第二片蛋糕薄片放上面,抹上奶油,放上水果丁,再将第三片蛋糕薄片放上面,最后将鲜奶油涂抹在蛋糕表面和侧面并涂抹平整。

(2) 花边制作:花边制作要用到裱花袋和不同形状的裱花嘴,也可用其他形状的器具,借助于裱花师灵巧的双手和丰富的经验在蛋糕的表面、侧面绘出千姿百态的形状,如花卉、叶片、波浪、绸带等。

(3) 裱花:可将鲜奶油用食用色素染成不同的颜色,借助不同的裱花嘴,裱成不同的花朵、图案等,可根据蛋糕主题选择几种来装饰蛋糕。

(4) 字体装饰:在蛋糕表面用巧克力占或果占写上所需的字样,如生日快乐、Happy Birthday 等。

3. 技术要领

(1) 掌握好点、线、面等基本功。

(2) 把握分寸,掌握全局,通过设计确定蛋糕造型的主题。

(3) 了解色彩的运用,掌握色调的配比。

二、卡通蛋糕(图 7-22)

卡通,是英语“Cartoon”的音译,它作为一种艺术形式最早起源于欧洲。卡通蛋糕是蛋糕师将各种卡通图案运用到蛋糕上,进行装饰造型。卡通蛋糕图案有平面图案、立体图案、仿真图案、抽象图案等之分。

图 7-22 卡通蛋糕

1. 配方(表 7-32)

表 7-32 卡通蛋糕配方

原　料	实际用量	原　料	实际用量
戚风蛋糕坯	1个	晶晶亮果膏	适量
鲜奶油	适量	色素	适量
巧克力酱	适量	—	—

2. 制作方法

(1) 蛋糕体整理:同生日蛋糕的整理方法一样。

(2) 卡通人物的制作:将打发好的鲜奶油装进裱花袋中,根据不同的卡通形象进行造型,一般按照躯干、头部、四肢的顺序进行裱挤,然后用巧克力酱进行面部、耳朵等细节部分的勾画。

(3) 花边挤注:根据蛋糕的构图需要选用对应的裱花嘴放入裱花袋中,装入调色过的打发鲜奶油,进行不同样式的花边挤注,注意花边要整齐划一。

(4)字体装饰:在蛋糕表面用巧克力酱或晶晶亮果膏写上所需的字样,如生日快乐、Happy Birthday 等。

3. 技术要领

(1) 要进行明确的构图设计,蛋糕主题突出。

(2) 掌握卡通形象的比例协调,要生动形象。

(3) 掌握好色彩的合理搭配。

三、巧克力装饰蛋糕(图 7-23)

巧克力装饰蛋糕是以可可蛋糕为坯,表面涂抹装饰巧克力的蛋糕,它可分为软巧克力蛋糕、巧克力脆皮蛋糕和巧克力碎屑蛋糕三类。软巧克力蛋糕以可可戚风蛋糕为坯,表面淋巧克力酱,再裱饰花纹,其糕坯绵软,巧克力涂层软而细腻,宜在 4℃左右贮藏。巧克力脆皮蛋糕以可可海绵蛋糕为坯,可可奶油浆夹馅,表面淋上巧克力酱,其糕坯松软,巧克力涂层脆而入口即化,保质期较软巧克力蛋糕长。巧克力碎屑蛋糕是以可可海绵蛋糕为坯,夹以可可奶油浆料,表面涂淋可可奶油浆,简单裱花,并饰以巧克力碎屑或以巧克力加可可粉制成的酥豆,其图案简洁大方,糕坯松软,奶油巧克力味特浓。下面以巧克力脆皮蛋糕为例介绍巧克力装饰蛋糕的基本制作方法。

图 7-23 巧克力装饰蛋糕

1. 配方(表 7-33)

表 7-33 巧克力装饰蛋糕配方

原 料	实际用量	原 料	实际用量
戚风蛋糕坯	1个	巧克力淋面酱	适量
鲜奶油	适量	巧克力插件	适量
鲜水果丁		软质巧克力酱	适量

2. 制作方法

(1) 蛋糕体整理。将 25 cm 的圆形戚风蛋糕坯片成三片,中间夹打发鲜奶油和鲜水果丁,最后在蛋糕表面以及侧面涂抹打发鲜奶油,抹平整即可放入冰箱稍微冷冻,使其表面稍微有点凝固后待用。

(2) 巧克力淋面。将稠度适宜的巧克力淋面酱淋在蛋糕表面上,轻轻震动一下蛋糕,使其自然流淌平整,待装饰。

(3) 装饰。将制作好的巧克力装饰插件等摆放在蛋糕表面即可完成。也可用巧克力酱勾画线条或写上“Happy Birthday”等字样即可完成。

3. 技术要领

(1) 蛋糕淋巧克力酱前一定要先放入冰箱微冻,以保证淋面效果。

(2) 淋面用的巧克力酱稠度要适中,若过稠,巧克力酱流淌不开,易造成蛋糕覆盖不完全、表面不平整。

四、翻糖蛋糕(图 7-24)

1. 配方(表 7-34)

表 7-34 翻糖蛋糕配方

原 料	实际重量(g)	原 料	实际重量(g)
重油蛋糕坯	1个	各色食用色素	适量
翻糖膏	500	塑型糖膏	300
皇家糖霜	200	杏仁糖膏	200
蛋白糖霜	适量		

2. 制作方法

(1) 进行蛋糕图案构思设计。

(2) 将重油蛋糕整理成圆形并放置于裱花转台上,表面涂抹皇家糖霜。

(3) 将翻糖膏擀成薄片覆盖在蛋糕表面,去掉多余部分。

(4) 用翻糖膏做出装饰花朵。

(5) 用塑型糖膏做出装饰用的器物、建筑或人物。

(6) 以杏仁糖膏捏制出象形人物或动物。

(7) 根据设计图案将装饰物组装起来,并根据需要用蛋白糖霜挤注线条、花纹装饰。

图 7-24 翻糖蛋糕

3. 技术要领

(1) 因糖皮有一定重量,故蛋糕坯不宜选择轻柔的海绵蛋糕或戚风蛋糕,应选择质地较厚重的油脂类蛋糕。

(2) 先用刀将蛋糕表面及四周修平整,然后用蛋白糖霜均匀涂抹一层,使蛋糕更加平整和有一定黏性,能牢固黏结表面糖皮。

(3) 翻糖擀制过程中要注意防粘。可使用防沾工具,如防沾硅胶垫、防沾擀面棍、防沾模具等。

项目八 西式点心加工技术

西式点心在西方人的生活中占有非常重要的地位，常常作为西餐正餐的餐前点心、餐后甜点以及下午茶茶点、节日或庆典点心等。西式点心种类众多，主要类型有：起酥点心、挞、派、小西饼、泡芙、冷冻甜点等。

工作任务一 起酥点心制作

学习目标

◎ 了解起酥点心的特点和分层的原理
◎ 了解起酥折叠方法与次数对制品酥层结构有何影响
◎ 熟悉起酥点心原料有何选用原则
◎ 熟悉起酥点心包油方法和要点
◎ 熟悉起酥折叠过程中松弛与冷藏的作用
◎ 掌握起酥产品的制作工艺与制作方法
◎ 能独立进行起酥类品种的制作

课前思考

1. 起酥面团有何特点？起酥点心分层的原理是什么？
2. 起酥点心原料有何选用原则？
3. 起酥点心制作工艺流程是什么？
4. 起酥点心包油方法有哪些？要领是什么？
5. 为什么皮面团与包裹的油脂需保持硬度一致？
6. 起酥折叠的方法与次数对制品酥层结构有何影响？
7. 起酥面团折叠过程中松弛与冷藏的作用是什么？

单元一 起酥点心制作工艺

一、起酥点心的特点

起酥类点心又称帕夫点心、清酥点心，丹麦酥、松饼等起酥点心以其独特的酥层结构别具特色，在西式点心中占有重要地位。起酥点心结构多层且酥、松、脆的质感特征源于起酥面团特殊的结构。起酥面团由筋性面团包裹油脂，再经过反复擀制折叠，形成一层面与一层油脂交替排列的多层结构，最多时可达一千多层。通过这种面团制作的制品经烘烤成熟后具有体轻、层次分明、酥脆而爽口的特点。

二、起酥点心的分层原理

起酥类制品不仅层次分明，而且体积膨胀很大，其膨胀原理与一般西点有很大不同。起酥类制品的膨胀和分层主要是依靠面团和油脂这两种完全不同性质的物质经包裹、擀折等操作，形成一层面一层油，片片如纸般的多层相叠结构，最后经烘烤受热而产生分层膨胀的效果。

由于面层中含有大量的水分，包裹的油脂中也含有水分，这些水分在烘烤时因受热而产生大量蒸汽，在蒸汽的压力作用下层与层之间慢慢地开始分开。同时，面层之间的油脂像"绝缘体"一样将面层隔开，防止了面层之间的相互黏结。在烘烤过程中，熔化了的油脂被面层吸收，而且高温下的油脂亦作为传热介质烹制了面层并使其酥脆。

三、起酥点心的原料选用原则

1. 面粉

制作起酥类点心宜采用蛋白质含量为10%～12%的次高筋面粉或中筋面粉。因为筋力较强的面粉被调制成面团后不仅能经受住擀制过程中的反复拉伸，而且面团中的蛋白质具有较高的水合能力，吸水后的蛋白质在烘烤时能产生足够的蒸汽，在蒸汽的压力作用下使得层与层之间分开。

2. 油脂

面层面团中加入适量的油脂可以改善面团的操作性能以及增加成品的酥性。面层面团选用的油脂可以是黄油、麦淇淋、起酥油或其他固体动物油脂。对油层选用的油脂则要求其既有一定的硬度，又要有一定的可塑性，熔点也不能太低。这样，油脂在操作中才能经受住反复擀制、折叠，又不至于熔化。

3. 水

水是构成面团的基本原料，水多的面团容易促使面筋扩展，同时促进产品膨大。面团的加水量是根据面粉的吸水能力来决定的，一般面粉筋度越高，调制面团需水量越大。面团的软硬程度控制需考虑所包裹油脂的软硬度，面团与油脂硬度应保持一致才能保证起酥操作顺利进行。

4. 鸡蛋

起酥面团内加鸡蛋主要是增加产品香味及促进质感酥松的效果。鸡蛋对产品烘烤过程中的上色起到一定促进效果，尤其是烘烤前在制品生坯表面刷蛋液可使烘烤后的产品色泽金黄光亮。但需注意鸡蛋加多了对起酥面团反而有害，因为鸡蛋添加过多会使面筋不易扩展，面团膨胀力受损。起酥面团加蛋量一般以不超过20%为原则。

5. 糖

糖有促进产品烘烤上色的作用，但在起酥面团中的用量以不超过5%为好，因为糖的反水化作用会消弱面粉筋力，同时糖的吸湿性易使产品软化而失去酥、松、脆的特质。所以，一般制作起酥产品时多数不加糖。

6. 盐

盐在起酥制品中有增强味感的作用,使产品风味更加突出。盐还有增强面筋的作用,也能使搅拌后的面团不易粘手。盐的用量以面粉用量的1%~1.5%为宜,但需注意裹入的油脂若含盐,则可不加或少加盐。

四、起酥点心的制作工艺

(一) 工艺流程

起酥点心的制作工艺流程如图8-1所示。

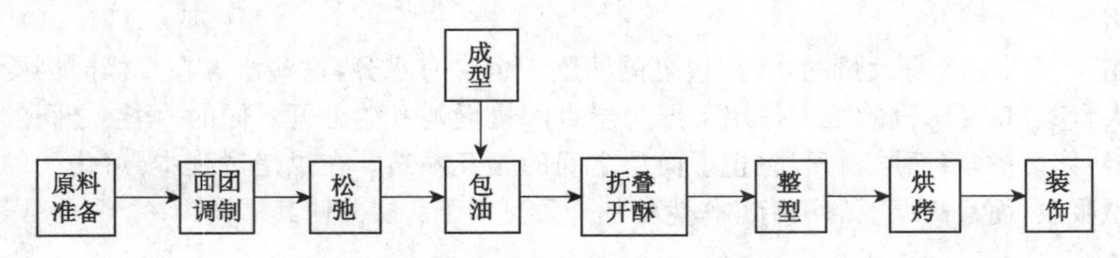

图8-1 起酥点心的制作工艺流程

(二) 起酥面团基本配方

起酥点心配方中面粉和油脂的用量对面团调制工艺与性质影响很大。油脂用量越大,产品酥性越强,但对面粉筋度要求增大,否则制品酥层易碎。油脂用量稍少的,制品口感酥性稍差,但酥层完整,层次清晰。起酥面团常见配方中油脂用量(包括面层油脂和油层油脂)大致可分为三种:油脂量与面粉量大致相等,油脂量约为面粉量的一半,油脂量约为面粉量的3/4。其中第三种最常见,基本配方见表8-1。目前市场应用的起酥面团配方较多,因产品品种不同而有所变化,但大多都是在此基础上进行调整。

表8-1 起酥面团基本配方(油脂用量为面粉用量的3/4)

原料		烘焙百分比(%)	实际重量(g)
皮面团	中筋面粉	100	1 500
	黄油	8	120
	鸡蛋	8	120
	水	40	600
	食盐	2	30
裹入油	片状起酥油	67	1 000
面团总量		225	3 370

(三) 主要工艺环节

1. 皮面团调制

皮面团的调制方法同其他水调筋性面团的调制方法基本相同,可采用手工调制也可采用机器调制。

(1) 手工调制。先将配方中的中筋面粉过筛后倒在案台上围成圈,中间加入黄油(切成小颗粒状），再将配方中的水、食盐、鸡蛋加入混合均匀，然后拌入周围的面粉并搓揉成表面光滑的面团，盖上保鲜膜醒面即可。

(2) 机器调制。将过了筛的中筋面粉、黄油、食盐、鸡蛋、水一起倒入搅拌机内搅拌成软硬适度、表面光滑、不粘手的面团，取出后盖上保鲜膜醒面即可。

2. 松弛

调制好的面团应分割成大小适宜的面块以利于操作。一般面团的分割重量在 1 500～2 000 g，过大或过小都不利于操作。分割后的面团先滚圆，然后依照包油方法需要整理成一定形状，如圆形、长方形或十字开刀形。整型好的面团必须松弛后才宜于包油操作。松弛过程中，面团需用塑料膜覆盖以免表皮结壳。

3. 包油

起酥面团的包油方法大体上可分为两种，即法式包油法和英式包油法。

(1) 法式包油法。先将调制好的皮面团搓揉成圆形，然后用刀在上面划十字形开口，深度约为面团的 1/3，待面团松弛后用滚筒将面团四个角擀开、擀薄，略似正方形。将片状起酥油擀制成比皮面团稍小的正方形。将片状起酥油放在皮面团上面，四个顶点正好位于皮面团的四个边上，再将皮面团的四个角往中心折拢覆盖油脂并且完全包住油脂，最后形成一种两层面、一层油脂的三层结构的面团，如图 8-2 所示。

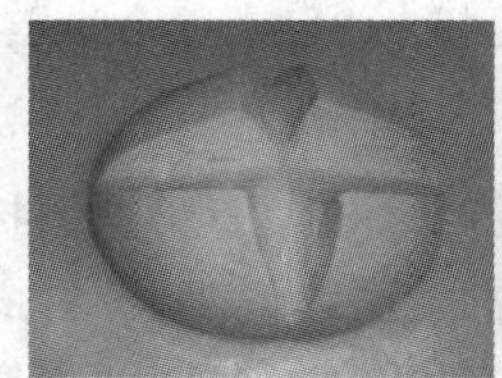
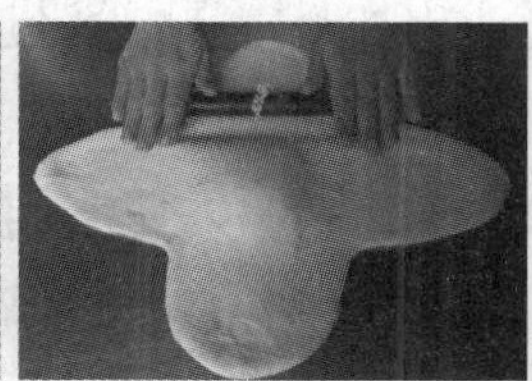
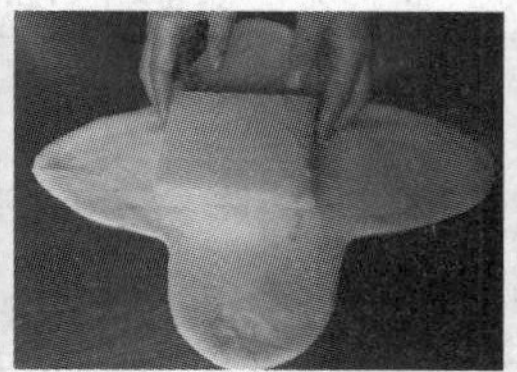
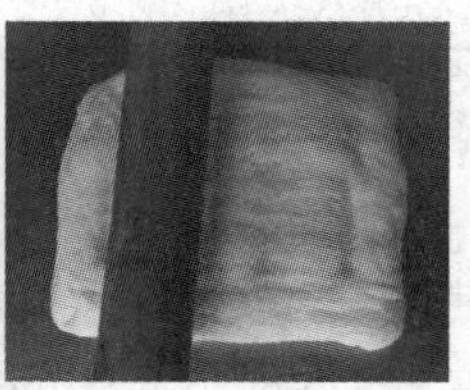

图 8-2　法式包油法

(2) 英式包油法。先将皮面团擀成厚薄均匀的长方形面片，再将片状起酥油擀制或整型成为大小约为皮面团的一半的片状，然后将片状起酥油放在皮面团上面的一半位置上，像包饺子一样，将皮面团以对折的方式把片状起酥油完全包裹住，最后将边缘捏拢压紧即可，如图 8-3 所示。

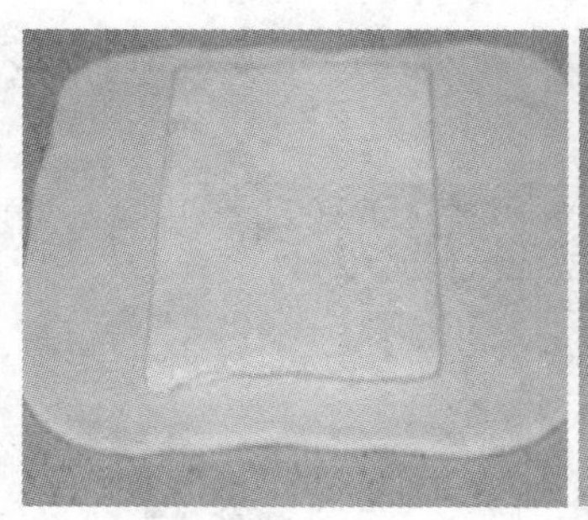

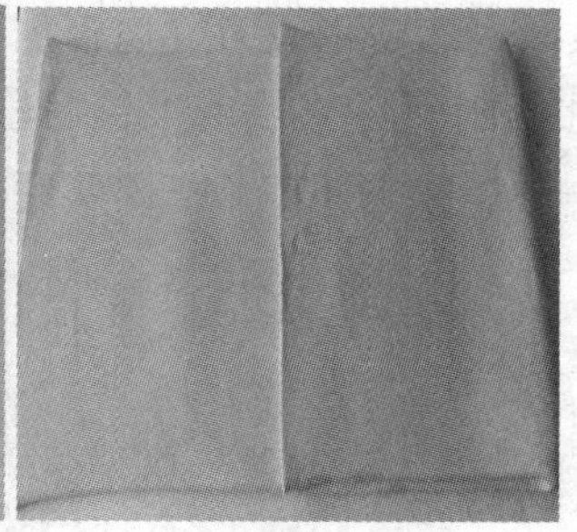

图 8-3　英式包油法

4. 折叠开酥

皮面团包裹好油脂后，采用人工擀制或机械压片制成厚薄均匀的长方形，再进行折叠。

折叠的方式大体可分为三种:对折法、三折法、四折法。这些折叠方法均是将包裹好油脂的面团擀开后再折叠,作为第一轮(次);通过一段时间的醒面使面筋松弛后再沿长边方向擀开、折叠,则为第二轮(次)。依此类推,一般共需要经过3～5轮(次)的折叠、擀制,然后再擀开成型(造型)。

面团起酥层数与面团折叠方法和折叠次数有关,如表8-2所示。

表8-2 起酥折叠方法与折叠次数所得层数参考表

折法 次数计算	对折法			三折法			四折法			适用范围
	折叠次数简称	油层	面层	折叠次数简称	油层	面层	折叠次数简称	油层	面层	
面团包油		1	2		1	2		1	2	折叠不足不适用
折叠第一次	2×1	2	3	3×1	3	4	4×1	4	5	
折叠第二次	2×2	2	3	3×2	9	10	4×2	16	17	折叠适中适用
折叠第三次	2×3	8	9	3×3	27	28	4×3	64	65	
折叠第四次	2×4	16	17	3×4	81	82	4×4	256	257	折叠过度不适用
折叠第五次	2×5	32	33	3×5	243	244	4×5	1 024	1 025	
折叠第六次	2×6	64	65	3×6	729	730	4×6	4 096	4 097	

5. 冷藏处理

起酥面团中含油量较高,当油脂裹入面团后,要经过反复多次折叠加工,而反复的折叠促使面团温度上升,油脂的可塑性和涂抹性也随之下降,且由于面团温度的逐步升高,面团会变软,不利于面团的折叠操作。因此,降低面团的温度,提高面团和油脂的可塑性,使面团和油脂的硬度趋于一致是十分必要的。行之有效的方法就是采用低温冷藏手段,即面团每经过一次折叠处理后,将其放入1℃～3℃的冷藏室中一段时间,约20～40 min左右。随着面团温度降低,面团中的油脂微粒之间会重新发生凝聚作用,从而使其可塑性提高,有利于面团的折叠操作。

6. 整型

根据产品要求,将擀折、开酥、松弛后的面团擀成一定厚度的薄片,一般厚度为0.3～0.5 cm,然后用轮刀或切模加工成一定形状的面坯(如图8-4所示),如正方形、长方形、三角形、圆形等,直接或夹馅后塑造成一定形状。

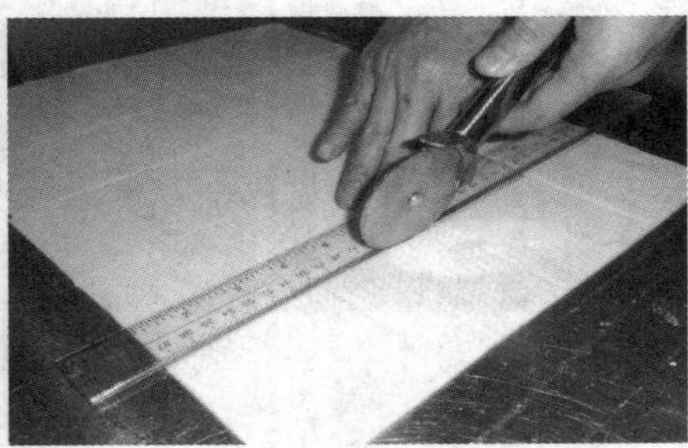

图8-4 面皮切割

面团在整型时有以下几点要求：

(1) 整型的面团不可冰冻得太坚硬，如太硬应放在操作台上使其恢复适当的软度，以方便操作。

(2) 整型后的面皮厚薄要一致。

(3) 整型操作的工作室温度要适宜，尽可能避免高温。

(4) 整型操作时动作要快而利索，从擀面皮到分割、夹馅，整型要一气呵成。

(5) 切割使用的刀具应锋利，这样每一个被分割的小面皮及四边的面皮与油层间隔分明。

(6) 被切割的每一块小面皮的大小应一致。

(7) 整型后的生坯放在烤盘内须留够间隔距离，平烤盘涂油不宜多，以免其滑动。

7. 烘烤

起酥点心的烘烤宜采用较高的炉温(约 210～230℃)。高温下面层能很快产生足够的蒸汽，有利于酥层的形成和制品的涨发，达到制品的要求。烘烤前，制品表面可用蛋液涂刷，使烘烤后制品表面光亮上色。

起酥点心入炉前必须留有足够的时间让起酥生坯得到充分的松弛，否则面坯进炉后会发生缩小自身体积和漏油等情形。测试进炉前的松弛是否已够，可用手指在整型好的面皮的表面轻轻压一下，如感觉面皮并不坚实而有松软的感觉就表示已完成松弛。

8. 装饰

起酥点心品种多样，所以装饰原料、馅心也多种多样，可根据制品品种的具体需要，选择不同的装饰原料或馅心进行适当装饰，达到美化制品的作用。

单元二　起酥点心制作实例

一、千层酥(图 8-5)

1. 配方(表 8-3)

表 8-3　千层酥配方

原　料		烘焙百分比(%)	实际重量(g)	原　料		烘焙百分比(%)	实际重量(g)
皮面团	高筋面粉	50	400	皮面团	水	40	320
	低筋面粉	50	400		食盐	2	16
	黄油	8	64	裹入油	片状起酥油	67	536
	鸡蛋	8	64	装饰	砂糖	—	适量

2. 制作方法

(1) 皮面团调制：将除水以外的所有皮面团原料放入搅拌缸中，加水后慢速搅拌成光滑的面团即可，然后将面团搓圆，顶部用刀划开一个十字形刀口，盖上保鲜膜放入冰箱中冷藏松弛。

(2) 包油:用擀面棍把切成十字形的面团的四角擀开,然后把它擀成一个大的十字形面片,中间的厚度是四周的 2 倍。将整理成正方形的片状起酥油放在十字形面片的中心,把面片四边折起来,就像一个信封一样把片状起酥油全部包起来。

(3) 折叠开酥:用开酥机将面团擀成一个正方形,把面团的两边的 1/3 部分分别向中间折叠,折叠成三层,再将面团送入冷藏箱中冷藏 10～15 min。按上述的方法再重复两次,即三折三次。

(4) 冷藏处理:将折叠好的面团放入冰箱中冷藏 30 min。

图 8-5　千层酥

(5) 整型:将千层酥面团用开酥机擀成厚度为 4～5 mm 的薄片,表面刷蛋液,均匀撒上砂糖装饰,然后用轮刀切成长方形小面片,放入烤盘中。

(6) 烘烤:装千层酥的烤盘上盖一张不沾布,放入烤箱烘烤,上火 220℃/下火 210℃,时间约为 20 min。

3. 技术要领

(1) 面团的软硬度和片状起酥油的软硬度尽量一致。

(2) 面团在整型时温度要适宜,操作动作要快,面团在案台上放置的时间过长会变得过软,增加整型的困难,从而影响产品的膨松度和形状的完整。

(3) 盖不粘布是为了保证产品在炉内能均匀地膨胀。

二、三角酥、风车酥、果酱酥、领结酥(图 8-6)

图 8-6　三角酥、风车酥、果酱酥、领结酥

1. 配方(表 8-4)

表 8-4　三角酥、风车酥、果酱酥、领结酥配方

原料		烘焙百分比(%)	实际重量(g)	原料		烘焙百分比(%)	实际重量(g)
皮面团	中筋面粉	100	750	装饰	卡士挞馅	—	适量
	黄油	8	50		砂糖	—	适量
	鸡蛋	13	100		果酱	—	适量
	食盐	2	15		芝士片	—	适量
	水	40	300		白芝麻	—	适量
裹入油	片状起酥油	67	500		—	—	—

2. 制作方法

(1) 皮面团调制:先将皮面团配方中的中筋面粉过筛后倒在案台上围成圈,中间加入黄油(切成颗粒状),再将配方中的水、食盐、鸡蛋加入搅拌混合均匀,然后拌入四周的中筋面粉并揉成表面光滑的面团,表面盖上保鲜膜,松弛 30 min 待用。

(2) 包油:先将调制好的皮面团搓揉成馒头形,然后用刀在上面划十字形开口,深度约为面团的 1/3,然后用滚筒稍稍擀制成正方形面片,四个角擀薄一些,再将片状起酥油擀成比皮面团稍小的正方形,其对角线与皮面团的边长度相等,然后将片状起酥油放在皮面团上,四个顶点正好位于皮面团的四个边上,再将皮面团的四个角往中心折笼并完全包裹住油脂,最后形成两层面、一层油的三层结构的面团。

(3) 折叠开酥:将包好的起酥面团先用擀面棍均匀地压一遍,使面团的油脂分布均匀,然后用滚筒擀成厚薄均匀的长方形面片,面片厚度约为 0.5 cm。接着将长方形面片沿长边方向分为四等份,两端的两份均往中间折叠,折至中线外,再沿中线折叠一次,最后折成小长方形面团,其宽度为原来的 1/4,呈四折状。盖上保鲜膜静置 20 min 左右。将折叠好的面团擀成厚薄均匀的面片后再折叠,依此类推,共进行三次折叠、擀制,最后将面团盖上塑料布松弛待用。

(4) 整型:①三角酥:将折叠好的千层酥面团用滚筒擀制成厚薄均匀的薄片(3 mm),用轮刀分割成 8 cm×8 cm 宽的正方形面坯,在表面刷蛋液,再在面坯中间放卡士挞馅,然后将面坯对折捏紧,表面刷蛋液,撒芝麻,摆入烤盘松弛 20～30 min,待烤。②风车酥:将千层酥面团用开酥机擀成厚度为 4～5 mm 的薄片,用轮刀切成 7 cm×7 cm 宽的正方形面坯,表面刷蛋液,然后取一个面坯,将其每一个角划一刀,将刀口划过的角向中间折叠并用清水黏成风车型,表面再刷上蛋液,中间放半粒红樱桃即成生坯,摆入烤盘松弛 20～30 min,待烤。③果酱酥:将千层酥面团用开酥机擀成厚度为 4～5 mm 的薄片,用轮刀切成 7 cm×4 cm 宽的正方形面坯,取一个方形面坯对折成三角形,用刀在面坯直角边各切一刀,离尖端约1.5 cm 处保持相连,然后翻开三角形,表面刷蛋液,将切割边交叉拉至对角边,中间挤上果酱,稍微松弛,表面刷蛋液,待烤。④领结酥:将千层酥面团用开酥机擀成厚度为 4～5 mm 的薄片,用轮刀切成8 cm× 8 cm 宽的正方形面坯,然后用刀斜切成三角形面坯并刷上蛋液,再在直角

边离直角 1/3 处切割两刀，将直角向前以捆绑方式捆紧，接头处向下，表面再刷上蛋液，中间放一小块芝士片，摆入烤盘松弛 20 min，待烤。

(5) 烘烤：上火 220℃/下火 200℃，时间约为 15 min。

3. 技术要领

(1) 皮面团的软硬度要和所包裹的片状起酥油的软硬度一致。

(2) 气温、室温较高时，应先将片状起酥油放入冰箱冷藏，使之保持一定硬度，便于包油开酥操作。

(3) 面团在每次折叠后应静置 30 min，有利于面团在拉伸后面筋的放松，便于下一步的操作。

(4) 使用开酥机压面时，滚轮间距应逐渐缩小，不能一次调整过大，否则易将面团碾烂。

(5) 擀制、折叠好的面团在静置时应装入保鲜袋中，以防表皮发干。

(6) 生坯刷蛋液时，不宜将蛋液流在面坯的侧面。

(7) 成型后的制品在烘烤前亦应停放约 20 min 左右，这样有利于制品的涨发。

(8) 烘烤时应用较高的温度，高温下面层很快产生足够的蒸汽，有利于酥层的形成和制品的涨发。

图 8-7 拿破仑酥

三、拿破仑酥(图 8-7)

1. 配方(表 8-5)

表 8-5 拿破仑酥配方

原料		烘焙百分比(%)	实际重量(g)	原料		烘焙百分比(%)	实际重量(g)
皮面团	高筋面粉	75	375	法式奶油膏	砂糖	100	100
	低筋面粉	25	125		水	25	25
	黄油	12.5	60		蛋黄	37.5	37.5
	鸡蛋	8	40		软化黄油	125	125
	水	52	260		香草精	1.5	1.5
	食盐	1	5	蛋白夹心饼	蛋白	400	1 000
裹入油	酥片黄油	100	500		砂糖	280	700
装饰	糖粉	—	适量		淀粉	100	250
	水果	—	适量		核桃碎	200	500

2. 制作方法

(1) 面团调制：将除水以外的所有皮面团原料放入搅拌缸中，加水后慢速搅拌成光滑的面团即可，然后将面团搓圆，盖上保鲜膜松弛 20 min。

(2) 包油:采用英式包油法或者法式包油法。

(3) 折叠开酥:三折三次。

(4) 整型:将千层酥面团用开酥机擀成厚度为 2～3 mm 的薄片,用轮刀将面皮切成烤盘大小,用针车轮打出小孔,松弛 10 min。

(5) 烘烤:上火 220℃/下火 180℃,时间约为20 min。

(6) 制作法式奶油膏:将砂糖和水放入锅中煮沸,继续加热至糖浆达到 115℃。蛋黄放入搅拌缸内搅打至浓稠松软,缓缓加入糖浆和香草精搅拌均匀,然后搅打至混合物完全冷却。将软化黄油放入搅拌缸内搅打至发泡,呈乳白色,再分次加入蛋黄糖浆搅拌均匀即可,冷藏备用。

(7) 制作蛋白夹心饼:将蛋白、砂糖放入搅拌缸中高速搅打至蛋白湿性发泡,加入淀粉拌匀,再加入核桃碎拌匀。装入烤盘抹平,烤箱上火 150℃/下火 150℃,烘烤 40 min。

(8) 组合装饰:一张酥皮上均匀抹上法式奶油膏,放一层夹心饼,抹上软化黄油后再加第二层酥皮。第二层酥皮上均匀抹上软化黄油,放一层蛋白夹心饼,抹上软化黄油后再放第三层酥皮,然后在第三层酥皮表面撒一层酥皮碎,最后在表面盖一张不粘布,压上重物放入冰箱冷冻 2～3 h 后切割成型,并用糖粉和水果进行装饰。

3. 技术要领

(1) 面皮装盘后一定要松弛后再进行烘烤,不然饼坯易收缩变形。

(2) 温度过高时,制作面皮时用冰水。

(3) 面皮烘烤前一定要扎孔。

(4) 蛋白夹心饼要烤香烤脆。

(5) 酥皮夹馅后要稍微压一压,使饼坯粘紧。

(6) 撒糖粉时最好将糖粉放在筛子里,筛在表面上,这样糖粉分布均匀。

工作任务二　挞、派制作

学习目标

◎ 了解挞、派的特点和分类

◎ 熟悉油酥面团产品的用料构成及选料原则

◎ 熟悉油酥面团的形成原理

◎ 熟悉挞、派产品的制作工艺

◎ 能独立进行挞、派类品种的制作

课前思考

1. 挞、派类产品有何特点?

2. 甜酥挞、派皮与咸酥挞、派皮有何不同?

3. 挞、派装模有何要求?

4. 挞、派馅可分为哪几类?

单元一　挞、派制作工艺

一、挞、派类点心的特点及分类

(一) 挞、派类点心的特点

派(Pie)是西餐、宴会、自助餐、零点餐厅和欧美人家庭生活中的常用甜点。派,俗称馅饼,是西方油酥类点心的代表。它是以面粉、奶油、糖等为主要原料调制面团,经擀制、成形、填馅、成熟、装饰等工艺制成的一类酥松而有层次的点心。一般每只派可供8人或10人食用。挞(Tart),亦称塔,属于派类,有一种误解认为挞是一种典型的欧洲派。比较两个名称的用途可以发现,挞比派用的盘子要深,挞盘的边缘和底部的角度比派盘垂直。"派"多用于双皮派,并且是切成块状的;"挞"多用于单皮的馅饼,或比较薄的双皮圆派,或整只小圆形及其他形状(如椭圆形、船形、带圆角的长方形等)的派。派、挞由派皮、挞皮与派馅、挞馅两部分组成。派与挞的品种风味很大程度上是通过馅心来变化的。派、挞常用的馅料有各种水果馅、果仁馅、卡士达馅、蛋糕面糊馅、蛋白膏、奶油霜、慕斯等。

(二) 挞、派的分类

挞、派的分类方法很多。按口味来分可把挞、派分为甜和咸两种。甜的作为点心,而咸的多作为正餐前肴食用;甜的大多选用各种水果、巧克力、椰子、蛋黄奶油、打发鲜奶油等作为馅心和配料,咸的则用猪肉、火腿、家禽肉、鸡肝泥、海鲜、奶酪以及蔬菜等作为馅心。

按挞、派皮与馅的生熟性可分为生皮生馅和熟皮熟馅两种。生皮生馅挞、派是将生的馅料填入生挞、派皮中烘烤而成,这类挞、派的馅多以鸡蛋作为馅料的凝胶原料。熟皮熟馅挞、派是先将挞、派皮烤好,然后把熟的馅料填入熟皮中,经装饰后供食用。

按挞、派皮的面团性质可分为甜酥皮、咸酥皮、起酥皮、饼干脆皮四种。甜酥皮以酥油面团做皮,制品质感均匀,口感酥松;咸酥皮以面粉混合颗粒状油脂后再加水黏合成的面团制成挞、派皮,制品口感酥脆,有不均匀层次;起酥皮以起酥面团做皮,制品酥层清晰,口感酥、松、脆;饼干脆皮主要用于熟皮熟馅派,是以全麦饼干、威化饼干、薄脆饼干等饼干的碎屑加适量糖、黄油拌和而成,铺于挞、派盘中压紧实即可。

按形状可把派分为单皮派和双皮派。单皮派由派皮与派馅两部分组成,双皮派以水果派和肉派为主,往往在馅料上面加盖一层派皮或者使用格子网状派皮。

按成熟方式可把派分为烘烤型与油炸型。烘烤型派不论是生皮派还是熟皮派均以烘烤的方式成熟;油炸型派则以油炸的方式成熟,由于油炸时派将吸收部分油脂,所以派皮配方内的油脂用量应较其他类型少。

二、挞、派面团的调制原理

(一) 甜酥挞、派皮(即油酥面团)的调制原理

油酥面团中的油、糖含量较高,利用油、糖的特性一方面可限制面筋生成,另一方面可在面团调制过程中结合空气,使制品达到松、酥的口感要求。

限制面筋生成是油酥面团起酥的基本条件。若面团生筋就会影响制品的起酥效果,使制品僵硬、不酥松。

油酥面团中常常添加一定量的化学膨松剂，如小苏打、臭粉或发酵粉，借助膨松剂分解产生的二氧化碳气体、氨气等来补充面团中气体含量的不足，增大制品的酥松性。当油酥面团中油脂的用量充足时，依靠油脂结合的空气量即可使制品达到酥松，且组织结构细腻，孔眼均匀细小。但当油脂用量减少或者为了增大制品酥松性时，可通过添加化学膨松剂补充面团中的气体含量，不过化学膨松剂用量过大，制品的内部结构粗糙，孔眼大小无规则。

（二）咸酥挞、派皮的调制原理

调制咸酥派皮时首先将面粉与油脂混合，使油脂成为被面粉包裹的颗粒状（大者如乒乓球，小者如黄豆粒），然后加水使面粉彼此黏合成团，并保持油脂的颗粒状态。挞、派皮整型时，通过擀片，油脂呈片，状分布在面皮中，经烘烤后可产生一片片的酥片。由于面团调制时面粉是直接与水接触的，会产生一定面筋，故而制品口感酥而脆。

（三）原料选用原则

挞、派皮的原料主要有面粉、油脂、糖、发粉、食盐、鸡蛋、水等。有时为了增加派皮的酥松口感，可添加一些杏仁粉、饼干碎等粉料。

1. 面粉

用于制作甜酥挞、派皮的面粉通常选用低筋面粉，用于制作咸酥挞、派皮的面粉通常选用中筋面粉。如果面粉筋度过高，调制好的面团在整型过程中容易出筋，使产品在烘烤过程中产生收缩现象，并使挞、派皮变得硬脆，失去酥松的品质。

2. 油脂

油脂的作用在于其有起酥能力，能够使制出的挞、派皮有特殊的味道和松软度，松软度对挞、派皮的成败起到关键作用。用于制作甜酥挞、派皮的油脂可以是任何一种熔点稍低的固态油脂，常用的有猪油、黄油、人造黄油、起酥油等，可视成本要求选择不同的油脂。咸酥挞、派皮宜选择熔点较高的起酥油，以便在挞、派皮的整型操作中始终保持固态，保证烤好的挞、派皮中具有一层层的酥片。

3. 糖与奶粉

糖不仅赋予挞、派皮甜味，加强挞、派皮的风味，而且糖具有的反水化作用可限制面筋生成，促进了制品酥松质感的形成。制作甜酥挞、派皮时，通常用糖粉和细砂糖制作，不用粗砂糖，原因是糖粉和细砂糖容易溶化，而粗砂糖溶化较缓慢，加之油酥面团中水分较少，就会使砂糖保持糖粒形态留存于面团中，使烘烤出来的制品有白色的斑点，影响制品的美观及质感。

奶粉在挞、派皮中不是重要原料，其主要功能是帮助挞、派皮在烘烤时产生悦目的金黄色泽。

4. 水

水作为湿性原料，促进面团的形成。面团中水的用量与面团原料中油脂种类和用量以及用糖量有关。水太少会形成过于易碎的挞、派皮，水太多则会产生过多的面筋，使制品在烘烤过程中容易产生收缩，得不到应有的样式。制作咸酥挞、派皮时使用冰水为佳，有助于面团调制过程中油脂保持凝固状态，便于后期整型操作。

5. 鸡蛋

鸡蛋在油酥面团中主要作为水分供应原料，促进面粉成团，同时蛋黄的乳化作用有利于油水均匀乳化，使面团性质保持一致。故有时在制作挞、派皮时只用蛋黄，而不用蛋白，因为蛋白易使面团发硬。

6. 膨松剂

添加膨松剂的目的是增加产品的酥松度，尤其是在油脂用量偏少的甜酥挞、派皮中。一般产品中大多使用泡打粉，对产品膨松程度要求较高的可使用小苏打、臭粉。

三、挞、派馅料的种类

挞、派馅料可依照挞、派的种类分为水果馅、牛奶鸡蛋布丁馅、奶油馅、戚风馅 4 种。

（一）水果馅

水果馅是以水果为主要原料，以淀粉为凝胶原料调制而成的馅料。一般双皮派多使用水果做派馅。此类水果可分为罐头水果、新鲜水果、冰冻水果和脱水水果 4 种，因每种水果所含水分、酸度、甜度不同，制作方法也不尽相同。

罐头水果为制作双皮派派馅最常用的一种。因为此种水果在装罐前已经经过适当的处理，使用较为方便。需注意的是，要先了解罐内装入的果汁或糖浆中所含糖分，以便在调制派馅时可准确地调配糖的用量，以保证馅料甜度适口，凝胶合宜。

使用新鲜水果做派馅，最好在水果盛产时期，此时不但水果品质好而且价格低廉。制作派馅的新鲜水果应选择成熟且坚实的为佳。

冰冻水果是新鲜水果经采摘清洁后直接装箱，或经过煮沸并添加少量水、糖、香料等再予以冷冻冷藏。使用时须将冰融化，依照罐头水果调制法处理。

使用脱水水果做派馅时，应先将脱水水果浸泡于水中，使之重新吸收失去的水分。

制作水果馅时，常以玉米淀粉作为增稠剂，促进馅料稠黏，减少馅心中的游离水分，使馅料内水果在派内不至流动。同时糊化后的玉米淀粉可使派产生清澈透明的光泽，降低水果的酸性，保持派馅应有的香味、色泽和冷却后的凝胶状态。

（二）牛奶鸡蛋布丁馅

牛奶鸡蛋布丁馅主要用于单皮派生派皮。此类馅料主要以牛奶、鸡蛋、糖为原料，辅以植物根茎、瓜果如胡萝卜、番薯、马铃薯、南瓜等制成糊状馅料。鸡蛋是牛奶鸡蛋布丁馅中最主要的原料，它的作用除了增加挞、派的香味及品质，还对馅料的凝固起到重要作用。添加植物根茎、瓜果可制作各种不同风味的牛奶鸡蛋布丁馅。

（三）奶油馅

奶油馅主要用于单皮派熟派皮。从用料来看，奶油馅与牛奶鸡蛋布丁馅大致相同，不同的是牛奶鸡蛋布丁馅是以鸡蛋为凝胶剂，属于生馅；奶油馅是以玉米淀粉为凝胶剂，经过熬煮，是熟馅。

奶油馅常添加一些调味剂如香草、巧克力、椰子、柠檬等调制成不同风味的馅料。

（四）戚风馅

戚风馅主要用于单皮派熟派皮。馅中使用的凝胶剂主要是明胶，并加入了打发的蛋白或打发的鲜奶油，质地非常松软。调制好的派馅需存放于冰箱中冷藏，适合夏季食用。戚风馅的制作方法有三种：一是与水果馅制法基本相同，只是水果要切得更碎，甚至做成水果泥，大多数水果戚风馅都是用此法制成；二是与牛奶鸡蛋布丁馅制法相同，但巧克力戚风馅、南瓜戚风馅不用此法制作；三是与奶油馅制法相同，如柠檬戚风馅常用此法制作。

四、挞、派的制作工艺

(一) 工艺流程

1. 生皮挞、派

生皮挞、派的制作工艺流程如图 8-8 所示。

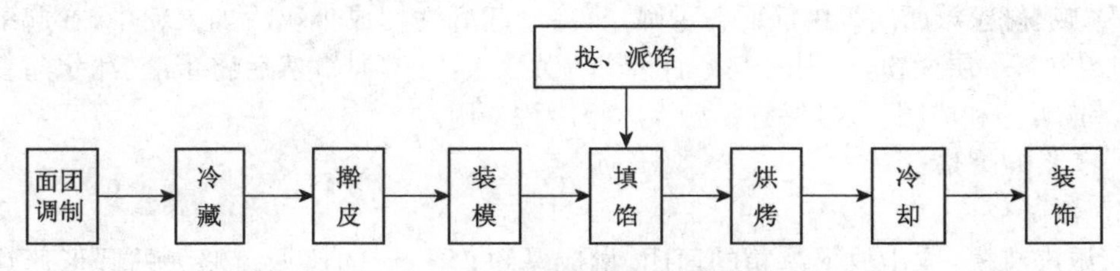

图 8-8　生皮挞、派的制作工艺流程

2. 熟皮挞、派

熟皮挞、派的制作工艺流程如图 8-9 所示。

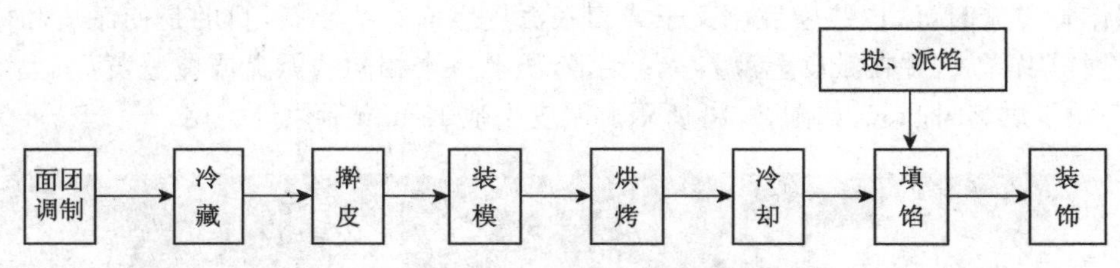

图 8-9　熟皮挞、派的制作工艺流程

(二) 挞、派皮基本配方

1. 甜酥挞、派皮配方(表 8-6)

表 8-6　甜酥挞、派皮配方

原　料	烘焙百分比(%)	原　料	烘焙百分比(%)
低筋面粉	100	奶粉	4
黄油	40～70	鸡蛋	20～30
糖粉	20～40	食盐	1

2. 咸酥派皮配方(表 8-7)

表 8-7　咸酥派皮配方

原　料	烘焙百分比(%)	原　料	烘焙百分比(%)
中筋面粉	100	鸡蛋	0～30
黄油	40～70	冰水	25～45
糖粉(可选)	0～15	食盐	1～2

(三)主要工艺环节

1. 面团调制

(1) 甜酥挞、派面团。黄油加糖粉拌匀呈乳白色油膏状,加入蛋液混合乳化均匀。低筋面粉、奶粉、食盐过筛,加入油膏中轻轻拌和成团。用于大量生产时,用保鲜膜将面团包好,存于冰箱中冷藏,需要用时取出。

(2) 咸酥挞、派面团。中筋面粉过筛,将冷藏起酥油切成小块后加入粉中,在起酥油的表面均匀粘裹一层面粉,再用面刀将油脂切成黄豆大小的颗粒,然后将蛋液、冰水与食盐徐徐加入粉中,拌和成团,包裹保鲜膜后入冰箱冷藏备用。

2. 装模和填馅

(1) 派

① 派皮装模:取出放入冰箱的面团,擀成厚约 0.3 cm 的比派盘略大的圆形薄片。在擀之前,将面团揉成圆形,案板上撒少许面粉防止粘连。将擀好的派皮用擀面杖卷起,放入派盆中,轻轻挤出盘底的空气,用刮板去掉多余的派皮或用滚筒在派盘表面碾压以去掉多余面皮。

制作熟皮派时,派皮装模后用叉子或刀在派皮表面扎些小孔,目的是使派皮和模具之间的空气得以释放,并在派皮上覆盖一层铝箔,压上一个相同的派盘或覆盖黄豆、大米等重物,以免派皮烘焙时凸起,如图 8-10 所示。派皮松弛 15 min 后烘烤备用。

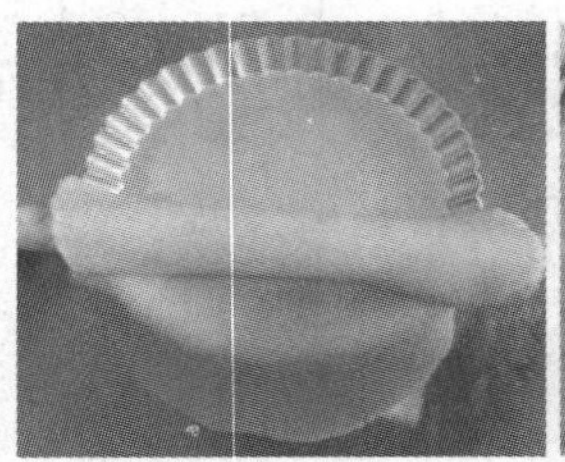

图 8-10 派皮装模

② 填馅:根据馅心的软硬程度掌握好填馅分量。

③ 覆盖上层派皮:双层派填馅后需覆盖上层派皮。派皮盖在派馅上后,要将上下层派皮结合处捏紧,以免烘烤后分离而影响外观效果。整张的上层派皮被覆盖好后,表面需划些刀口,便于烘烤过程中馅心的水分挥发。上层派皮覆盖及边缘捏合的方式有多样,如图 8-11 所示。

图 8-11 上层派皮的覆盖形式

(2) 挞

① 挞皮装模：一种是擀制法，将挞皮面团擀成 0.3 cm 厚的薄片，用圆形切模将面片切割成大小适中的圆片，然后放入挞模中；或将擀好的大块面片覆盖在多个挞模上，用擀面棍擀压去掉多余面片即可；或者先将挞皮面团分成小块，用小擀面棍擀成圆形皮坯，放入挞模中，用刮刀修整挞模边缘，去掉多余面团。另一种是捏皮法，先将挞皮面团分成小块面团，放入挞模中，用大拇指配合中指、食指挤捏面团，使之铺满挞模。若制作熟皮挞，则挞皮表面需扎孔，并在挞皮上放一个空挞模，以免底部隆起，如图 8-12 所示。

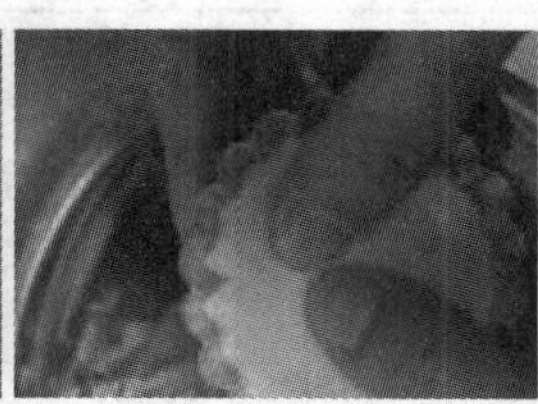

图 8-12　挞皮装模

② 填馅：注意馅心填入量，尤其是含糖较多、较稀软的馅心，以免烘烤过程中馅心膨胀、糖汁溢出，既影响产品色泽、形态，还不易脱模。

3. 烘烤

挞、派烘烤时，炉温与时间的设定要考虑挞、派皮与挞、派馅的类型及大小。甜酥皮挞、派因面团中含糖及奶粉较多，易于上色，烘烤的炉温不易过高，咸酥皮挞、派则需要稍高一些的温度来烘烤。

4. 装饰

挞、派的装饰非常重要，是制作挞、派的最后一道工序。一般派都是作为西餐的最后一道菜点，因此派的装饰若新奇美观会给顾客留下很深的印象。

双皮派的装饰特别简单，除了在派皮表面用刀叉等工具做一些花纹，在边缘捏一些花边，装盘时用奶油花或樱桃做装饰，也可以撒一层糖粉作为装饰，还可以用沙司的颜色来装饰双皮派。单皮派的装饰比较多，表面可以用水果装饰，水果的颜色本来就鲜艳，再在水果表面刷一层镜面果胶，会使水果的颜色更加鲜艳、具有光泽，而且使水果粘连在一起，非常诱人。也可以用打发的鲜奶油或蛋白糖霜抹成各种花纹，再配以相应的水果和装饰叶进行装饰。

小型的挞在烘烤后一般不做更多的装饰，但熟皮挞通过灌馅，可恰当地利用馅料、水果、干果、巧克力等进行装饰美化。

单元二　挞、派制作实例

一、柠檬派(图 8-13)

1. 配方(表 8-8)

表 8-8　柠檬派配方

原料		烘焙百分比(%)	实际重量(g)	原料		烘焙百分比(%)	实际重量(g)
派皮	中筋面粉	100	200	馅料	砂糖	25	150
	黄油	45	90		蛋黄	5	30(3 个)
	砂糖	12.5	25		黄油	20.8	125
	冰水	45	90	装饰	蛋白	100	100(3 个)
馅料	柠檬	100	600(5 个)		砂糖	100	100
	鸡蛋	20	120(2 个)		水	75	75

2. 制作方法

(1) 制作派皮：将黄油置于中筋面粉上，用刮板辅助将油脂切成绿豆大小的颗粒并与面粉混合，然后缓慢加水轻轻拌和，当粗粒开始黏合即轻揉成团，用保鲜膜包好，放入冰箱冷冻 30 min 至面团坚硬。派盘均匀涂抹一层熔化的黄油。取出面团擀成比派盘直径稍大的圆形面片，用手轻轻提起面片放入派盘内，去掉多余的面片。用叉子均匀地在派皮表面所扎孔，铺上一层铝箔纸，倒入干豆或生米至半满。用 200℃ 的炉温烘烤 15 min，使派皮固定，呈金黄色。

图 8-13　柠檬派

(2) 制作派馅：取两个柠檬用磨刨将柠檬皮磨成细屑，然后将所有柠檬各切两半，榨汁，过滤，得到大约 250 ml 的柠檬汁。用打蛋器把鸡蛋和蛋黄打匀。黄油切成小块，与砂糖、柠檬皮屑一起放入锅中，加入柠檬汁慢火煮 2～3 min 至砂糖溶化，离火加入打好的蛋液搅拌混合均匀，再用慢火温和加热，用木勺搅拌 4～6 min，至混合成浆状且能附在勺背后离火，过滤后备用。

(3) 填馅、烘烤：将柠檬派馅加入烤好的派皮中，入烤炉用 200℃炉温烘烤 10～12 min，至馅开始凝结时取出放在金属丝网上冷却，然后放入冰箱内冷藏到要加蛋白霜取出。乳糕冷冻后更加容易凝结。

(4) 制胜蛋白糖霜：砂糖加入水中加热煮沸至 113℃(判断方法：用叉子沾一下，可吹出泡泡即可)，煮糖的同时搅打蛋白，蛋白应在糖浆煮好时同时打好。蛋白搅打至干性发泡时，加入煮好的糖浆，边加边打，直到蛋白霜冷却及有一定的韧性。

(5) 装饰：取一半的蛋白霜涂抹在派馅表面上，另一半装入裱花袋，装饰在表面。

(6) 烘烤：入炉用200℃炉温烘烤1～2 min，至蛋白霜呈金黄色即可。

3. 技术要领

(1) 调制酥皮时不可揉搓，成团即可，以免油脂在面团中失去颗粒状态，影响成品的酥松感。

(2) 调制咸酥皮宜用冰水，以保持面团处于较低温度而避免油脂软化。

(3) 调制好的面团一定要在低温条件下松弛足够时间，以避免派皮在烘烤时收缩变形。

(4) 刨柠檬屑的时候只要表皮部分。

(5) 蛋白搅打后要趁热冲入糖浆，使蛋白具有很好的可塑性。

图8-14　苹果派

二、苹果派(图8-14)

1. 配方(表8-9)

表8-9　苹果派配方

原　料		烘焙百分比(%)	实际重量(g)	原　料		烘焙百分比(%)	实际重量(g)
派皮	中筋面粉	100	200	馅料	苹果	100	400
	起酥油	70	140		砂糖	22.5	90
	砂糖	12.5	25		黄油	10	40
	冰水	30	60		玉米淀粉	2.5	10
	食盐	2	4		肉桂粉	2.5	10
	糖粉	5	10		水	10	40

2. 制作方法

(1) 制作派皮：将中筋面粉、糖粉和起酥油混合，用刮板辅助将油脂切成绿豆大小的颗粒。食盐与砂糖加入水中溶解，然后缓慢加入粉油混合物中轻轻拌和，当粗粒开始黏合即轻揉成团，用保鲜膜包好，放入冰箱冷藏松弛1 h。

(2) 制作苹果馅：苹果切成小丁。黄油加热熔化，加入一半的砂糖炒至溶化后放入苹果及剩余的砂糖、肉桂粉至苹果软化。玉米淀粉和水拌匀，加至苹果馅中，中火慢慢炒至黏糊状，待水汽收干后冷却备用。

(3) 装模、填馅：派盘均匀涂抹一层熔化的黄油。将派皮面团擀成0.3 cm厚的比派盘直径稍大的圆形面片，用手轻轻提起面片放入派盘内，去掉多余的面片。将剩余面片擀成0.3 cm厚的薄片，切成宽1 cm的长面条。将苹果馅倒入铺好派皮的派盘中，用刮片抹平，在派皮边缘抹上蛋黄液，将长面条以1.5 cm的间距横竖平行地排列在派馅上，编成网格状，每一根长面条与派皮的边缘重合部分捏在一起并去掉多余部分。

(4) 烘烤：上火200℃/下火200℃，时间约45 min。

3. 技术要点

(1) 炒馅时火不能太大，一定要不断翻炒，防止糖和苹果变焦。

(2) 苹果一定要炒软,馅的浓稠度可以通过玉米淀粉来调节。

(3) 苹果派冷却后食用风味更佳。

三、布丁水果派(图 8-15)

1. 配方(表 8-10)

表 8-10 布丁水果派配方

原料		烘焙百分比(%)	实际重量(g)	原料		烘焙百分比(%)	实际重量(g)
派皮	低筋面粉	100	500	馅料	低筋面粉	7	25
	黄油	50	250		蛋黄	9	32
	糖粉	26	130		黄油	4	15
	鸡蛋	12	12		玉米淀粉	3	10
	奶粉	4	4	装饰	打发鲜奶油	—	50
馅料	牛奶	100	360		镜面果胶	—	适量
	细砂糖	25	60		新鲜水果	—	适量

2. 制作方法

(1) 制作派皮:将糖粉、黄油充分擦拌均匀,加入鸡蛋乳化均匀,加入奶粉、低筋面粉拌合均匀,用保鲜膜包好,冷藏备用。将甜派皮擀成 3 mm 厚的面片,派盘内先刷一层熔化的黄油,放入擀好的面片,用手指稍稍压平,去掉多余的面片,用叉子在派皮表面均匀地扎孔,铺上一层铝箔纸,倒入干豆或生火至半满,进入烤箱用 200℃炉温烤至金黄色待用。擀制面皮时注意厚薄均匀,表面光滑平整。

图 8-15 布丁水果派

(2) 制卡士挞布丁馅:先取部分牛奶与细砂糖、蛋黄均匀混合,然后加入低筋面粉、玉米淀粉拌匀待用,再将剩余的牛奶煮开,倒入蛋黄糊中边倒边搅拌均匀,然后放在火上继续加热,边加热边搅拌至黏稠状,再加入黄油拌匀晾凉备用。

(3) 成型:将馅料装入烤好的派皮中,约八分满,用抹刀抹平,用打发鲜奶油和新鲜水果、镜面果胶装饰即成。

3. 技术要领

(1) 派皮不可过多揉搓,揉搓容易产生面筋。

(2) 表面装饰的水果涂抹一层镜面果胶,可起到增加光亮和保持水分的作用。

图 8-16 蛋挞

四、蛋挞(图 8-16)

1. 配方(表 8-11)

表 8-11　蛋挞配方

原　料		烘焙百分比（%）	实际重量（g）	原　料		烘焙百分比（%）	实际重量（g）
挞皮	中筋面粉	100	300	蛋挞水	牛奶	100	350
	黄油	50	150		细砂糖	20	70
	香草粉	0.3	1		鸡蛋	50	3 个
	糖粉	40	120		蛋黄	15	3 个
	鸡蛋	20	60		热水	—	适量

2. 制作方法

(1) 制作挞皮：黄油、糖粉擦拌均匀，加入蛋液乳化均匀，拌入过筛后的中筋面粉和香草粉翻叠成团，冷藏备用。

(2) 调制蛋挞水：将细砂糖加入适量热水煮沸，鸡蛋、蛋黄混合均匀，加入牛奶中混匀，待糖水温度降至 70℃时，加入蛋奶液混合搅拌均匀后过滤即为蛋挞水。

(3) 装模、填馅：挞皮面团擀成薄片，用圆形切模切成圆片装入挞模中，然后灌入蛋挞水，八分满即可。

(4) 烘烤：上火 210℃/下火 160℃，时间 15～20 min。

3. 技术要领

(1) 使用中筋面粉调制挞皮时，要避免面团调制过程中生筋影响产品口感及形态。

(2) 调制蛋挞水时，糖水煮沸后不能立即加入蛋液，因为水温过高会造成蛋液凝固，使蛋挞水难以达到细腻质感的要求。

(3) 调制蛋挞水时避免过度搅拌，否则产生大量泡沫会影响烘焙效果。

(4) 蛋挞水不能装太多，以八分满为宜，否则会因烘烤中受热膨胀溢出，造成蛋挞边缘焦黑，难于脱模。

五、椰子挞(图 8-17)

图 8-17　椰子挞

1. 配方(表 8-12)

表 8-12 椰子挞配方

原 料		烘焙百分比(%)	实际重量(g)	原 料		烘焙百分比(%)	实际重量(g)
挞皮	低筋面粉	100	200	挞馅	椰蓉	100	300
	黄油	50	100		奶粉	16.7	50
	糖粉	25	50		鸡蛋	21	4 个
	鸡蛋	12.5	25		泡打粉	1.7	5
	食盐	0.5	1		黄油	33.3	100
	—	—	—		细砂糖	33.3	100
	—	—	—		牛奶	33.3	100

2. 制作方法

(1) 制作挞皮、装模：黄油、糖粉擦拌均匀，加入蛋液乳化均匀，拌入过筛后的低筋面粉翻叠成团，冷藏松弛后擀成 3 mm 厚的面片，用圆形切模切成圆片，放入椰挞模中，用手指捏匀后松弛备用。

(2) 调制椰子馅：黄油和细砂糖搅打至发白发泡，分次加入鸡蛋乳化均匀，加入粉类和椰蓉搅拌均匀，再加入牛奶混合均匀即可。

(3) 填馅、装饰：馅料挤入已经捏好的挞皮中，垒成小山状，表面修饰平整，顶上放入 1/8 颗红车厘子装饰。

(4) 烘烤：放入 200℃的烤箱中，烤 10 min 左右，表面金黄色即可。

3. 技术要领

(1) 椰子馅中加入少量泡打粉，使馅心更加蓬松。

(2) 黄油和细砂糖搅拌一定要充分，蛋液要分次加入。

六、鲜果挞(图 8-18)

图 8-18 鲜果挞

1. 配方(表 8-13)

表 8-13　鲜果挞配方

原　料		烘焙百分比(%)	实际重量(g)	原　料		烘焙百分比(%)	实际重量(g)
挞皮	低筋面粉	100	200	挞馅	蛋黄	15	75
	黄油	50	100		玉米淀粉	8	40
	糖粉	25	50		鲜奶油	30	150
	鸡蛋	12.5	25		—	—	—
	食盐	0.5	1		—	—	—
挞馅	牛奶	100	500	装饰料	黑巧克力	—	适量
	香草粉	0.6	3		新鲜水果	—	适量
	糖粉	15	75		镜面果胶	—	适量

2. 制作方法

(1) 制作挞皮、装模:黄油、糖粉擦拌均匀,加入蛋液乳化均匀,拌入过筛后的低筋面粉翻叠成团,冷藏松弛后擀成 3 mm 厚的面片,用圆形切模切成圆片,放入挞模中,用手指捏匀后松弛。在挞皮表面叉一些孔,入 190℃的烤箱中烘烤约 20 min,表面微黄后取出,冷却备用。

(2) 调制挞馅:蛋黄、糖粉、玉米淀粉混合搅拌均匀,慢慢加入热牛奶,搅拌均匀后过滤。将过滤后的液体放在小火上煮制,煮时应不断搅动,防止液体煮焦干皮。至冒小气泡成凝胶状后加入香草粉调节口味,冷却备用。鲜奶油打发,呈尖峰状,分两次加入蛋黄酱中拌合均匀。

(3) 装饰、填馅:各式新鲜水果洗净,切成需要的形状。在烤好的挞皮上抹上熔化的黑巧克力,待巧克力凝固后挤上馅料,摆上鲜水果,表面刷镜面果胶即可。

3. 技术要领

(1) 抹巧克力的目的是防止水果水分渗入挞皮中。

(2) 水果一定要新鲜,颜色搭配明快美观。

(3) 刷镜面果胶使得水果颜色更加亮丽,有光泽。

工作任务三　小西饼制作

学习目标

◎ 了解小西饼的特点与分类

◎ 熟悉小西饼的原料选用原则

◎ 熟悉小西饼制作的工艺流程、工艺原理、工艺要求

◎ 掌握小西饼制作各工艺环节的操作方法与操作技能
◎ 掌握小西饼品种的制作

课前思考

1. 小西饼依照产品的性质和使用的材料分为哪几种?
2. 小西饼按照制作方法可分为哪几种?
3. 面糊类小西饼有何特点? 常见的面糊类小西饼有哪些?
4. 乳沫类小西饼有何特点? 常见的乳沫类小西饼有哪些?
5. 列举几种以挤注方法成型的小西饼。挤注成型过程中的注意事项是什么?
6. 小西饼装盘时为什么每个都应保持相应的距离?
7. 小西饼烘烤时需注意哪些事项?

单元一　小西饼制作工艺

一、小西饼的分类

小西饼是一种香、酥、脆、松兼具的小甜点心。小西饼有许多不同的名称,如小西点、甜点、干点等。小西饼与饼干有所不同,一是小西饼所用材料成分较饼干高,一是小西饼在成型时没有固定的花样,其大小、形状可随心所欲地加以变化,焙烤后也可用各式各样的花饰来增加其美观性与变化性。

小西饼可依照产品性质和使用材料的不同以及整型操作方法的不同进行分类。

(一) 依照产品的性质分类

1. 面糊类小西饼

面糊类小西饼所用原料主要为面粉、鸡蛋、糖、油、奶水和化学膨松剂等,根据产品性质可分为软性小西饼、脆硬性小西饼、酥硬性小西饼和酥松性小西饼。

(1) 软性小西饼。软性小西饼质地较软,配方中水分含量为面粉用量的 35%以上,并且多数在配方内添加不同的蜜饯水果来做成各种小西饼,其性质与蛋糕相似,但较蛋糕干而胶韧性强。因为面糊较稀,在整型时多用汤勺把面糊直接舀在铺纸的平烤盘上,或者使用裱花袋把面糊挤在平烤盘上。小西饼的形状是凸凹不平、不规则的圆球形。

(2) 脆硬性小西饼。此类小西饼配方内糖的用量比油多,而油的用量又比水多,面团较干且硬,故产品较为脆硬,整型时需要先把面团分成若干小面团,搓成圆柱形后用刀切成薄片放在平烤盘内进炉烘烤,或者把整个面团用擀面棍擀平,再用不同的模具压出面坯,做出不同的花样。

(3) 酥硬性小西饼。此类小西饼配方中糖和油的用量相同,或两者稍有出入但差不多,水的用量较糖和油少,面团较干,成品硬且有酥的特性。因配方中使用的油量较多,在搅拌时又打入较多的空气,整型时无法立即擀制,需先将面团放进冰箱冷藏变硬后,再用擀面棍将面团擀平,用花戳成型。此类小西饼也被称为冰箱小西饼。

(4) 松酥性小西饼。此类小西饼配方中油的用量排第二,而糖的用量又比水多,且在搅拌过程中由于油里进入许多空气，使得面糊非常松软，整型时需用裱花袋配合各种不同形式的裱花嘴，挤出各种不同的花样。此类小西饼质地酥而松，著名的丹麦奶酥和奶油小西饼均属此类。

2. 乳沫类小西饼

乳沫类小西饼依照膨松介质可分为海绵类小西饼和蛋白类小西饼。

(1) 海绵类小西饼。主要用全蛋或部分蛋黄，配以适量的糖和面粉制成。其配方与一般的海绵蛋糕相似，只是蛋的用量不如海绵蛋糕多，整型时因面糊很稀，必须用裱花袋来整型。一般的蛋黄小西饼和杏仁蛋黄饼都属于海绵类小西饼。

(2) 蛋白类小西饼。制作方法与天使蛋糕相同，先把蛋白打至粗泡，加糖后继续打至湿性发泡，最后再拌入面粉或其他干性材料，用裱花袋将面糊挤在铺纸的平烤盘上。马卡龙、蛋白饼干为常见蛋白小西饼。

(二) 依照成型方法分类

1. 挤注成型类小西饼

此类小西饼的面糊比较稀，必须用裱花袋来整型。软性小西饼、松酥性小西饼与乳沫类小西饼属于此类。

2. 推压成型类小西饼

此类小西饼面团较为干硬，成型时必须用机器或手工压出各种花样。硬脆性小西饼、部分酥硬性小西饼属于此类。

3. 割切成型类小西饼

此类小西饼是利用手工将面团切成薄片并移放在平烤盘上。酥硬性小西饼属于此类。

4. 条状或块状成型类小西饼

此类小西饼是将搅拌好的面团整型成一长条，直接摆放在烤盘里，或把面糊整体铺在烤盘里进行烘烤，待成品烤熟冷却后取出用刀切成小块。此类小西饼多为酥硬性小西饼。

二、小西饼制作的生产工艺

(一) 工艺流程

小西饼的制作工艺流程如图 8-19 所示。

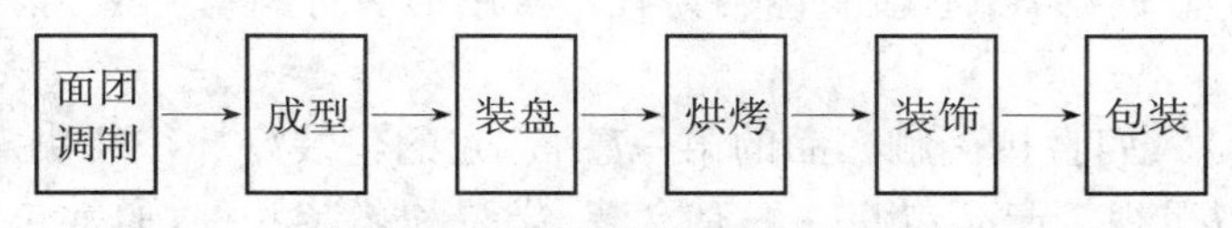

图 8-19　小西饼的制作工艺流程

(二) 主要工艺环节

1. 面团调制

(1) 面糊类小西饼。多数面糊类小西饼都是使用糖油拌合法来搅拌，先把配方中的糖、盐和油用中速打发至奶油状，再把配方中的蛋分次加入搅拌均匀，然后加入奶水，最后加入面粉拌匀即可。面糊搅拌的时间与烘烤成品扩展和松酥的程度有密切的关系。如搅拌时间愈久，面糊内拌入的空气就愈多，小西饼就较为松酥，但扩展的情况较差，其原因为搅拌时间久，面粉内的颗粒逐渐溶解，直接影响到小西饼的扩展程度。如果第一步糖油的搅拌时间缩短，第二步加入蛋后也仅仅是搅拌均匀而已，那么这样的面糊所制作出来的小西饼质地较硬，缺乏酥松性，但扩展性较好。

面糊类小西饼也可用直接法来搅拌，把配方内所有原料全部倒入搅拌缸用中速搅拌均匀，如果搅拌时间长，则面糊较为松软，成品酥性较大；如果搅拌时间短，则面糊较为干硬，成品较脆硬。一般冰箱小西饼可采用直接法来搅拌。

(2) 乳沫类小西饼。海绵类小西饼常用传统糖蛋搅拌法与分蛋式搅拌法来搅拌，搅拌的具体要求同海绵蛋糕。蛋白类小西饼的搅拌要求同天使蛋糕，尤其要注意蛋白搅拌程度的把握。

2. 成型与装盘

小西饼有扩展和不扩展两种性质。会扩展的小西饼装盘时每个都应保持相应的距离，以免进炉后互相粘连在一起。如有些小西饼进炉后不会扩展，则装盘时应尽量地缩短间隔距离，因为小西饼的体积很小，如果每个小西饼留置的间隔距离太大，则烤炉的余热会把小西饼的边缘部分烤焦，造成颜色不一致。

盛放小西饼的烤盘最好铺上一张耐热烤布，这样可以保持产品的干净，同时从烤盘中取出也方便。如果没有耐热烤布，可在烤盘中涂少量的油脂，再撒上少许面粉。

3. 烘烤

烘烤小西饼的炉温一般采用上火 180℃/下火 160℃，烘烤时间为 10～25 min。烤炉烘烤产品的温度与时间是影响产品质量的关键，小西饼进炉 5～8 min 时应观察其产品着色程度，避免产品底部上色过重以至焦糊，影响产品质量。最后几分钟要把握好炉温，使产品烤到应有的奶黄色即可。

小西饼面坯内大多含有较高的糖分原料，糖在受热过程中极易因受热而产生焦糖化作用，使成品颜色变成金黄色。因此在烘烤时，过高的温度会使小西饼着色快而产生内部夹生、外部颜色过深的现象；而烘烤时间短，则小西饼内部未完全成熟，表面颜色过浅，也将影响小西饼的质量。

在烘烤小西饼时，要根据小西饼的性质特点以及放入烤炉中小西饼的数量合理地安排烘烤时的温度及时间，以创造最合适的烘烤条件。

4. 装饰与包装

小西饼的装饰较简约，以不影响包装为宜。常用的装饰料有巧克力、白马糖膏、糖粉、果占等。

产品的包装是人们直接接触产品的第一感官，它的包装好坏往往决定它是否被接受，所以我们必须加以重视。产品包装一般有盒装、袋装和罐装几种，通常包装与产品的色泽搭配要合理、反差大，色泽要给人以食欲感，特别是袋装产品的收口处应扎蝴蝶结，给人以动感、活跃、富有生命力的视觉感受。

单元二　小西饼制作实例

一、黄油曲奇(图 8-20)

1. 配方(表 8-14)

表 8-14　黄油曲奇配方

原　料	烘焙百分比(%)	实际重量(g)	原　料	烘焙百分比(%)	实际重量(g)
黄油	77	154	低筋面粉	100	200
糖粉	35	70	食盐	1	2
鸡蛋	39	80	香草粉	0.5	1

2. 制作方法

(1) 面糊调制:将黄油和糖粉混合搅打至发白发泡,分次加入鸡蛋液,搅拌充分,乳化均匀,加入过筛后的低筋面粉、食盐、香草粉,用刮板叠拌均匀即可。

(2) 成型:将面糊装入裱花袋(事先放入齿形裱花嘴),挤注成型。

(3) 烘烤:放入烤箱中,温度 175℃,烘烤 18 min 左右。

图 8-20　黄油曲奇

3. 技术要领

(1) 油糖搅拌至发白发泡。

(2) 鸡蛋要分次加入,充分乳化均匀。

(3) 面粉加入后,不可长时间搅拌。

二、奶酥饼(图 8-21)

1. 配方(表 8-15)

表 8-15　奶酥饼配方

原　料	烘焙百分比(%)	实际重量(g)	原　料	烘焙百分比(%)	实际重量(g)
低筋面粉	100	500	奶粉	10	50
糖粉	40	200	泡打粉	2	10
黄油	50	250	食盐	1	5
鸡蛋	30	150	—	—	—

2. 制作方法

(1) 面团调制:黄油和糖粉混合,中速搅打至发白发泡。将鸡蛋液分次加入其中,搅拌充分，乳化，均匀即可。将低筋面粉、泡打粉、食盐过筛后加入其中，搅拌均匀即可。

（2）成型：将面团擀制成 0.5 cm 厚的薄片，用波浪纹圆形刻模刻出圆形饼坯，放入烤盘待烤。

（3）烘焙：上火 180℃/下火 160℃，时间 25～30 min。

3. 技术要领

（1）拌粉时面团不宜久揉。

（2）面团擀片时案板上扑粉应多撒一些，以避免面团粘连在案板上。

（3）根据面团的软硬程度可适当增加或减少面粉的用量。

图 8-21 奶酥饼

三、杏仁饼干（图 8-22）

1. 配方（表 8-16）

表 8-16 杏仁饼干配方

原 料	烘焙百分比(%)	实际重量(g)	原 料	烘焙百分比(%)	实际重量(g)
低筋面粉	100	450	食盐	0.5	2
糖粉	50	225	杏仁粉	10	45
黄油	50	225	杏仁片	20	90
鸡蛋	11	50	—	—	—

2. 制作方法

（1）面团调制：黄油和糖粉混合，中速搅打至发白发泡。将鸡蛋液分次加入其中，搅拌充分，乳化均匀即可。将低筋面粉、杏仁粉、食盐过筛后和杏仁片一起加入其中，搅拌均匀即可。

（2）成型：取适量面团造型成厚 3 cm，长 20 cm，宽 6 cm 的长方体，用保鲜膜包裹后再适当整型，放入冰箱冷冻40 min。然后取出来，切成 0.5 cm 厚的薄片。

（3）装盘：将切好的饼干坯整齐地摆在烤盘中。

（4）烘烤：上火 180℃/下火 160℃，时间 25～30 min。

图 8-22 杏仁饼干

3. 技术要领

（1）面团冷冻时要包裹保鲜膜。

（2）切片要厚薄均匀。

四、手指饼干（图 8-23）

1. 配方（表 8-17）

表 8-17　手指饼干配方

原　料		烘焙百分比(%)	实际重量(g)	原　料		烘焙百分比(%)	实际重量(g)
蛋黄部分	蛋黄	50	200	蛋白部分	蛋白	100	400
	细砂糖	50	200		细砂糖	50	200
	低筋面粉	75	300		—	—	—
	玉米淀粉	25	100		—	—	—
	香草粉	0.5	2		—	—	—

2. 制作方法

(1) 面糊调制:①蛋黄部分:将蛋黄和细砂糖搅拌至呈乳黄色,加入过筛后的低筋面粉、玉米淀粉和香草粉拌匀即可。②蛋白部分:先将蛋白快速搅打,然后加入细砂糖快速搅打至中性发泡。③混合:取 1/3 的蛋白泡沫和蛋黄面糊混合,然后再将蛋黄面糊倒入蛋白泡沫中,轻轻搅拌均匀。

图 8-23　手指饼干

(2) 挤注成型:将面糊倒入裱花袋中,在烤盘上挤注成手指长短。

(3) 烘烤:上火 170℃/下火 170℃,时间 15 min。

3. 技术要领

(1) 烤盘要垫不粘烤布。

(2) 蛋白不可搅拌过久成棉花状。

(3) 搅拌蛋白时,搅拌缸一定要干净,无水无油。

(4) 蛋白部分和蛋黄混合时一定要不可搅拌太久。

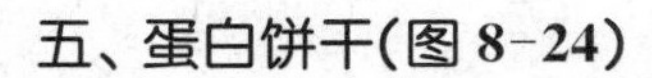

五、蛋白饼干(图 8-24)

1. 配方(表 8-18)

表 8-18　蛋白饼干配方

原　料	烘焙百分比(%)	实际重量(g)	原　料	烘焙百分比(%)	实际重量(g)
蛋白	100	350	柠檬汁	17	60
细砂糖	100	350	香草粉	0.3	1
玉米淀粉	57	200	打发鲜奶油	适量	适量

2. 制作方法

(1) 面糊调制:将蛋白放入搅拌缸内,分数次加入细砂糖并快速搅打至湿性发泡,然后加入柠檬汁搅匀。将玉米淀粉和香草粉混合过筛,加入蛋白泡沫中慢速搅拌均匀。

(2) 挤注成型：将蛋白面糊装入裱花袋中，在烤盘上挤注成型。

(3) 烘烤：上火 100℃/下火 60℃，烘烤时间 20 min。

(4) 装饰：待饼干冷却后，两个饼干之间夹上打发鲜奶油即成。

3. 技术要领

(1) 蛋白打发至湿性发泡呈软尖峰状即可。

(2) 加入粉料后要轻轻搅拌。

(3) 烘烤温度不宜过高。

图 8-24　蛋白饼干

工作任务四　泡芙制作

学习目标

◎ 了解泡芙的特点与膨胀原理

◎ 熟悉泡芙的原料选用原则

◎ 熟悉泡芙制作的工艺流程、工艺条件

◎ 掌握泡芙制作各工艺环节的操作方法与操作技能

◎ 掌握泡芙品种的制作

课前思考

1. 什么是泡芙？具有什么特点？
2. 制作泡芙常用的原料有哪些？
3. 鸡蛋在泡芙制作中主要有什么作用？
4. 泡芙制作有哪些主要工序？
5. 如何调制泡芙面糊？判断泡芙面糊稠度的一般方法是什么？
6. 泡芙的烘烤方法有哪些？
7. 用于泡芙填馅和装饰的原料一般有哪些？

单元一　泡芙制作工艺

一、泡芙的特点

泡芙是西式糕点中极为常见的甜点之一。泡芙是以水或牛奶加热煮沸后烫制面粉，搅入鸡蛋，通过挤糊、烘烤或炸制、填陷、表面装饰等工艺而制成的一类点心制品，具有外表松脆、色泽金黄、形状美观、皮薄馅丰、香甜可口的特点。根据所用馅心的不同，它的口味和特点也各不相同。

二、泡芙的膨胀原理

泡芙能形成中间空心类似球体的形态与其面糊的调制工艺有着密不可分的关系。泡芙面糊由煮沸的液体原料和油脂加入面粉烫制的熟面团再加入鸡蛋液调制而成。它的起发主要由面糊中各种原料的特性及面坯特殊的制作工艺——烫制面团所决定的。

面粉的品质与泡芙的膨胀也很大关系,它是泡芙膨胀定型不可缺少的原料。面粉中的淀粉在水以及温度的作用下发生膨胀和糊化,蛋白质变性凝固,形成胶黏性很强的面团,当面糊经烘焙膨胀时,能够包裹住气体并随之膨胀,仿佛气球被吹胀了一般。

油脂是泡芙面糊所必需的原料,它除了能满足泡芙的口感需求外,也是促进泡芙膨胀的必备原料之一。油脂的润滑作用可促进面糊性质柔软,易于延伸;油脂的可塑性可使烘烤后的泡芙外表具有松脆的特点;油脂分散在含有大量水分的面糊中,当面糊经烘烤受热达到水的沸腾阶段,面糊内的油脂和水不断产生互相冲击,发生油气分离,并快速产生大量气泡和气体,大量聚集的水蒸气形成强蒸汽压是促进泡芙膨胀的重要因素之一。

水是烫煮面粉的必需原料,充足的水分是淀粉糊化所必需的条件之一。烘烤过程中,水分的蒸发是泡芙体积膨胀的重要因素。

鸡蛋也是泡芙膨胀的因素之一。把鸡蛋加入到烫好的面团内使其充分融合,鸡蛋中的蛋白质可使面团具有延伸性,能增强面糊在气体膨胀时的承受力,使面糊体积增大,且蛋白质的热凝固性能使增大的体积固定。此外,鸡蛋中蛋黄的乳化性能使制品变得柔软、光滑。

三、泡芙原料的选用原则

(一) 面粉

中筋面粉因筋力适中而最适合用于泡芙制作。采用中筋面粉的制品无论在体型、表面爆裂颗粒还是中间空心方面都具有高筋面粉和低筋面粉所不及的优点。

(二) 油脂

油脂种类很多,其油性不同,对泡芙品质亦有一定影响。制作泡芙宜选用油性大、熔点低的油脂,如黄油、色拉油等。

(三) 鸡蛋

鸡蛋应选择新鲜的,且用量要适当。许多西点师喜欢用鸡蛋来调节面糊的稠度,而不是水,因为在搅拌阶段用鸡蛋调节面糊稠度可使成品的外壳壁厚且酥,如果用水来调节易使成品外壳壁薄且软。

(四) 食盐

食盐在泡芙中不仅具有调节、突出风味的作用。它亦有增强面糊韧性的作用。它是泡芙的辅助原料,少许添加可使泡芙品质更佳。

四、泡芙的制作工艺

(一) 制作工艺流程

泡芙的制作工艺流程如图 8-25 所示。

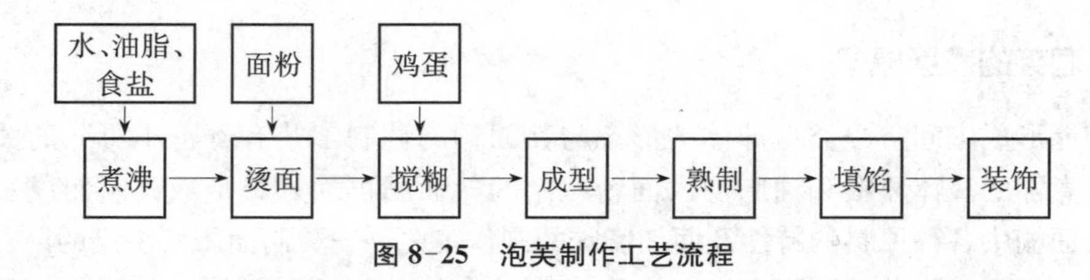

图 8-25　泡芙制作工艺流程

(二)主要工艺环节

1. 面糊调制

(1) 烫面:把水、油脂、食盐等原料放入厚底锅中,上火煮沸后倒入过筛的面粉,用木勺快速搅拌,直至面团烫熟、烫透后撤离火位,如图 8-26 所示。

(2) 搅糊:待烫熟的面团冷却后,分次将鸡蛋液加入到烫熟的面团中,每一次加入蛋液后均应使蛋液与面糊全部搅拌均匀,然后再次加入新的蛋液,继续搅拌均匀,直至形成淡黄色的泡芙面糊为止。

图 8-26　泡芙面糊调制

在泡芙面糊调制过程中要注意以下基本要领:面粉要过筛,以免出现面疙瘩;面团要烫熟、烫透,不要出现糊底现象;要在黄油和水煮沸融合的瞬间快速倒入面粉搅拌,如果慢了,油在上,水在下,混合后会影响面团的延展性;在面团混合好后加热,其实是将面团加热到微熟,感觉有点像中餐面食中的半烫面,这样做有利于以后的成型;蛋液一定要分次加入,搅拌均匀,直到抬起打蛋器或刮刀有沉重的坠手感才表示面团搅拌完成;每次加入鸡蛋液后,面糊必须重新搅拌均匀上劲,以免面糊起砂影响质量;面糊的稀稠要适当,否则影响制品的起发度及外形美观度。

2. 泡芙成型

泡芙常见的形状一般有圆形、长条形、椭圆形和象形等。泡芙成型以挤注方式为主。在洁净的烤盘中刷一层薄薄的油脂,撒少许面粉备用。将调制好的泡芙面糊装入带有平口或有花纹裱花嘴的裱花袋中,按照需要的形状和大小,将泡芙面糊挤在烤盘上,在制品表面刷上一层蛋液,如图 8-27 所示。

在泡芙成型操作中要注意以下基本要领:烤盘上刷油要适当,过多会造成挤制困难,过少会造成面糊与烤盘粘连,影响制品的完整;制品大小要均匀一致;制品之间要留有一定距

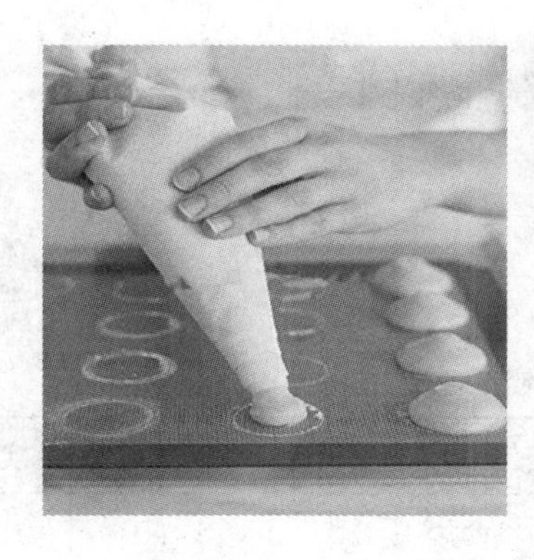

图 8-27 泡芙成型

离，防止制品成熟后粘连；刷蛋液动作要轻，以免损坏制品的外观；刷蛋液要根据实际需要，不是所有的制品都要刷蛋液。

3. 泡芙成熟

泡芙的成熟方法一般有两种，一种是烤制成熟，一种是炸制成熟。

(1) 烤制成熟：泡芙面糊成型后立即放入 220℃左右的烤炉中进行烘烤。当泡芙胀发后，表面开始干硬时，将炉温降到 190℃继续烘烤，直至表面呈金黄色，内部成熟为止，出炉后冷却备用。

(2) 炸制成熟：在锅中将油脂加热到七成熟，将调好的泡芙面糊用两个金属勺子蘸上油挖成球状，放入油锅中慢慢地炸至金黄色时捞出，表面撒少许糖粉，或炸熟后直接沾肉桂粉与砂糖的混合粉，再配上香草汁食用。

在泡芙成熟过程中要注意以下基本要领：泡芙烘烤过程中不要中途打开烤箱或过早出炉，以免制品塌陷、回缩；正确掌握烤箱的温度，炉温过高时制品表面色泽深而内部不熟，而温度过低时制品不易起发，而且不易上色；炸泡芙要掌握好油温，油温过低制品起发不好，油温过高表面色深而内部不熟。

4. 填馅与装饰

泡芙经烤制或炸制成熟后，一般需添加馅心。馅心的原料一般使用蛋黄酱和打发的鲜奶油，同时可根据不同口味的需要在馅心中加入咖啡糖、巧克力和调味酒等，以使泡芙制品有多种口味的变化。

(1) 填馅：将圆形泡芙底部扎以圆孔，将馅料从孔处挤入。将长条形泡芙或象形泡芙的侧面切一刀口，挤入馅料，盖好上盖，也可以将上盖装饰好之后再盖上。

(2) 装饰：泡芙的装饰方法多样，应根据制品特点和需要灵活掌握。填加馅料的泡芙表面可撒糖粉，或蘸砂糖、蘸巧克力进行装饰，如果用砂糖装饰，还可加入适量调色原料调整糖色。有的制品将小型泡芙用脆糖粘连在一起，制出造型产品，还有的制品将泡芙面糊挤成直径 20 cm 的圆形，在内部加入馅料装饰成蛋糕或派的形状。

在泡芙填馅与装饰过程中要注意以下基本要领：泡芙的填馅要适量，不可过多，以防造成馅心的外溢；使用砂糖、巧克力作为装饰原料时，要掌握好砂糖、巧克力的熔化温度，以免影响制品的光亮度；借助脆糖做造型时，要正确掌握熬制脆糖的温度和程度，否则影响制品质量。

单元二　泡芙制作实例

一、奶油泡芙(图8-28)

1. 配方(表8-19)

表8-19　奶油泡芙配方

原　料	烘焙百分比(%)	实际重量(g)	原　料	烘焙百分比(%)	实际重量(g)
中筋面粉	100	250	食盐	1	2.5
水	180	450	鸡蛋	200	500
黄油	80	200	打发鲜奶油	适量	适量

2. 制作方法

(1) 烫面:将黄油加入水中煮至黄油熔化、水沸腾后,加入过筛后的粉料烫熟,边烫边搅拌,注意要烫熟烫透。

(2) 搅糊:将烫熟后的面糊放入搅拌机中快速搅拌至冷却,分次加入鸡蛋液搅拌至面糊黏稠、光滑。

(3) 裱挤成型:烤盘刷上一层薄薄的油脂,撒上一层薄薄的面粉,将面糊装入裱花袋挤注成圆球形。

图8-28　奶油泡芙

(4) 烘烤定型:入炉后以上火220℃/下火180℃烘烤至金黄色,取出冷却。

(5) 填馅:将打发的鲜奶油挤入冷却后的泡芙中即可。

3. 技术要领

(1) 黄油宜选用软质黄油,如果黄油太硬,易影响面糊性质。

(2) 烫面要烫熟烫透。

(3) 面糊冷却后才能加入鸡蛋液,防止鸡蛋液被烫熟。

二、闪电泡芙(图8-29)

1. 配方(表8-20)

表8-20　闪电泡芙配方

原　料	烘焙百分比(%)	实际重量(g)	原　料	烘焙百分比(%)	实际重量(g)
中筋面粉	100	250	鸡蛋	200	500
水	180	450	卡士挞馅	适量	适量
黄油	80	200	黑巧克力	适量	适量
食盐	1	2.5	—	—	—

2. 制作方法

(1) 烫面:将黄油加入水中煮至黄油熔化、水沸腾后,加入过筛后的粉料烫熟,边烫边搅拌,注意要烫熟烫透。

(2) 搅糊:将烫熟后的面糊放入搅拌机中快速搅拌至冷却,分次加入鸡蛋液搅拌至面糊黏稠、光滑。

(3) 裱挤成型:烤盘刷上一层薄薄的油脂,撒上一层薄薄的面粉,将面糊装入裱花袋挤注成长条形。

(4) 烘烤定型:入炉后以上火 220℃/下火 180℃烘烤至金黄色,取出冷却。

图 8-29 闪电泡芙

(5) 填馅:将卡士挞馅挤入冷却后的泡芙中即可。

(6) 装饰:巧克力熔化调温后,将泡芙表面沾上巧克力,冷藏凝固即可。

3. 技术要领

(1) 烤盘刷油、撒粉均不宜过多。

(2) 面糊搅拌过程中,鸡蛋液要分次加入。

(3) 面糊挤注大小、粗细要均匀。

(4) 烘烤过程中不宜打开炉门,否则制品容易收缩。

图 8-30 泡芙圈

三、泡芙圈(图 8-30)

1. 配方(表 8-21)

表 8-21 泡芙圈配方

原 料	烘焙百分比(%)	实际重量(g)	原 料	烘焙百分比(%)	实际重量(g)
低筋面粉	100	250	栗子酱	适量	适量
牛奶	160	400	杏仁片	适量	适量
黄油	80	200	水果	适量	适量
砂糖	10	25	糖粉	适量	适量
鸡蛋	180	450			

2. 制作方法

(1) 原料初处理:面粉过筛。

(2) 烫面:将黄油、牛奶、砂糖煮至黄油熔化、牛奶沸腾后,加入过筛的面粉烫熟,边烫边搅拌。

(3) 搅糊:将烫熟后的面糊放入搅拌机中快速搅拌至冷却,分次加入鸡蛋液搅拌至面糊黏稠、光滑。

(4) 裱挤成型:烤盘刷上一层薄薄的油脂,撒上一层薄薄的面粉,将面糊装入裱花袋在烤盘上挤成圆环形,表面撒上杏仁片。

(5) 烘烤定型:入炉后以上火 220℃/下火 180℃烘烤至金黄色即可。

(6) 填馅、装饰:取烤好的泡芙圈拦腰对剖开,中间挤入栗子酱,面上摆上水果,撒上糖粉即可。

3. 技术要领

(1) 泡芙圈要挤得粗细均匀。

(2) 烫面要烫熟烫透。

(3) 加入鸡蛋液后,面糊要多搅拌,一定要搅拌均匀。

工作任务五 冷冻甜点制作

学习目标

◎ 了解冷冻甜点的特点与分类

◎ 熟悉果冻、慕斯、冰淇淋的制作工艺及技术要领

◎ 熟悉冷冻甜点主要原料的性质及选用原则

◎ 掌握果冻、慕斯、奶油冻与冰淇淋各工艺环节的操作方法与操作技能

◎ 掌握冷冻甜点品种的制作

课前思考

1. 冷冻甜点有哪些分类? 各有什么特点?
2. 制作冷冻甜点的原料一般有哪些?
3. 果冻具有什么特点? 一般用料有哪些?
4. 果冻的制作都有哪些工艺? 有哪些操作要点?
5. 什么是慕斯? 具有什么特点?
6. 制作慕斯的一般用料有哪些?
7. 慕斯的制作包括哪些工艺? 有哪些操作要点?
8. 冰淇淋指的是什么? 制作冰淇淋的原料有哪些?
9. 制作冰淇淋的一般工艺有哪些? 有哪些操作要点?

冷冻类甜点是以糖、蛋、奶、乳制品、凝胶剂等为主要原料制作的一类需冷藏、冷冻后食用的甜点的总称,常见的有果冻、奶油胶冻、慕斯、冰淇淋、巴菲、奶昔等。

单元一 果冻制作工艺

一、果冻的特点

果冻又称结力冻,它不含乳及乳脂肪,是用结力(即明胶类胶冻剂)或果冻粉、水或果汁、糖、水果丁及食用色素或香精调制而成的冷冻甜点。果冻是一种物美价廉的甜点,常常用作西式各类自助餐甜点,也常用于各类餐会的甜品之中,尤其是在夏季用的更多。它以甜酸适度、凉爽可口、细腻光滑、入口即化等特点深受人们喜爱。

二、果冻的制作工艺

果冻完全靠明胶的凝胶作用凝固而成，使用不同的模具，可生产出风格、形态各异的成品。一般情况下，果冻制品要经过果冻液调制、装模、冷藏定型等加工工序制作而成，其工艺流程如图 8-31 所示。

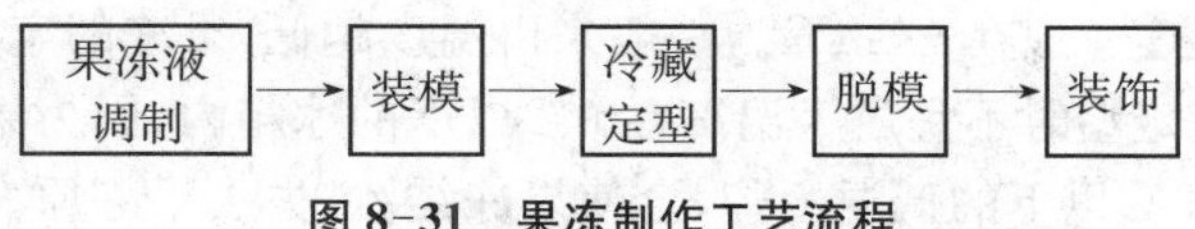

图 8-31　果冻制作工艺流程

果冻液的调制方法较简单，一般先浸泡明胶，然后将其隔水溶化，再加入所需要的配料，即可混合成果冻液。果冻液的调制方法根据所用的凝固原料的不同而有所差别，目前常见的有以下两种：使用果冻粉和使用明胶。

(1) 使用果冻粉。使用果冻粉调制果冻液是最方便、最省时的方法。因为所有的凝固原料——果冻粉都已在工厂配制好并经消毒、干燥处理后包装上市。使用者只需要按照产品包装上的使用说明、用量配比表使用即可，使用起来很方便。如制作水果冻，只需要将果冻粉、温开水、什锦水果丁按 1∶4∶1 的比例调配好即可制作成品。

(2) 使用明胶。使用明胶制作果冻是目前较常用的方法。常用明胶类商品有：白明胶、明胶片、结力粉、结力片、鱼胶粉等，实际使用时，要参照不同原料的使用说明来使用。如使用明胶片、结力片，需要先把明胶片、结力片用凉水泡软，然后再调制。若使用鱼胶粉、结力粉，则要求先用少量的凉水将其浸泡透后再进行调制。

在实际工作中，无论使用哪种原料，都要保证正常的基本使用量，但根据需要还可适当增加。因为果冻是一种凝结的半固体食品，只有在保证基本使用量的基础上才能形成制品特点，所以果冻内部的胶体结构和硬度(稠密度)与结力液体有关。一般情况，结力液占全部液体浓度的 2%时，才能使液体基本凝固。随着结力浓度的不断增加，制品的凝胶作用逐渐增强。但酸性物质对结力的凝胶作用有影响，如柠檬汁、醋、番茄汁等酸性物质能破坏结力的凝胶力，使果冻成品的弹性降低。因此在制品中有酸性物质时，要适当增加结力的使用量。

果冻的成型与模具的大小、形状、冷却时间有关。一般来讲，果冻的成型不用大型的或结构复杂的模具。因为果冻内部的凝胶力不足以保持大型模具制作出的成品的支撑力，但如果加大原料的使用量，就必然降低成品应有的质量和口感，甚至导致产品不能食用。因此，在使用模具时，大多应用小的、简单的模具，以确保成品应有的造型和食用质量。

果冻液装模过程中应注意以下事项：

(1) 果冻液倒入模具时，应避免起沫。如果有泡沫，应用干净的工具将泡沫撇出，否则冷却后影响成品的美观。

(2) 制作果冻所用的水果丁在使用前要沥干水分，以保证成品的品质。

(3) 使用水果时，尽量少用或不用含酸物质多的水果，如柠檬、鲜菠萝等，因其酸度过大会降低果冻的凝胶力，使成品弹性降低，必要时可将此类水果蒸煮几分钟使其蛋白酶失去活性后使用。

(4) 果冻甜点是直接入口的食品，更需要保证模具的卫生。

果冻的定型主要是通过冷却的方法。但结力的用量、定型的温度和时间与定型的质量有关。定型的一般方法是将调制好的果冻液体倒入模具中放入冰箱内冷却定型。定型所需要的时间将取决于果冻配方中结力的用量多少。配方中结力的用量越大，凝固定型的时间越短，但结力的用量并不是越多越好，使用过多，成品凝固过硬，不仅失去果冻应有的口感，而且也失去果冻应有的品质。一般情况下结力的用量在3%～6%，冷却时间需要3～5 h。

果冻定型时的温度一般在0～4℃。一般来讲温度越低，果冻的定型所需的时间越短，反之则越长。但果冻定型时不宜放入温度在0℃以下的冰箱内，因为果冻内大部分原料为含水液体原料，若在0℃以下的低温冷却，会使果冻结冰，失去果冻原有的品质。果冻在进入冰箱冷却定型时，应该在其表面封上一层保鲜膜，以防止和其他食品的味道相串，影响自身的口味。定型后的制品脱模时，要保持制品完整。

单元二　慕斯制作工艺

一、慕斯的特点

慕斯是英文“Mousse”的音译，它是西式甜点的一种，属于冷冻甜点类。慕斯又称充气凝乳，是将奶油、鸡蛋清分别打发充气，再与蛋黄及其他风味原料、明胶液混合，经过低温冷却后制成的松软型甜食，具有良好可塑性，口感膨松如棉。

二、慕斯的制作工艺

慕斯的制作工艺流程如图8-32所示。

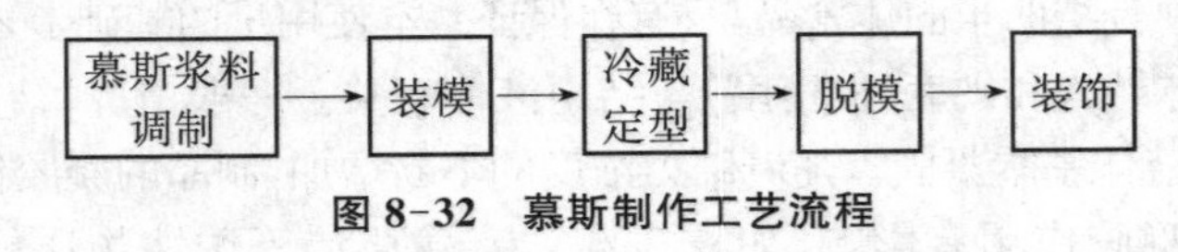

图8-32　慕斯制作工艺流程

慕斯种类很多，配料不同，其浆料的调制方法各异，很难用一种方法来概括，但一般规律如下：

(1) 配方中若有明胶粉或明胶片，则先将明胶粉或明胶片用水浸泡软化，再隔水溶化。

(2) 配方中有蛋黄、蛋清的，则将蛋黄、蛋清分别与糖搅打起发。

(3) 配方中的液体原料(乳水、牛奶)与糖一起煮开，略降温后加入打发的蛋黄中，并继续低温(不超过85℃)加热搅拌至浓稠，加入溶化的明胶水搅拌均匀。

(4) 配方中若有果泥、果汁类原料，则在蛋乳液冷却后加入。

(5) 待浆料温度降至20℃时，分别加入打发的蛋白糊、鲜奶油拌匀。

慕斯成型方法多种多样，可按实际工作中的需要灵活掌握。慕斯成型的最普遍做法是，将慕斯浆料直接装入各种上台服务容器(如玻璃杯、咖啡杯、小碗、小盘)中，或者挤到装饰过的果皮内。

慕斯浆料调制完成后就需要定型。定型是决定慕斯形状、质量的关键步骤。慕斯的定型不仅有利于下一步的工序，而且为制品的装饰、美化奠定了基础。一般情况下，慕斯类制品大都需要在成型后放入冷藏箱内数小时冷却定型，以保证制品的质量和特点。慕斯的定型和慕斯的盛放器皿有紧密的关系。一般情况下，用于盛放慕斯的器皿是直接上台服务器皿，在制品定型后，可直接将制品装饰后供给客人食用，而不需要再取出或更换用具。对于制品定型后需要重新更换器皿的制品，则要在更换器具后，再对制品进行装饰。因此，慕斯的定型及装饰与餐具、器皿和客人的需要有着密切的关系。

单元三　冰淇淋制作工艺

一、冰淇淋的特点

冰淇淋是以牛奶、砂糖、蛋黄为主要原料，经过加热、搅拌和持续降温等工艺过程而制成的体积略有膨胀的固态冷冻甜点，可用于午餐、晚餐的餐后甜点，也可以作茶点。

二、冰淇淋的分类

(1) 按原料乳脂肪含量分类，可以分为全乳脂冰淇淋、半乳脂冰淇淋、植脂冰淇淋。全乳脂冰淇淋是营养价值最高的一类冰淇淋，半乳脂冰淇淋一般使用乳粉为主要原料，植脂冰淇淋不含有动物乳(如牛乳)的成分。

(2) 按所用香料分类，可分为香草冰淇淋、巧克力冰淇淋、咖啡冰淇淋和薄荷冰淇淋等，其中以香草冰淇淋最为普遍，巧克力冰淇淋其次。

(3) 按添加的特色原料分类，可分为果仁冰淇淋、水果冰淇淋、布丁冰淇淋、豆乳冰淇淋。果仁冰淇淋中含有粉碎的果仁，如花生仁、核桃仁、杏仁、粟仁等；水果冰淇淋中有水果碎块，如菠萝、草莓、苹果、樱桃等；布丁冰淇淋含有大量的什锦水果、碎核桃仁、葡萄干、蜜饯等，有的还加入酒类，具有特殊的浓郁香味；豆乳冰淇淋中添加了营养价值较高的豆乳，是近年来新发展的品种。

三、冰淇淋的特性

无论是自制还是购买的冰淇淋都应注意其这样几个品质特性：

(1) 平滑性：冰淇淋的平滑性与产品中结晶粒的大小有关。制作冰淇淋时冰晶粒需快速冷冻并搅拌完全才不至于成大的冰晶粒。如果冰淇淋的保存温度不够低(低于－18℃)，就容易形成大的冰粒，影响冰淇淋口感的平滑性。

(2) 膨胀性：冰淇淋制作时因搅拌融入空气而体积膨大。膨胀率是指冰淇淋制作中所增加体积与其原来体积的比例。适当的膨胀率可使冰淇淋质地光滑膨化，如果膨胀率太高，则将使产品质地松散，降低原有风味。一般冰淇淋的膨胀率为80%～100%。冰淇淋的膨胀率受很多因素影响，包括冷冻设备的类型、搅拌时间的长短、配料中脂肪的含量、固形物的含量以及容器中配料的填充度等。

(3) 口融性：冰淇淋的口感取决于光滑度、膨胀率和其他品质。好的冰淇淋入口即融，口感细腻而不浓稠。如果冰淇淋使用过多的稳定剂，则会影响其口融性。

四、冰淇淋的制作工艺

冰淇淋品种很多，不同种类冰淇淋在制作工艺上大体相同，其工艺流程如图 8-33

所示。

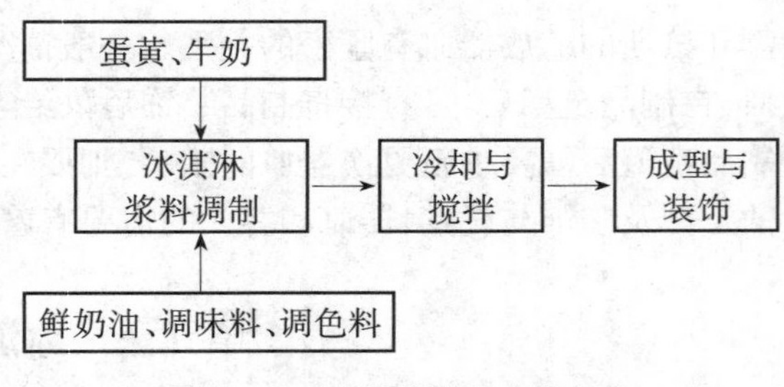

图 8-33　冰淇淋制作工艺流程

制作冰淇淋时,可先将原料调成浆料后加热杀菌,乳化后凝冻而成。关键是将混合料在强烈搅拌下冷冻。强烈搅拌可以使空气以极小气泡的形式均匀分布于混合料中,并使相当多的水转变成极为微细的冰晶,这样冰淇淋吃到口内才能有良好的口感。

为了使浆料在不停搅拌下凝冻,通常采用冰淇淋机制作冰淇淋。也可采用人工操作,将冰淇淋放入冰柜中凝冻,凝冻过程中需不断搅拌,根据个人喜好对凝冻时间进行调控,以控制成品的软硬度。

制成的冰淇淋最好用冰淇淋勺挖取。冰淇淋勺由不锈钢球壳和带弹簧的握柄组成,用它从盛冰淇淋的桶中挖取冰淇淋,然后倒置在盘子上方。手握勺柄,由弹簧带动球壳内的金属丝在球壳内壁转动,使冰淇淋成球状落入盘中。

单元四　冷冻甜点制作实例

一、水晶果冻(图 8-34)

1. 配方(表 8-22)

表 8-22　水晶果冻配方

原　料	烘焙百分比(%)	实际重量(g)	原　料	烘焙百分比(%)	实际重量(g)
明胶	100	30	香精	适量	适量
水	1 200	360	草莓	适量	适量
砂糖	300	90	菠萝	适量	适量
食用色素	适量	适量	葡萄	适量	适量

2. 制作方法

(1) 原料初处理:明胶用水泡软备用;水果洗净,切成大小均匀的丁。

(2) 果冻液调制:将砂糖放入水中煮至糖溶化,加入泡软的明胶煮至明胶溶化,加入食用色素和香精搅拌均匀后过滤制成果冻液。

(3) 装模、定型:把草莓、菠萝、葡萄分别放入模具底部,再将稍冷却后的果冻液装入模具中,盖上保鲜膜放入冰箱内进行冷藏定型。

图 8-34　水晶果冻

(4) 脱模:定型好后将果冻脱模取出即可,注意保持制品外形完整。

3. 技术要领

(1) 明胶浸泡时一定要用冷水,夏天需要冰水。

(2) 果冻液一定要冷却到常温再装模。

(3) 不可冷冻凝固。

二、鸡蛋果冻布丁(图 8-35)

1. 配方(表 8-23)

表 8-23　鸡蛋果冻布丁配方

原　料	烘焙百分比(%)	实际重量(g)	原　料	烘焙百分比(%)	实际重量(g)
明胶	100	15	蛋黄	267	40
牛奶	1 333	200	鲜奶油	667	100
水	267	40	罐装杂果	适量	适量
砂糖	400	60	—	—	—

2. 制作方法

(1) 原料初处理:将明胶与水混合均匀,隔水溶化;罐头杂果滤干果汁;鲜奶油打发备用。

(2) 蛋黄搅打:将蛋黄与砂糖搅打至砂糖溶化。

(3) 果冻布丁浆料调制:牛奶加热后加入溶化的明胶液搅拌均匀,注意避免搅拌起泡,待明胶完全混合均匀后关火冷却,待稍冷却后将牛奶明胶液缓缓加入蛋黄糊中,搅拌均匀,过滤后放在冰水中轻轻搅拌至黏稠,加入杂果混匀,最后加入打发的鲜奶油轻轻拌匀即成果冻布丁浆料。

图 8-35　鸡蛋果冻布丁

(4) 装模、定型:将果冻布丁浆料装入模具中,放入冷藏箱内冷藏定型。

(5) 脱模:将定型好的鸡蛋果冻布丁取出,用温水在模具底部及四周稍烫一下即可脱模。

3. 技术要领

(1) 尽量少用或不用含酸物质多的水果,因其酸度过大会降低果冻的凝胶力,使成品弹性降低,必要时可将此类水果蒸煮几分钟使其蛋白酶失去活性后使用。同时制作果冻所用的水果丁在使用前要沥干水分。

(2) 果冻液倒入模具时应避免起泡沫,如果有泡沫,应用干净的工具将泡沫撇出,否则冷却成型后果冻表面不光滑,影响成品的美观。

(3) 明胶浸泡时一定要用冷水,夏天需要冰水。

(4) 果冻液一定要冷却到常温再注模。

(5) 不可冷冻凝固。

三、芒果慕斯(图 8-36)

1. 配方(表 8-24)

表 8-24　芒果慕斯配方

原　料	烘焙百分比(%)	实际重量(g)	原　料	烘焙百分比(%)	实际重量(g)
鲜奶油	100	200	芒果	100	200
明胶粉	22.5	45	浓缩芒果汁	50	100
水	30	60	白兰地	适量	适量
砂糖	37.5	75	海绵蛋糕坯	—	1片

2. 制作方法

(1) 溶化明胶粉：将水烧开，加入砂糖煮至砂糖溶化，待冷却后加入明胶粉搅匀，隔水溶化并保持溶液状态备用。

(2) 打发鲜奶油：将鲜奶油打发，放冷藏箱中备用。

(3) 准备芒果蓉：将芒果去皮，取出果肉搅打成蓉状备用，可保留少许果肉。

(4) 调制慕斯浆料：将打发鲜奶油加入芒果蓉拌匀后，加入 1/3 的明胶液及白兰地拌匀，制成慕斯浆料。

(5) 装模、定型：取 1 片海绵蛋糕坯垫入慕斯圈底，装入调好的慕斯浆料至九分满，刮平表面，放入冷藏箱中冷藏。

图 8-36　芒果慕斯

(6) 脱模、定型：将剩下的明胶液加入浓缩芒果汁中拌匀形成芒果果冻液，待慕斯冷藏定型后将芒果果冻液倒入慕斯圈填满余下的体积，入冷藏箱冷冻定型后脱模即成。

3. 技术要领

(1) 明胶液要事先准备好，并保持溶液状态。

(2) 鲜奶油打发后应放于冷藏箱备用。

(3) 用芒果肉制作芒果蓉时，一定要搅拌充分。

(4) 脱模时，模具周围不可过分加热。

四、香草奶油冻(图 8-37)

1. 配方(表 8-25)

表 8-25　香草奶油冻配方

原　料		烘焙百分比(%)	实际重量(g)	原　料		烘焙百分比(%)	实际重量(g)
奶油冻	明胶	7.5	30	香草沙司	鲜奶油	100	400
	蛋黄	15	60		蛋黄	7.5	30
	砂糖	30	120		砂糖	7.5	30
	牛奶	100	400		牛奶	50	200
	香草豆荚	—	1/2 支		香草豆芙	—	1/2 支
	水	15	60		—	—	—

2. 制作方法

图 8-37 香草奶油冻

(1) 原料初处理:明胶放入水中浸泡备用。

(2) 煮制牛奶明胶液:将牛奶放锅内用小火煮沸,加入对半裂开的香草豆荚,用小火煮沸,取出香草豆荚后加入明胶煮至溶化,离火稍作冷却备用。

(3) 调制蛋黄糊:将蛋黄放不锈钢盆内,加入 60 g 砂糖搅打至糖溶化,然后将稍冷却后的牛奶明胶液缓缓拌入,放火上以小火煮制,边煮边搅拌至浓稠,然后过筛备用。

(4) 打发鲜奶油:将鲜奶油和剩下的砂糖放入搅拌缸内,快速搅打膨松备用。

(5) 混合浆料:将打发的鲜奶油加入蛋黄糊中,轻轻拌匀即成浆料。

(6) 装模、定型:将奶油冻浆料盛入模具内抹平,放入冷藏箱内冷藏定型,大约需要 4 h。

(7) 调制香草沙司:将牛奶放锅内,放入香草豆荚,煮沸后取出香草豆荚,稍冷却。将蛋黄和砂糖放盆中搅拌至糖溶化,将其加入稍冷却的牛奶中拌匀,然后小火煮制,边煮边搅拌至浓稠即可。

(8) 脱模、装饰:待奶油冻凝固成型后取出,用温水在模具外侧稍稍烫一下,然后轻轻倒出奶油冻,用香草沙司进行装饰即可。

3. 技术要领

(1) 明胶要用冷水充分浸泡,切不可用热水浸泡。

(2) 蛋奶液冷却过程中要不时搅拌,以保持质地均匀。

(3) 鲜奶油打发至软性发泡即可。

图 8-38 草莓冰淇淋

五、草莓冰淇淋(图 8-38)

1. 配方(表 8-26)

表 8-26 草莓冰淇淋配方

原 料	烘焙百分比(%)	实际重量(g)	原 料	烘焙百分比(%)	实际重量(g)
牛奶	100	500	草莓汁	100	500
鲜奶油	100	500	柠檬汁	2	10
砂糖	50	250	红色素	—	少许
葡萄糖	20	100	蛋黄	48	240

2. 制作过程

(1) 搅打蛋黄糊:将蛋黄放入不锈钢盆内,加入葡萄糖和 80 g 砂糖,搅拌至糖溶化备用。

(2) 煮制牛奶:将牛奶放入锅内,加入鲜奶油以及余下的砂糖用小火煮沸后离火,稍作冷却备用。

(3) 调制牛奶蛋黄液:将稍冷却后的牛奶缓缓加入蛋黄糊中,快速搅拌均匀,然后倒回锅内边加热边搅拌,至浓稠后离火冷却。

(4) 调制冰淇淋浆料:将草莓汁、柠檬汁和红色素加入冷却后的牛奶蛋黄液中拌匀,然后过筛除去杂质,即成冰淇淋浆料。

(5) 搅拌成型:将冰淇淋浆料放入冰淇淋机中搅拌,至冷凝、浓稠时取出,即为成品。

3. 技术要领

(1) 牛奶加入蛋黄糊中搅拌时必须冷却到一定温度,加入时边加边搅拌,以免蛋黄凝固变性。此外,牛奶蛋黄糊煮至浓稠时冷却,冷却后再将风味成分和调味品拌入。调制好的冰淇淋浆料需进行过滤处理,以筛滤杂质。

(2) 冰淇淋浆料完全冷却后加入冰淇淋机内搅拌,待其蓬松冷凝,形成均匀的固态时即可。注意加入搅拌的浆料量一般为冰淇淋机容积的70%。

(3) 搅拌后的冰淇淋需要进行冷冻处理,一般放入冰箱内冷冻2~3h即可。

项目九　中式糕点加工技术

中式糕点也和中国的古老文化一样具有悠久的历史，且制作技艺精湛，花色品种繁多，有着浓厚地方特色和民族风味。

工作任务一　层酥糕点制作

学习目标

◎ 了解层酥面团的分类及特点
◎ 熟悉层酥面团的形成与起层原理
◎ 熟悉层酥糕点的制作工艺
◎ 掌握层酥糕点的制作工艺要点
◎ 熟悉层酥制品的酥层种类及特点
◎ 能独立进行层酥类糕点品种的制作

课前思考

1. 什么是层酥面团？
2. 层酥面团分为哪几类？各自有何特点？
3. 酥皮面团和酥心面团是怎样形成的？
4. 层酥面团为什么能形成层次？
5. 调制层酥面团时需注意哪些要点？
6. 酥层有哪些种类？如何制作？
7. 层酥糕点熟制过程中需注意哪些要点？

单元一　层酥糕点制作工艺

一、层酥糕点的分类及特点

层酥糕点口感酥松，表面或内部具有明显的酥层。根据酥层表现层酥制品可分为暗酥制品和明酥制品。暗酥制品表面看不到酥层，但切开后可见清晰酥层。明酥制品表面有明显酥层，层次分明，酥层表现多样，如螺旋形酥纹、直线形酥纹、花样造型酥纹等。

层酥制品的酥层结构源于皮坯面团是以两块不同性质的面团组合而成。以面粉和油脂作为主要原料，先调制出皮面团、酥心面团两块不同性质的面团，再将它们复合，经多次擀、折、卷后，形成有层次的层酥面团。

根据皮面团的性质，层酥制品又可分为水油酥皮制品、酵面酥皮制品、水面酥皮制品。水油酥皮制品是传统中式糕点中重要的一大类，具有层次分明、清晰，制作精细的特点，既有大众化产品，也有精细糕点，成熟方法以烘烤、油炸为主。酵面酥皮制品既有油酥面的酥香松化，又有酵面的松软柔嫩，酥层以暗酥为主，制法相对简单，成熟方法以烘烤为主。水面酥皮也称擘酥皮，是广式面点中极具特色的一种皮料，融合了西点起酥制皮的方法，制品具有较大的起发性，体积膨胀大，层次丰富，口感松香酥化，成熟方法以烘烤为主。

二、层酥面团的形成与起层原理

(一) 层酥面团的分类

层酥面团是指以面粉、水和油脂为主要原料，加入盐、酵母、鸡蛋等辅料，调制成两种性质完全不同的面团，即皮面团和作为酥心的干油酥面团，经包、擀、叠、卷等开酥方法，制成的有层次结构的酥皮面团。

层酥面团按皮面团性质的不同可分为水油酥皮面团、酵面酥皮面团、水面酥皮面团三类。

1. 水油酥皮面团

水油酥皮面团是以水油面团为皮，干油酥面团为酥心，经包制复合而成的面团。其特性为层次多样，可塑性强，有一定弹性和韧性。用此类面团制作的制品是传统中式糕点中重要的一大类，品种丰富，具有层次分明、清晰，口感松化酥香的特点。

2. 酵面酥皮面团

酵面酥皮面团是以发酵面团为皮，干油酥面团为酥心，经包制复合而成的面团。其特性是质地疏松，层次清楚，有一定弹性和韧性，但可塑性较差。用此类面团制作的制品多为地方风味糕点，风味独特，既有发酵面的松软柔嫩，又有油酥面的酥香松化，口感暄软酥香。

3. 水面酥皮面团

传统水面酥皮面团是以干油酥面团为酥皮，冷水面团为酥心，经包制复合而成，操作难度大。目前常用的方法是以水调面团为皮，干油酥面团(或高熔点油脂)为酥心，经包制复合而成。这类面团因所含油脂量高，调制时须借助冷藏设备，所制产品一般以烘烤为主。

(二) 层酥面团的形成原理

1. 皮面团的形成原理

皮面团是以面粉、水、油为主要原料，加入盐、酵母(酵种)、鸡蛋等辅料调制而成的水油面团、发酵面团和水调面团。

在发酵面团和水调面团中，因为不添加(或少量添加)油脂，面粉中的蛋白质能与水较好结合，形成面筋网络，所以经调制而成的面团具有良好的弹性、韧性和延伸性。

水油面团是以水、油充分乳化的乳浊液与面粉拌和调制而成的面团。面粉中的蛋白质在与水结合形成面筋网络的同时，又因油脂的隔离作用不能吸收足够的水分而筋性太强，所以形成的面团既有一定的弹性、韧性，又有良好的延伸性。

2. 干油酥面团的成团原理

干油酥面团是以面粉和油脂调制而成的面团。油脂是一种胶体物质，具有一定的黏性和表面张力。油脂与面粉混合调制时，面粉颗粒被油脂包围，彼此黏结在一起。由于油脂的表面张力作用，面粉与油脂不易混合均匀，通过反复擦制，扩大油脂与面粉颗粒的接触面，使油脂均匀分布于面粉颗粒周围，面粉与油脂充分结合形成面团。

干油酥面团中面粉颗粒和油脂并没有结合在一起，只是油脂包围着面粉颗粒并依靠油脂黏性结合起来。干油酥面团不像水调面团那样，蛋白质吸水形成面筋，淀粉吸水胀润，因此油酥面团比较松散，可塑性强，没有筋力，不宜单独使用来制作成品。

(三) 层酥面团的起层原理

皮面团和干油酥面团的性质决定了它们在层酥面团中的作用。层酥面团通过皮面团包裹干油酥面团，经擀、叠、卷等操作程序，形成彼此层层相隔的结构。当制成的生坯受热时，干油酥面团中的面粉颗粒因油脂黏性下降而散落，酥心层空隙增大；皮面团中的面筋蛋白质受热变性凝固，淀粉糊化失水，酥皮变硬，形成片状结构，这样便形成了清晰的层次。

三、层酥类糕点制作工艺

(一) 工艺流程

层酥类糕点的制作工艺流程如图 9-1 所示。

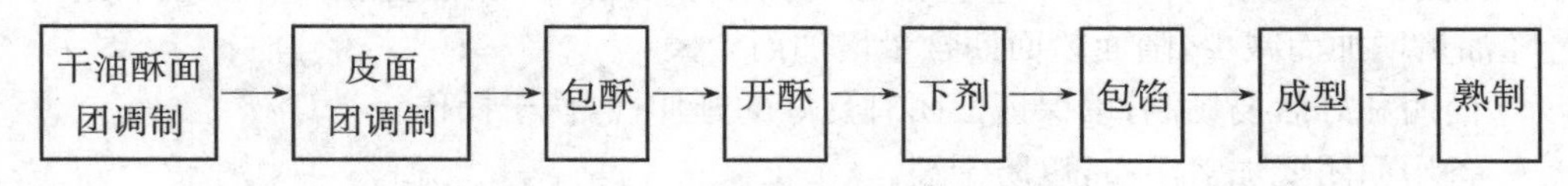

图 9-1 层酥糕点工艺流程

(二) 层酥面团基本配方

1. 水油酥皮面团配方(表 9-1)

表 9-1 水油酥皮面团配方

面团		烘焙百分比(%)	实际重量(g)
水油面团	面粉	100	500
	水	40～50	200～250
	油脂	15～25	75～125
干油酥面团	面粉	100	500
	油脂	50～56	250～280

2. 酵面酥皮面团配方(表 9-2)

表 9-2 酵面酥皮面团配方

面团		烘焙百分比(%)	实际重量(g)
发酵面团	面粉	100	500
	水	50～60	250～300
	酵母	1	5
干油酥面团	面粉	100	500
	油脂	50～56	250～280

注:如发酵面团使用酵种发酵,还需加碱至正碱。

(三) 主要工艺环节

1. 面团调制

(1) 水油酥皮面团调制

① 水油面团调制方法:将面粉过筛后置于案板上,中间开窝,加入水、油脂,将水、油脂搅拌至乳化均匀后,采用调和法和制面团,饧制后,将面团揉匀揉透,加盖湿布静置备用。

水油面团调制的工艺要点如下:

• 面粉、水、油脂三者比例恰当。水多油少,面团酥性差,酥层易粘连,成品口感硬;水少油多,面团酥性大,难以操作。

• 水油要搅拌均匀,充分乳化,使面团筋酥均匀。

• 水温、水量要适当。一般而言,成品要求酥性大的面团的水温可高些,成品要求起酥效果好的面团的水温可低些。水量直接影响面团软硬度,受加油量和面粉质量的影响,加水量随油量增加而减少,随面粉面筋含量增加而增大。

• 面团和好后要饧制,以保证面团有良好的延伸性,便于操作。

• 备用面团要加盖湿布,以防干裂。

② 干油酥面团调制方法:将面粉过筛后置于案板上,加入油脂,抄拌均匀后,用双手掌跟反复推擦,直至面粉与油脂充分黏结成团为止。

油酥面团调制的工艺要点如下:

• 面粉、油脂比例恰当,面团软硬适度。

• 合理选用油脂。不同的油脂调制的油酥面团的起酥性也不同,一般以动物油脂为好。此外,还要注意油温,调制油酥面团一般用冷油。

• 油酥面团与水油面团软硬一致。

• 面团调制时要擦匀,使面粉和油脂充分黏合。

(2) 酵面酥皮面团调制

① 发酵面团调制方法:将面粉过筛后置于案板上,中间开窝,加入酵母、水,和制成团,静置发酵。为了提高制品的酥松性,一般采用热水和面或部分热水、部分冷水和面,使面团韧性降低,部分淀粉糊化,待面团冷却至常温时,将酵母(酵种)加入面团中,然后将面团揉至均匀、光滑,加盖湿布发起即成。

② 油酥面团调制方法:将面粉过筛后置于案板上,加入油脂,抄拌均匀后,用双手掌跟

反复推擦，直至面粉与油脂充分黏结成团为止。也可将植物油加热至七八成热，冲入面粉中调制成较为稀软的油酥面，采用抹酥的方法开酥。

2. 包酥

用皮面团包裹干油酥面团，两种面团的比例一般为3∶2或1∶1，根据制品要求不同有两种方法。

(1) 大包酥。大包酥是指先包酥后下剂，一次可制成多个(几十个)剂子的包酥方法。该方法具有生产量大、速度快、效率高的特点，但起层效果差，常用于大量制作或对酥层要求不高的制品。

大包酥的包酥方法主要有以下三种：第一种是将酥皮面团擀(按)成中间厚、边缘薄的圆形面片，将酥心面团放在中间，提起酥皮面团的边缘，捏严收口即可；第二种是将酥皮面团擀(按)成中间厚、边缘薄的十字形面片，酥心面团放在中间，将十字形酥皮面团的四边折向中间包住酥心面团即可；第三种是将酥皮面团擀成长方形面片，酥心面团放在面片中间的1/3处，或放在面片的1/2处，将面片折起包住酥心面团即可。

(2) 小包酥。小包酥是指先下剂后包酥，一次只能制成一个或几个剂子的包酥方法。该方法具有酥层清晰均匀，面片光滑，不宜破裂的特点，但制作速度较慢，效率较低，常用于筵席精点的制作。

小包酥的包酥方法为：分别将酥皮面团和酥心面团揪成剂子，将酥皮面剂擀(按)成中间厚、边缘薄的圆形面片，取酥心面剂放在中间，收拢包住酥心面团即可。

包酥的工艺要点如下：

① 皮面团和干油酥面团的比例要适当。干油酥面团过多，擀制困难，易破酥、露馅，坯剂易翻硬，不易包制成型，成熟时易散碎；皮面团过多，易造成酥层不清，成品不酥松。

② 皮面团和干油酥面团软硬度要一致。干油酥面团过硬，开酥时易破酥；干油酥面团过软，开酥时酥心面团易向酥皮面团边缘堆积，造成酥层不匀，影响制品起层效果。

3. 开酥

开酥又称起酥，是将包酥后的面团进行擀、叠、卷等操作形成层次的工艺过程。根据成品的要求，开酥方法一般可分为擀叠起层和擀卷起层两种。

(1) 擀叠起层：将包酥后的面团按扁后，擀成长方形面片，然后将面片两端各1/3处叠向中间，成为三层，继续擀制、折叠，反复2～3次，形成长方形的层酥面团。

(2) 擀卷起层：将包酥后的面团按扁后，擀成长方形片状，一折三层，再擀成长方形面片，从外向内卷成圆筒状的层酥面团。酵面酥皮的开酥方法一般以擀卷起层为主。

开酥的工艺要点如下：

① 擀制时用力要均匀，使酥皮厚薄一致。

② 擀制时尽量少用干粉，以免加速面团变硬，熟制时酥层易散碎。

③ 擀制的酥坯厚薄适当，卷、叠要紧，以免酥层黏结不牢，熟制时酥层分离、脱壳。

4. 成型

层酥制品的酥层表现形式主要有暗酥、明酥和半暗酥三种。

(1) 暗酥

凡制作的成品的酥层在饼坯的里面，表面看不到层次的统称为暗酥制品。其饼坯为将擀叠或擀卷起层的面团直切成剂，平放，按剂包馅而成，适宜制作大众品种。

(2) 明酥

凡用刀切成的坯剂的刀口处呈现酥纹,制作的成品表面有明显酥层的统称为明酥制品。明酥可分为圆酥、直酥、叠酥、排丝酥、剖酥等。

① 圆酥:将水油酥皮卷成圆筒状后用刀横切成面剂,面剂刀口呈螺旋形酥纹,以刀口面向案板直按成圆皮进行包捏成型,使圆形酥纹露在外面,如龙眼酥、韭菜酥盒等。

② 直酥:将水油酥皮卷成圆筒状后用刀横切成段,再顺刀剖开成两个皮坯,以刀口面有直线酥纹的作面子,无酥纹的作里子进行包捏成形,如海参酥、燕窝酥等。

圆酥和直酥在制作中需注意以下几点:切坯时,刀要锋利,避免刀口粘连并酥;擀制坯剂时,动作要轻,应对准酥层,使酥纹在中心,且厚薄要适宜;应以酥纹清晰的一面作面子,另一面作里子。

③ 叠酥:将水油酥皮擀薄后直接切成一定形状的皮坯,再夹馅、成型或直接成熟,如兰花酥、千层酥、鸭粒酥角等。

叠酥在制作中需注意以下几点:擀制酥皮时厚薄要均匀一致,不能破酥;切坯时刀要锋利,避免刀口粘连。

④ 排丝酥:将起酥后形成的长方形酥皮切成长条,抹上蛋清,然后将切口面朝上,互相粘连,在有层次的一面再抹上蛋清,贴上一层薄水油面皮并以此面包馅,有层次的一面在外,经过成型,使制品表面形成直线形层次。

⑤ 剖酥:是在暗酥面剂的基础上剞刀,经熟制使制品酥层外翻。剖酥制品分油炸型和烘烤型两种。油炸型剖酥的具体制法是:水油酥皮卷成筒后,用手扯成面剂,包入馅心后按成符合制品要求的形状,放在案板上十几分钟,使之表面翻硬,然后用锋利的刀片在皮坯上剞刀,通过油炸,使酥层外翻,如菊花酥、层层酥、荷花酥等。

油炸型剖酥制作难度较大,制作中需注意以下几点:起酥要均匀,酥皮不宜擀得过薄或过厚,过薄酥层易碎,过厚酥层少,影响形态美观;要待半成品翻硬后才可剞刀,否则刀口处的酥层相互粘连,影响制品翻酥。

烘烤型剖酥的具体制法是:以暗酥面剂为皮坯,放入馅心包捏成一定形状后,用刀切出数条刀口,再整型而成,如菊花酥饼、京八件等。

(3) 半暗酥

凡经开酥制成的成品,酥层一部分呈现在外,另一部分在内的统称为半暗酥制品,如苹果酥等。具体制法是将层酥面团擀卷开酥后,横切成剂,竖放,用手沿45°角斜按,擀成圆皮包捏成型。

5. 熟制

层酥糕点的熟制方法主要有炸制和烘烤两种。

(1) 炸制成熟:炸制时,宜采用温油(三至五成油温)炸制。生坯入锅时,油温不宜过高,否则制品表面起泡,不翻酥,酥纹粗糙,质感不松化。制品上浮时,逐步升高油温,炸至酥纹清晰,坯体变硬后及时出锅,否则成品浸油色差。一般选择动物油脂炸制,能较好保证制品原有色泽、形态。

(2) 烘烤成熟:烘烤温度不宜过高,否则易造成制品外焦内生;温度也不宜过低,否则易造成制品塌陷、露馅,影响美观。此外,烘烤温度还受制品形状大小、风味特点等因素的影响,生坯厚大,烘烤温度宜低,反之,温度可稍高;制品为甜馅的,烘烤温度不宜过高,要求成品成熟后饼坯颜色显白色；凡点心馅心是咸馅或咸甜馅者，烘烤温度可稍高；有一些品种可以在烘焙前在制品表面用蛋液涂刷，使其烘烤后光亮上色，要求成品成熟后饼坯颜色显淡黄色或金黄色。

单元二　层酥糕点制作实例

一、鲜花饼(图 9-2)

1．配方（表 9-3）

表 9-3　鲜花饼配方

原　料		烘焙百分比（%）	实际重量（g）	原　料		烘焙百分比（%）	实际重量（g）
水油面团	中筋面粉	100	1 000	馅料	细砂糖	100	500
	猪油	25	250		瓜条粒	40	200
	水	50	500		糖猪油丁	60	300
	饴糖	7.5	75		蜜玫瑰	40	200
干油酥面团	中筋粉	100	550		熟桃仁粒	40	200
	猪油	50	275		猪油	40	200
	—	—	—		熟粉	40	200

2．制作方法

（1）水油面团调制：中筋面粉加入猪油、饴糖、水调制成水油面团。

（2）油酥面团调制：中筋面粉加入猪油反复擦匀制成干油酥面团。

（3）馅料调制：先将细砂糖、蜜玫瑰、熟桃仁粒、瓜条粒、猪油混合均匀即成。

（4）包酥、开酥：水油面团与油酥面团按 2∶1 的比例包酥，采用擀叠起层或擀卷起层的方法开酥制成暗酥面剂。

图 9-2　鲜花饼

（5）包馅成型：将酥皮剂子用手掌按成中间厚、四周稍薄的圆皮，按皮与馅 1∶1 的比例将馅料置于皮坯中，捏拢收口成球形，用手按成圆形生坯摆入烤盘待烘烤。

（6）烘烤：上火 160℃/下火 180℃，时间 15 min 左右。烤至表面微鼓，起酥，熟透即可出炉。

3．技术要领

（1）调制好的水油面团与干油酥面团的软硬度要相当。

（2）开酥时，面皮不宜擀得过薄。

（3）按压饼坯时用掌跟使饼坯中间略薄，四周圆鼓。

二、老婆饼(图 9-3)

1. 配方（表 9-4）

表 9-4　老婆饼配方

原料		烘焙百分比(%)	实际重量(g)	原料		烘焙百分比(%)	实际重量(g)
水油面团	中筋面粉	100	1 000	馅料	椰丝	100	650
	猪油	30	300		熟白芝麻	60	390
	水	50	500		细砂糖	110	715
	细砂糖	15	150		猪油	25	163
干油酥面团	中筋面粉	100	700		水	125	813
	猪油	50	350		糕粉	80	520
辅料	蛋液	—	适量		—	—	—

2. 制作方法

(1) 水油面团调制：中筋面粉加水、猪油、细砂糖调制成团，揉搓光滑，盖上湿布饧面约 10 min。

(2) 干油酥面团调制：将中筋面粉与猪油擦拌均匀成干油酥面团。

(3) 馅料调制：细砂糖加水加热煮沸，使糖溶化后离火，加猪油、熟白芝麻、椰丝搅匀，加入糕粉充分混合均匀即成。

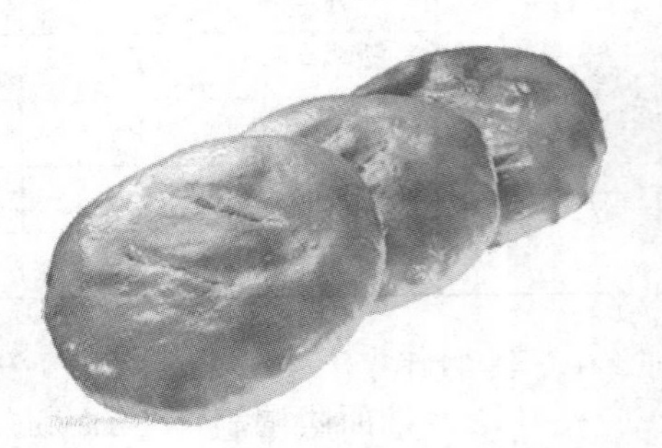

图 9-3　老婆饼

(4) 包酥、开酥：水油面团与干油酥面团按 2∶1 的比例包酥，采用擀叠起层或擀卷起层的方法开酥制成暗酥面剂。

(5) 包馅成型：将酥皮剂子用手掌按成中间厚、四周稍薄的圆皮，按皮与馅 1∶1 的比例将馅料置于皮坯中，捏拢收口成球形，用手按扁成圆形饼坯，用小刀在表面中间位置横着划两刀口，然后将饼坯摆入烤盘，表面均匀刷上一层蛋液。

(6) 烘烤：上火 220℃/下火 160℃，时间 15 min。烤至表面显金黄色，熟透即可出炉。

3. 技术要领

(1) 调制馅料时，糖与水需煮沸，这样有助于椰丝吸入糖汁、油脂，使椰子馅口感滋润、肥美。

(2) 刷蛋液时要刷均匀，这样烤出的制品色泽一致。

图 9-4　菊花酥饼

三、菊花酥饼(图 9-4)

1. 配方（表 9-5）

表 9-5　菊花酥饼配方

原　料		烘焙百分比（%）	实际重量（g）	原　料		烘焙百分比（%）	实际重量（g）
水油面团	中筋面粉	100	500	干油酥面团	中筋面粉	100	400
	猪油	25	125		猪油	50	200
	水	50	250	馅料	豆沙馅	—	1 200
	—	—	—	辅料	食用红色素	—	少许

2. 制作方法

（1）水油面团调制：中筋面粉加水、猪油调制成团，揉搓光滑，盖上湿布饧面约 10 min。

（2）干油酥面团调制：将中筋面粉与猪油擦拌均匀成干油酥面团。

（3）包酥、开酥：将上述两种面团按 3∶2 的比例包制成团，采用擀卷起层的方法开酥，待面团卷成圆筒状后下剂（每个重量为 35g），按成圆皮。

（4）包馅成型：皮与馅的比例为 6∶5。取圆皮包入馅料，收口处向下，按成圆形饼坯，厚约 0.6 cm。用快刀顺圆周外围切 8～12 刀使饼坯成菊花形，切时刀头向外，刀根向饼心，刀口长度约为饼坯半径的 2/3，再将刀口面向上翻转，用掌跟轻压即可。最后在饼坯中间点上一红点。

（5）烘烤：上火 180℃/下火 180℃，时间 10 min 左右。

3. 技术要领

（1）面团软硬适中，不能太软，否则饼坯易变形。

（2）豆沙馅应选择颜色黑亮的为好。

（3）包馅时，馅料应居中，上下左右厚薄应一致。

（4）烘烤时炉温不宜过高，饼色要白。

四、葱油酥（图 9-5）

图 9-5　葱油酥

1. 配方（表 9-6）

表 9-6　葱油酥配方

原　料		烘焙百分比（%）	实际重量（g）	原　料		烘焙百分比（%）	实际重量（g）
水油面团	中筋面粉	100	600	馅料	香葱	42	186
	猪油	28	168		食盐	5	24
	饴糖	6	36		花椒粉	3	15
	水	40	240		饴糖	16	75
干油酥面团	中筋面粉	100	600		小苏打	1.6	7.5
	猪油	50	300		味精	2	9
馅料	白糖	100	450		鸡蛋	16	75
	熟粉	100	450		饼干屑	50	225
	生粉	100	450	辅料	蛋液	—	适量
	熟油	50	225		黑芝麻	—	适量

2. 制作方法

(1) 水油面团调制：中筋面粉过筛后置于案板上，中间开窝，加入猪油、饴糖、水搅拌均匀，拌入周围的面粉调制成团，揉搓光滑，盖上湿布饧制。

(2) 干油酥面团调制：中筋面粉过筛后置于案板上，加入猪油，反复擦匀擦透至团。

(3) 馅料制作：将所有馅料原料混合搅拌均匀即成。

(4) 包酥、开酥：水油面团包裹于油酥面团，收口，按扁，擀成长方形薄片，一折三层，再擀薄成长方形，卷成圆筒状，手揪或刀切成暗酥剂子，盖上湿布。也可采用小包酥的方法开酥制成暗酥面剂。

(5) 包馅成型：将暗酥面剂平放按扁，擀成中间厚、边缘薄的圆形皮坯，光滑面朝外，包入馅料，收口捏紧成圆球形后搓成条状，再擀成长扁条，在表面刷蛋液，撒上黑芝麻即成生坯。

(6) 烘烤：上火 160℃/下火 250℃，烘烤 10 min 左右，烤至表面金黄色，熟透即可。

3. 技术要领

(1) 采用小包酥的方法，成品酥层效果更好。

(2) 蛋液可用 4 个蛋黄、1 个全蛋、适量色拉油调配而成，上色效果更佳。

(3) 黑芝麻不要撒得过多，且要撒均匀。

工作任务二　混酥糕点制作

学习目标

◎ 了解混酥面团的分类及特点
◎ 熟悉混酥面团的形成及起酥原理
◎ 熟悉混酥糕点的制作工艺
◎ 掌握混酥糕点的制作工艺要点
◎ 能独立进行混酥类糕点品种的制作

课前思考

1. 什么是混酥面团?
2. 混酥糕点可分为哪几类? 各自有何特点?
3. 混酥面团是怎样形成的? 其起酥原理是什么?
4. 混酥面团主要由哪些原料构成? 各原料的作用是什么?
5. 调制混酥面团时需注意哪些要点?
6. 混酥糕点成型方法有几种? 具体如何操作?
7. 混酥糕点熟制要领是什么?

单元一　混酥糕点制作工艺

一、混酥面团的分类及特点

混酥面团是指由面粉、油脂、糖、蛋、乳、疏松剂、水等原料调制而成的面团,其具有良好的可塑性,但缺乏弹性和韧性,制品成熟后口感酥松,不分层。

混酥糕点根据制品的酥性特点可分为甜酥和松酥两大类。甜酥类制品重糖、油,口感特别酥松,不分层。松酥类制品的面团中都加入油、糖、蛋、疏松剂,但比例较小,面团带有韧性,多为包馅制品或油炸制品,成品口感松而酥脆。

混酥糕点根据产品特点一般又可分为桃酥型、薄脆型、印酥型、干点型、饼干型和包馅型等类型。桃酥型制品是以油、糖、面粉为主料,酌加少量鸡蛋或饴糖以及适量发粉和小苏打,经擦粉、搓制成型后烘烤而成,成品酥松不分层。

薄脆型制品和桃酥型制品相比,饼坯中含油量略低,糖和水的含量略高,制品烘烤时有较大摊性,成品薄而酥脆,面坯中常混入大量芝麻、花生等果仁,食后齿颊留香。

印酥型制品是指用印模成型的甜酥类点心,制品的面团松散入模后,通过压力使其黏结成块。印酥型制品的用油量是面粉重量的一半左右,用水量一般不超过 3%。有些产品用油量少,则采用熟面粉,以达到产品酥松的目的。印酥型制品的生坯纹印清晰,成熟后,表面微有裂纹,组织酥松,口感酥爽。

干点型制品和桃酥型制品相比,用油量略低,用蛋和用水量偏高,入口酥脆。制作时,在形状上加以变化或加上不同的饰面料，可形成多种花式。

饼干型制品是指形体较小的片状或粒状甜酥品种，其油脂和糖的用量一般比食品厂生产的饼干高些，花色、品种、形状多样。

包馅型制品面团的糖、油、疏松剂用量较桃酥型面团的略少，面团细腻，略带韧性，成品外皮松爽酥绵。

二、混酥面团的形成及起酥原理

(一) 混酥面团的形成原理

调制混酥面团时，首先将油脂、糖、蛋、乳、水混合搅拌，充分乳化成均匀的乳浊液，然后拌入面粉，翻叠或搅拌调制而成。面粉中的蛋白质在与蛋、乳、水结合形成面筋的同时，又因油脂的隔离作用和糖的吸水性在很大程度上限制了面筋的生成量，所以形成的面团的可塑性良好，但缺乏弹性和韧性。

(二)混酥面团的起酥原理

1. 油脂的作用

油脂在混酥面团中一方面起到限制面筋生成的作用，另一方面起到在面团调制过程中结合空气，使制品达到松酥口感的作用。

调制面团时加入油脂，面粉颗粒被油脂包围，阻碍了面筋蛋白质吸水形成面筋，用油量越高，面粉的吸水率和面筋生成量就越低；油、水乳化得越充分，油微粒或水微粒越小，拌粉后能更均匀分散在面团中限制面筋生成；油脂以球状或条状、薄膜状存在于面团中，在这些球状或条状的油脂中结合着大量的空气，油脂结合空气的能力与油脂的搅拌程度和脂肪的饱和程度有关，搅拌越充分，饱和脂肪酸含量越高，油脂结合空气的能力越大，起酥性越好。

2. 糖的作用

糖具有很强的吸水性，在调制面团时，糖会迅速夺取面团中的水分，从而限制面筋蛋白质吸水形成面筋，使制品酥松。此外，糖的颗粒大小还与油脂结合空气的情况有关，糖的颗粒越小，越有助于油脂结合空气。

3. 蛋、乳的作用

蛋、乳中所含的磷脂是良好的乳化剂，可以促进油、水乳化，限制面筋生成，使面团细腻柔软。

4. 膨松剂的作用

当油脂、糖等原料所起到的酥松效果达不到制品要求时，需往混酥面团中添加膨松剂，借助膨松剂受热分解产生的气体补充面团中气体含量的不足，增大制品的酥松性。常用的膨松剂有小苏打、臭粉、发酵粉等。

5. 水的作用

水在混酥面团中主要起调节面团软硬的作用。水的添加量与油脂、糖、蛋、乳的用量有关，油脂、糖、蛋、乳的用量越多，水的用量越少。若水的用量过多，易造成面团生筋，使制品酥松度差，还易造成面团软黏，既影响操作，又易使制品因摊性过大而致形态不佳；若水的用量过少，则面团硬，制品酥松度差。

三、混酥类糕点制作工艺

(一) 工艺流程

1. 油糖调制法工艺流程

油糖调制法的工艺流程如图 9-6 所示。

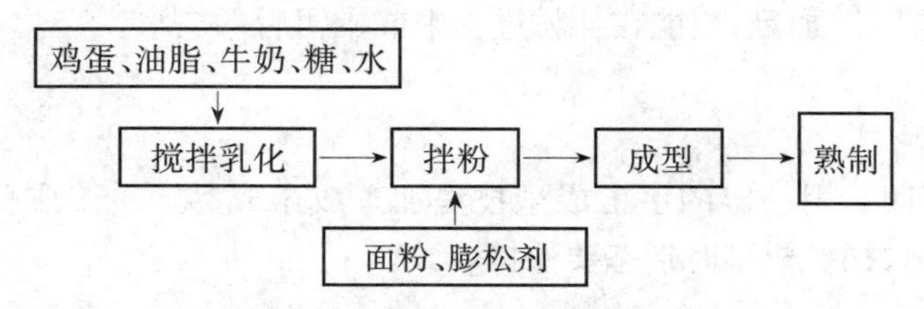

图 9-6　油糖调制法工艺流程

2. 粉油调制法工艺流程

粉油调制法的工艺流程如图 9-7 所示。

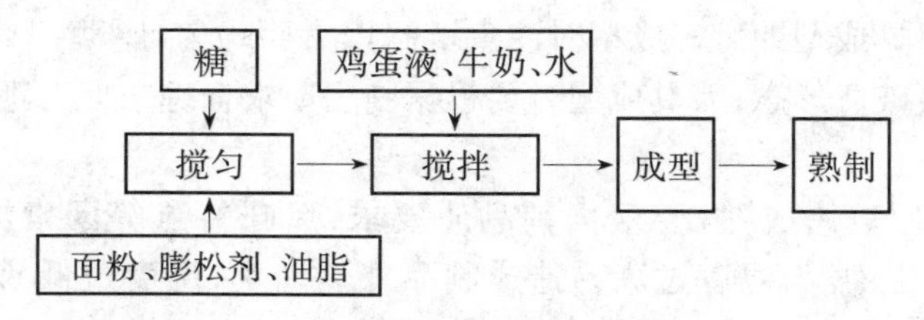

图 9-7　粉油调制法工艺流程

(二) 主要工艺环节

1. 面团调制

(1) 糖油调制法

这是混酥面团最常用的调制方法,面团量小时可采用手工调制,面团量大时可采用机器调制。

①手工调制法:面粉过筛置于案板上,中间开窝,膨松剂放在面窝外侧或同面粉混合一起过筛,面窝中加入糖、油脂、蛋、乳、水等原料,用手搅拌成均匀的乳浊液,拌入周围的面粉,采用翻叠法调制成团。

②机器调制法:先将面粉、膨松剂过筛,然后将油脂、糖、蛋、乳、水等原料放入和面机中搅拌均匀,再加入面粉和膨松剂慢速搅拌成团。

(2) 粉油调制法

①手工调制法:先将面粉、膨松剂过筛,加入油脂用手搓成粉粒状,然后加入糖搅拌均匀,再加入蛋、乳、水等原料搅拌均匀成团。

②机器调制法:先将面粉、膨松剂过筛放入和面机中,加入油脂充分搅拌,使油脂包裹面粉颗粒,阻碍面粉吸水,减少面筋生成,然后加入糖搅拌均匀,最后加入蛋、乳、水等原料慢速搅拌成团。

面团调制的工艺要点如下:

① 面粉宜选用低筋面粉,如面粉筋度高,调制面团时易生筋。

② 选用可塑性、乳化性、起酥性好的油脂。

③ 选用颗粒小、易溶化的糖。

④ 严格按照不同的调制方法掌握投料顺序。

⑤ 拌入面粉后不宜长时间翻叠或搅拌，以免泄油及面团生筋，影响操作及成品质量。

⑥ 调制好的面团不宜久放，否则易生筋。

⑦ 面团用水要一次加足，不能在拌粉过程中或成团后再加水。

2. 成型

(1) 手工成型

将调制好的面团运用一定的手工成型技法加工成半成品。手工成型时要注意坯剂大小要一致，操作轻巧，揉搓成型时形态要保持一致。

(2) 器具成型

①印模成型：将坯料放入印模内，按实，刮平后磕出即可。操作时要注意坯料的大小与印模大小一致，坯料填充后，按压用力适度且要压实，使制品形态饱满，图纹清晰。

②卡模或刀具成型：将调制好的面团搓成圆柱状，按扁，然后用擀面杖擀制成厚薄均匀的面片，用卡模或刀具成型即可。成型时注意擀制用力要均匀，厚薄一致；卡模成型时不能随意移动模具，以免破坏形态；刀具成型时要根据制品要求合理掌握刀距。

3. 熟制

混酥糕点多选用烘烤成熟，要根据其品质要求、风味特点等因素灵活掌握烘烤温度和时间。烘烤多采用中温，温度过高易造成制品外焦内生；温度过低易造成制品下塌，不易成型。

混酥糕点也可采用油炸方法成熟，油炸时油温一般控制在160～180℃，油温过高易造成制品颜色过深，不酥松；油温过低易造成制品色浅、浸油、油腻。

单元二　混酥糕点制作实例

一、桃酥(图9-8)

1. 配方(表9-7)

表9-7　桃酥配方

原　料	烘焙百分比(%)	实际重量(g)	原　料	烘焙百分比(%)	实际重量(g)
低筋面粉	100	600	小苏打	1.2	7.2
酥油	50	300	臭粉	0.6	3.6
糖粉	37.5	225	泡打粉	0.5	3
鸡蛋	10	60	核桃碎	8.3	50

2. 制作方法

(1) 面团调制：将低筋面粉与小苏打、臭粉、泡打粉混合过筛，置于案板上，中间开窝，加入酥油、糖粉、鸡蛋充分搅拌乳化，拌入周围的粉类，采用翻叠法调制成团。

（2）成型：①印模成型。将面团搓成条，分剂，然后将面剂放入桃酥模具内，按实，磕出，摆入烤盘待烤。②手工成型。将面团搓成条，分剂，然后将面剂搓成圆球形，再压成中间凹的圆饼状，摆入烤盘待烤。

（3）熟制：上火 180℃/下火 150℃，烤至色泽金黄，饼面呈裂纹状即可。

图 9-8 桃酥

3. 技术要领

（1）酥油、糖粉、鸡蛋充分搅拌乳化后才能拌入面粉。

（2）调制面团时不宜用力揉制，要运用翻叠的方法调制，以免面团生筋，影响制品松酥。

二、少林酥（图 9-9）

1. 配方（表 9-8）

表 9-8 少林酥配方

原 料	烘焙百分比（%）	实际重量（g）	原 料	烘焙百分比（%）	实际重量（g）
低筋面粉	100	500	椰蓉	10	50
黄油	56	280	花生碎	25	125
液态起酥油	7	35	泡打粉	1	5
糖粉	15	75	小苏打	1	5
奶粉	8	40	水	6	30
食盐	1	5	蛋黄（刷面）	—	适量

2. 制作方法

（1）面团调制：将低筋面粉、泡打粉、奶粉混合过筛，置于案板上，中间开窝，加入黄油、液态起酥油、糖粉、食盐、小苏打、水充分搅拌乳化，然后加入周围的粉类与花生碎、椰蓉，反复翻叠调制成团。

（2）成型：将调制好的面团分成 10～15 g 的小面剂，搓成圆球形，浸泡于蛋黄液中片刻，捞起后置于烤盘内待烘烤。

（3）熟制：上火 190℃/下火 150℃，烘烤 20 min，烤至色泽金黄，熟透即可。

图 9-9 少林酥

3. 技术要领

（1）调制面团时采用翻叠方式，避免揉搓。

（2）生坯在蛋液里浸泡时间不宜过长。

（3）烘烤时间适宜。

三、凤梨酥(图 9-10)

1. 配方(表 9-9)

表 9-9 凤梨酥配方

原　料	烘焙百分比(%)	实际重量(g)	原　料	烘焙百分比(%)	实际重量(g)
低筋面粉	100	500	奶粉	24	120
黄油	40	200	菠萝	80	400
鸡蛋	40	200	白糖	32	160
糖粉	60	300	猪油	20	100

2. 制作方法

(1) 面团调制:将低筋面粉与奶粉混合过筛备用,将黄油与鸡蛋打发,分次加入糖粉搅打至乳白色,拌入过筛后的低筋面粉与奶粉,采用翻叠法调制成软硬合适的面团。

(2) 制馅:将菠萝绞打成蓉,锅置火上,加猪油烧热,下入菠萝蓉、白糖,小火炒至上劲即可。

图 9-10 凤梨酥

(3) 成型:将面团搓成条,分剂,包入馅料,收口封严搓圆,放入印模内压实,磕出,摆入烤盘待烤。

(4) 熟制:上火 180℃/下火 190℃,烘烤 15 min 即可。

3. 技术要领

(1) 黄油、鸡蛋、糖粉充分打发后再拌入面粉。

(2) 炒制菠萝馅时火力不宜过大,避免焦糊上色。

(3) 包馅成型时按压力度适当,以免露馅。

工作任务三 糖皮糕点制作

学习目标

◎ 了解糖皮糕点的特点及制作原理
◎ 掌握糖皮糕点的原料选用原则
◎ 掌握糖皮糕点的制作工艺及要点
◎ 掌握转化糖浆的熬制工艺及要点
◎ 掌握转化糖浆的熬制方法
◎ 能独立进行糖皮糕点品种的制作

课前思考

1. 糖皮糕点有何特点?

2. 糖皮糕点的制作原理是什么？
3. 转化糖浆熬制工艺要点是什么？
4. 浆皮面团调制宜采用揉制法吗？
5. 糖皮糕点烘烤中应注意哪些事项？

单元一　糖皮糕点制作工艺

一、糖皮糕点的特点及制作原理

糖皮糕点指用蔗糖熬制的转化糖浆或饴糖浆调制面团制成的糕点，成品滋润绵软。

用转化糖浆调制的面团通常被称为浆皮面团、提浆面团。它是先将蔗糖加水熬制成转化糖浆，再加入油脂和其他配料，搅拌乳化成乳浊液后加入面粉调制成的面团。凭借高浓度糖液的反水化作用，限制了面团中的面筋生成量，使面团组织细腻，具有良好的可塑性，制成品外表光洁，花纹清晰，饼皮松软。同时由于糖浆中转化糖的作用，使制品具有防干保潮、组织松绵滋润的特点，如广式月饼。

转化糖浆是调制浆皮面团的主要原料。转化糖浆是由砂糖加水溶解，经加热，在酸的作用下转化为葡萄糖和果糖而得到的糖溶液。制取转化糖浆俗称熬糖或熬浆。熬糖所用的糖是白砂糖或绵白糖，其主要成分为蔗糖。熬糖时随着温度升高，在一定的酸性条件下并且在水分子的作用下，蔗糖发生水解生成葡萄糖或果糖。葡萄糖和果糖统称为转化糖，其水溶液称为转化糖浆，这种变化过程称为转化作用。蔗糖转化的程度与酸的种类和加入量有关。酸度增大，转化糖生成量增加；酸的加入量增大，转化糖生成量增大。常用的酸为柠檬酸。转化糖的生成量还与熬糖时糖液的沸腾速度有关，沸腾越慢，转化糖生成量越大。

除了酸可以作为蔗糖的转化剂，淀粉糖浆、饴糖浆、明矾等也可作为蔗糖的转化剂。传统熬糖多使用饴糖。饴糖是麦芽糖、低聚糖和糊精的混合物，呈黏稠的液态，具有不结晶性，其对结晶有较大的抑制作用。熬糖时加入饴糖，可以防止蔗糖析出或返砂，增大蔗糖的溶解度，促进蔗糖转化。

熬好的糖浆要待其自然冷却并放置一段时间后使用，目的是促进蔗糖继续转化，提高糖浆中转化糖的含量，防止蔗糖重结晶返砂而影响糖浆质量，使调制的面团质地更柔软，延伸性良好，从而使制品外表光洁，不收缩，花纹清晰，饼皮能较长时间保持湿润绵软。

浆皮面团中一般要加入枧水或小苏打，目的一是中和加酸熬制的糖浆中的酸性，有利于其烘烤时上色；二是酸碱中和时产生的气体有助于饼坯疏松。

饴糖类糖皮糕点是由饴糖与其他原料混合拌匀的皮料制成，具有皮薄馅足，风味独特的特点，如福建礼饼。

二、糖皮糕点的原料选用原则

1. 面粉

糖皮糕点所用的面粉要求选择面筋弹性、韧性和延伸性都不高，但可塑性良好的中筋或低筋面粉，特别是需要印模的品种，既要保持糖皮糕点特有的风味，又不能产生面筋，印出的花纹才清晰。

2. 白砂糖

在糖皮糕点中白砂糖的主要作用是熬制糖浆和提供甜味。

3. 饴糖

部分糖皮糕点使用饴糖，饴糖又称米稀，主要成分是麦芽糖和糊精，具有甜味，可以代替白砂糖使用。饴糖的持水性强，可保持糕点的柔软性，是面筋的改良剂，可以使制品的质地更加均匀。

4. 油脂

糖皮糕点中的油脂以植物油为主。油脂可以提高面团的可塑性，面粉的吸水率随着用油量的增加而降低，限制了面筋质的形成。由于油膜的相互隔离使已经形成的面筋微粒不易彼此黏结在一起形成大块面筋，从而降低了面团的黏度、弹性和韧性，增加了面团的可塑性。油脂还可以改善糕点的口感，增加制品的香味。

5. 膨松剂

在糖皮糕点制作中，行业普遍采用碳酸氢钠或碳酸氢铵等碱性膨松剂，它们在烘烤过程中因高温受热而分解，放出大量气体，使糕点制品体积膨胀，形成疏松多孔的组织。

6. 糖白膘肉

糖皮糕点的馅心中经常用到糖白膘肉。它是采用肥肉膘和白砂糖加工而成，以猪大排肉旁肥膘加工的品质最优，其口感甜肥不腻。它有生加工和熟加工两种方法，生加工方法是将肉膘切成肉丁，加汾酒拌匀，用白砂糖把肉膘盖住，糖渍 3 天以上即成。

7. 枧水

也称碱水，或称食用枧水，是一种复配食品添加剂，是广式糕点中常见的传统辅料。枧水的作用是中和转化糖浆中的酸性，使饼皮呈碱性，让饼皮在烘烤时易着色。枧水的用量可以调节饼皮的颜色，饼皮碱性越高越易变为金黄色，重者变褐色。

三、糖皮糕点制作工艺

（一）工艺流程

1. 转化糖浆熬制工艺流程

转化糖浆的熬制工艺流程如图 9-11 所示。

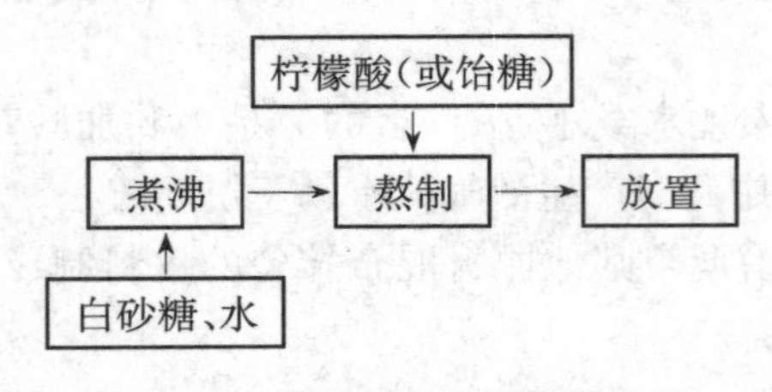

图 9-11　转化糖浆熬制工艺流程

2. 糖皮糕点制作工艺流程

糖皮糕点的制作工艺流程如图 9-12 所示。

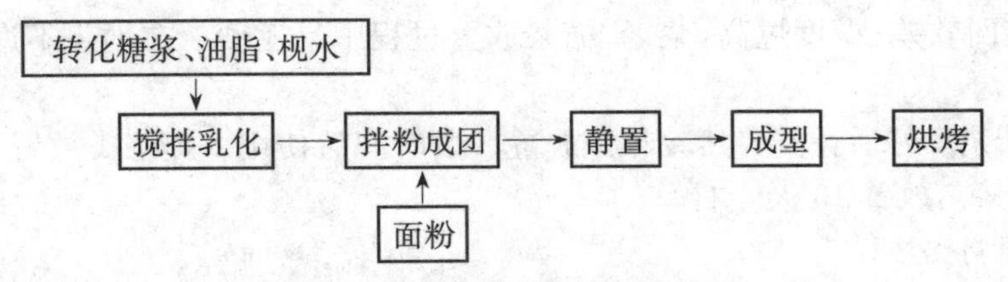

图 9-12　糖皮糕点制作工艺流程

(二) 基本配方

1. 转化糖浆

转化糖浆的基本配方如表 9-10 所示。

表 9-10　转化糖浆配方

原　料	实际用量(g)	原　料	实际用量(g)
白砂糖	5 000	水	2 250
柠檬酸(或者饴糖)	15(750)	鸡蛋清	适量

2. 浆皮面团

见具体品种。

(三) 主要工艺环节

1. 转化糖浆熬制

将水倒入锅中,加入白砂糖煮沸,待糖粒完全溶化后加入柠檬酸,用小火熬煮 40 min。

熬制转化糖浆时的工艺要点如下:

① 熬糖时必须先下水,后下糖,以防糖粘锅焦糊,影响转化糖浆色泽。

② 若白砂糖含杂质多,糖浆熬开后可加入少量蛋清,通过蛋白质受热凝固吸附杂质并浮于糖浆表面,撇去浮沫即可除去杂质得到纯净的糖浆。这也是“提浆”名字的来源。

③ 柠檬酸最好在糖液煮沸即温度达到 104～105℃时加入。酸性物质在低温下对蔗糖的转化速度慢,最好的转化温度通常在 110～115℃之间,故最好的加酸时间在温度为 104～105℃时。

④ 若使用饴糖作为转化剂熬糖,饴糖的加入量为糖量的 15%～30%,加入时间最好是糖液煮沸,温度在 104～105℃时加入。

⑤ 熬糖时,尤其是熬制广式月饼转化糖浆时,配料中可加入鲜柠檬、鲜菠萝等。利用鲜柠檬和鲜菠萝含有的柠檬酸、果胶质等物质,使糖浆更加光亮,别有风味,从而使饼皮柔润光洁。

⑥ 注意掌握熬糖的时间和火力大小。若火力大,加热时间长,糖液水分挥发快,损失多,易造成糖浆温度过高,糖浆变老,颜色加深,冷却后糖浆易返砂。若火力小,加热时间短,糖浆温度低,糖的转化速度慢,使糖浆转化不充分,浆嫩,从而调制的面团易生筋,饼皮僵硬。

熬糖的时间、火力与熬糖量及加水量有关。熬糖量大,相应加水量应增大,火力减小,熬糖时间延长,否则糖浆熬制不充分,蔗糖转化不充分,熬制的糖浆易返砂,质量次。

⑦ 熬好的糖浆的糖度约为 78%～80%。糖度低,浆嫩,含水量高,使调制的面团易生

筋，收缩，饼皮回软差；糖度过高，浆老，糖浆放置过程中易返砂。在糖浆不返砂的情况下，糖度应尽量高。

⑧ 转化糖浆熬好后让其自然冷却并放置一段时间后使用。提浆类放置 1～2 天，广式月饼类转化糖浆需放置 15 天左右。

2. 面团调制

(1) 浆皮面团调制：先将转化糖浆、植物油、枧水等放入一盛器内充分搅拌均匀，使之乳化成乳浊液，然后拌入面粉，拌匀后用布盖上，静置一段时间。

浆皮面团调制的工艺要点如下：

① 糖浆、油脂、枧水等要充分搅拌乳化。若搅拌时间太短，乳化不完全，调制出的面团弹性和韧性不均，轻则外观粗糙、结构松散，重则走油生筋。

② 面团的软硬度应与馅料的软硬度一致。豆沙、莲茸等馅料较软，面团也应稍软一些；百果、什锦馅等馅料较硬，面团也要硬一些。面团软硬度可通过配料中增减转化糖浆用量来调节，或以分次拌粉的方式，可先拌入 2/3 的面粉，调成软面糊状，使用时再加入剩余面粉调节面团软硬。用多少拌多少，从而保证面团质量，不可另加水调节。

③ 拌粉程度要适当，不要反复搅拌，以免面团生筋。

④ 面团调好后放置时间不宜长，最好不超过半小时。

(2) 饴糖皮调制：将油脂、饴糖、鸡蛋、化学疏松剂搅拌均匀后，先投入 70% 的面粉拌匀，再分次投入余下的面粉，搅拌至软硬适度时取出待用。

3. 成型

(1) 包馅：取皮料包入馅料，先将皮料按成中间厚、四周薄的面皮，包入馅料后，通过双手配合，边将馅料向下按，边收边转面皮，慢慢收紧封口。由于糖皮具有延展性，故馅料一定要包在皮料的中间。不需要印模的品种直接按压成饼状或根据品种要求成型。

(2) 印模：模具模眼向上，将包好的坯料放入模中，用手按实揿平，手持模板柄，利用气压将饼坯脱模（传统模具用手工敲制），放于烤盘中。动作要连贯灵活，饼坯直接放于烤盘中，保持形状完整。

4. 烘烤

糖皮糕点一般采用中、强火烘烤成熟，炉温 170～210℃。要求成品表皮颜色较重，如金黄色、黄褐色、枣红色或红褐色等。炉温与烤烤时间不是一成不变的，要根据糕点的类型、结构、馅料的种类以及坯体的形状、大小与厚薄来确定炉温和时间。如果炉温高、时间短，易造成制品焦糊结壳，外熟里生。若炉温低、时间长，则易造成制品干硬、组织粗糙、色泽暗淡、油分外摊或者产生“跑油露馅”的情况，故行业常说“三分做，七分烤”。

烤盘间距和饼坯在烤盘内摆放的密度对烘烤也有直接的影响。故烘烤时，选择导热性好的烤盘，将饼坯摆放均匀整齐，有利于制品成熟上色。

单元二　糖皮糕点制作实例

一、提浆饼(图 9-13)

1. 配方(表 9-11)

表 9-11　提浆饼配方

原　料		烘焙百分比(%)	实际重量(g)	原　料		烘焙百分比(%)	实际重量(g)
皮料	中筋面粉	100	3 000	馅料	熟面	27	800
	饴糖	20	600		芝麻油	28	850
	芝麻油	23	700		白砂糖	53	1 600
	白砂糖	33	1 000		核桃仁	10	300
	水	13.3	400		冰糖	10	300
	小苏打	0.3	10		青红丝	7	200
	鸡蛋	3.3	100		糖桂花	5	150
					瓜仁	1.7	50

2. 制作方法

图 9-13　提浆饼

(1) 转化糖浆熬制:把白砂糖放入锅中,加入清水煮沸,直到糖粒完全溶解为止,再加入饴糖搅拌均匀,出锅冷却,过滤备用。

(2) 制馅:将白砂糖、芝麻油及各种辅料搅拌均匀后,加入熟面粉擦拌成馅。馅料拌匀成团,分成小团。

(3) 面团调制:将芝麻油、小苏打、转化糖浆、鸡蛋搅拌均匀后先投入 70%的面粉拌匀,再分次投入余下的面粉,搅拌至软硬适度取出待用。

(4) 成型:①包馅:按照皮占 60%,馅占 40%的比例进行包制。取分好的皮料用手掌揿扁,揿成四周边稍薄,中间稍厚的圆形面皮,然后将馅料放在皮子的中间逐渐包起来收口即可。将包好的生坯收口朝下放在固定的板上。为避免生坯粘板,须在板上微撒些干粉。②印模:在印模内撒些干粉,将包好馅的生坯放入印模内,收口朝上,用手掌揿实,不要让饼皮溢出印模,造成露边。③磕模:随手拿起印模,在案板上敲两三下,用另一只手按住饼坯敲在烤盘内。将饼坯花纹朝上放在干净的烤盘中,饼坯间距大小要适当。

(5) 烘烤:炉温 230℃,烤制 12 min 左右,至表面花纹呈深麦黄色便可出炉。

3. 技术要领

(1) 根据气候以及熟面的干湿度确定馅料调制时的加水量,馅料以手捏成型、落地即碎为度。

(2) 转化糖浆熬制时间不宜过长,待熬至糖浆中的白砂糖溶尽,饴糖化匀即可。加鸡蛋清的目的是除去糖液中的杂质,对此过程业内行话称为"提浆"。若采用精制白砂糖,此工序可省略。煮好的转化糖浆要用滤网过滤,以保持糖浆洁亮透明。

(3) 包馅时,一要注意揿皮适度,揿得太大,则底皮太厚;揿得太小,则包不拢;二要注意不露馅,收口时不要太厚,皮四周厚薄均匀;三要注意包馅不宜多用干粉;以免影响质量;四要注意包馅速度不能太慢,以防走油。

(4) 敲饼时干粉不宜撒得太多,否则会影响饼面光亮,饼面发白可能被误认为是霉点。

(5) 压模要求无凹心,无飞边,出模后饼面纹路清晰,饼底平整。

(6) 置盘时,应轻拿轻放,以免饼面产生捏印。

二、鸡仔饼(图 9-14)

1. 配方(表 9-12)

表 9-12　鸡仔饼配方

原料		烘焙百分比(%)	实际重量(g)	原料		烘焙百分比(%)	实际重量(g)
皮料	中筋面粉	100	750	馅料	食盐	7	50
	花生油	20	150		麻油	13	100
	糖粉	20	150		糖白膘肉	200	1 500
	饴糖	67	500		花生仁屑	10	75
	枧水	1	7.5		糖粉	130	1 000
	鸡蛋	13	100		大蒜	2	15
馅料	糕粉	40	300		熟芝麻	33	250
	胡椒粉	0.7	5	装饰	蛋液	—	适量

2. 制作方法

(1) 制馅:肥膘肉切成粒状,用白糖及白酒腌制 1 天成糖白膘肉待用。糕粉在案板上围成圈,其余馅料放在圈内拌匀,最后和糕粉一起和成软硬适度的馅料。

图 9-14　鸡仔饼

(2) 面团调制:中筋面粉在案板上围成圈,放入其他做饼皮的原料充分拌匀,制成面团。

(3) 成型:用滚筒将面团滚薄,将馅料放入,搓成长卷条(直径约 1 cm),用刀切成约 1.5 cm 的小圆柱状面剂后,似奕棋般将一只只小圆柱平放在烤盘上,略加揿扁,饼馅稍露于外。

(4) 烘烤:饼坯涂上一层蛋液,然后将烤盘入炉烘烤,炉温 150～180℃,约 13 min,取出即成。

3. 技术要领

(1) 鸡仔饼是典型的重馅品种，要求皮与馅分布均匀，且皮与馅软硬度一致。

(2) 因糖皮松软，容易走形，故擀皮时不宜擀得太大，否则搓条时会造成皮馅分布不均匀的现象。

(3) 炉火不易过弱，防止成品跑馅。

三、福建礼饼(图 9-15)

1. 配方(表 9-13)

表 9-13　福建礼饼配方

原　料		烘焙百分比(%)	实际重量(g)	原　料		烘焙百分比(%)	实际重量(g)
皮料	中筋面粉	100	1 000	馅料	核桃仁	45	450
	猪油	25	250		糖冬瓜	40	400
	饴糖	20	200		熟面粉	200	2 000
	水	35	350		糖白膘肉	240	2 400
馅料	绵白糖	240	2 400		瓜子仁	25	250
	熟花生仁粉	40	400		红枣丁	200	200
	食盐	3	30	装饰	芝麻	—	适量
	热花生仁粉	70	700				

2. 制作方法

图 9-15　福建礼饼

(1) 面团调制：将饴糖、猪油、水拌和均匀，加入中筋面粉揉和成面团，揉至面团胀润起筋，静置 20 min 后分成 24 小块。

(2) 制馅：绵白糖加适量水搅拌均匀后加热，待糖粒溶化后冷却，加入糖白膘肉、热花生仁粉、红枣丁、瓜子仁、核桃仁、糖冬瓜、熟面粉拌和均匀，软硬度与面团相仿。

(3) 成型：面坯搓圆擀成薄片，将面片四周擀薄，馅料放在面片中间(礼饼的皮与馅之比约为 2 : 8)，封口向下擀薄，擀成直径约11 cm，厚约 1.5 cm 的饼坯。将饼坯表面刷上清水，均匀粘上芝麻。

(4) 熟制：将炉温控制在 160～170℃左右，将饼坯入炉烘烤，烘烤时翻面 1 至 2 次后，至饼坯微黄即可。

3. 技术要领

(1) 选用不同面粉时，一定要根据面粉面筋的含量决定油脂的用量和水的用量。

(2) 此品种因皮大馅小而易漏馅，因此剂口一定要封严。

(3) 拍饼时手要轻，用力要均匀。

工作任务四　糕食类糕点制作

学习目标

◎ 了解糕食类糕点的特点及分类
◎ 了解糕食类糕点的原料选用原则
◎ 掌握糕食类糕点的制作工艺
◎ 掌握糕粉、糖砂等半成品的制作方法
◎ 能独立进行糕食类糕点品种的制作

课前思考

1. 糕食类糕点有何特点？是如何分类的？
2. 列举5～10种常见的糕食类糕点品种。
3. 什么是糕粉？
4. 什么是糖砂？

单元一　糕食类糕点制作工艺

糕食类糕点是中式糕点中的一大类，无论在哪个中式糕点流派的特色品种中，都能够找到它的身影。糕食类糕点主要以米及米制品为原料进行制作.

一、糕食类糕点的特点及分类

糕食类糕点根据制作方法的不同，有米制品、糕类粉团制品、团类粉团制品和发酵米团制品等几大类。

米制品指以米和水为主要原料，经熟制而成的制品，如八宝饭、嘉兴肉粽。此类制品一般米粒清晰可见，可根据品种需要决定是否加入辅助原料或是否夹馅。如凉卷、糯米糍类制品是以米和水为基本原料，蒸制成熟后再舂成有黏性、粒形含混的饭坯。

糕类粉团制品指以米粉为原料，加水、糖（或糖浆、糖汁）拌和调制，经模具成型、熟制而成的制品。成品有松糕、方糕类制品，如百果松糕、定胜糕等。

团类粉团制品指以粳米粉、糯米粉为主要原料，以煮芡法或泡心法调制成团，经成型、熟制而成的制品。成品有年糕、各色汤圆等。

发酵米面制品指以籼米粉与水加膨松剂等辅料经调制、发酵、成型、熟制而成的制品。广式面点中此类制品最多，成品有棉花糕、伦教糕等。

二、糕食类糕点的原料选用原则

1. 大米

糕食类糕点以大米及米制品为主要原料。常用的大米有籼米、粳米和糯米。大米中含有的蛋白质不能形成面筋,起主要作用的是淀粉,淀粉结构不同,其黏性亦不同。如糯米中的100%都是支链淀粉,黏性特强,粳米的黏性次之,籼米中的都是直链淀粉,黏性最差。在糕食类糕点中,糯米的使用比例是最大的。

2. 糕粉

糕粉是糕食类糕点一种特色原料,也称潮州粉,是一种加工粉,主要是由糯米浸泡洗净、沥干水分后炒熟并磨成的细粉。糕粉的粉粒松散,一般呈洁白色,吸水力大,多用于制作糕类粉团糕点,如云片糕等,也用于广式糕点馅料的制作,如老婆饼、鸡仔饼的馅料等。糕粉又分为火粉(也称雄粉)和回粉(也称露粉、弱粉),火粉是糯米经过选米、淘洗、炒制后磨粉而成,将火粉置于专设的湿度较大的环境中吸收水分后即成回粉。火粉与回粉都要细腻均匀,回粉更需滋润、柔和。桃片糕、印糕等糕食类糕点需要用回粉,馅料或软糕类品种则可以直接用火粉。

3. 熟面粉

将生面粉放在蒸室或蒸笼中,通过水蒸气使面筋质凝固熟化后的面粉,或放在烤盘里用微火烤熟的面粉称为熟面粉。面粉在加热过程中,所含的淀粉因含水量少并不发生糊化。熟面粉粉质松散,掺和在面粉中可降低面筋的黏结性,提高制品的酥松度。

4. 糖砂

糕食类糕点常用的甜味剂包括绵白糖、糖粉和糖砂。糖赋予糕点甜味,加强糕点的风味。糖砂又叫搅糖、打砂糖,是糕食类点心特有的一种糖制品。用白糖加水、饴糖熬至130℃左右,加入猪油搅拌至糖油充分混合并发砂后,置于案板上反复翻动碾压,还原为柔软的糖粉即为糖砂。

三、糕食类糕点的制作工艺

(一) 工艺流程

糕食类糕点的制作工艺流程如图9-16所示。

图9-16 糕食类糕点制作工艺流程

(二) 主要工艺环节

1. 粉团调制

将糯米以53℃左右的温水淘洗,使之洁净并充分吸收水分,米粒因吸水而略有膨胀,滤干,然后放入锅中炒制成熟。糯米炒好后磨成粉,过筛,即得到火粉。将火粉置于专设的湿度较大的环境中吸收水分,成为回粉。用糖粉、糖砂或糖浆将糕粉拌和成不黏结成块的松散粉粒状松质粉团备用。

2. 成型

糕类制品的成型操作比较简单,而且根据品种不同,采用不同的成型方法。模具成型指部分糕食类糕点品种(如印糕型品种)使用多种木制、铁制和铜制的印模或工具成型。也可将糕粉装入箱底垫有竹帘和纱布的糕箱,将粉填满木格,用走锤刮平按实。

3. 熟制

糕食类糕点的熟制常常被称为炖糕。将装盆的糕坯置于热水锅里搭气,水温50～

60℃,时间2～3 min,即可起锅静置回润,到次日糕质绵软紧密时即可切片。产品的炖制时间应根据原料性质和糕坯块形大小灵活掌握,操作过程也随不同品种的糕点而异。

4. 切片

糕食类糕点除印模品种外,大部分采用刀工切制,桃片糕的切片工艺采用机械切片。

单元二　糕食类糕点制作实例

一、绿豆糕(图9-17)

1. 配方(表9-14)

表9-14　绿豆糕配方

原料		烘焙百分比(%)	实际重量(g)	原料		烘焙百分比(%)	实际重量(g)
皮料	熟绿豆粉	100	3 000	馅料	熟面粉	15	460
	熟面粉	20	600		绵白糖	28	850
	植物油	33	1 000		糖桂花	1.3	40
	糖粉	66	2 000		黑枣泥	14	420
	芝麻油	6.6	200		—	—	—

2. 制作方法

(1) 制作熟绿豆粉:先将绿豆除杂、淘净,放在锅内加温,焯成半熟,待绿豆皮层起皱纹(说明绿豆肉与皮开始分离)时捞起滤干,放在日光下晒至八成干,分离壳、肉,扬去绿豆壳,再将绿豆肉晒干,精工粉碎,装入专用容器内备用。

图9-17　绿豆糕

(2) 面团调制:将熟绿豆粉、熟面粉、糖粉、植物油混合,充分拌和搅透,用粗筛过筛成糕料。

(3) 馅料制备:将蒸熟的小麦粉、绵白糖、糖桂花、黑枣泥混合搅拌成团状,并按规格等分成小块。

(4) 成型:将糕料放入模板内,用手按平,待粉入模一半后逐个放入一小块馅料,再铺上糕料略加按实,用长刀刮去多余的糕料,揿实,然后磕在密布小孔眼的金属板上,脱模待蒸。

(5) 熟制:将放有糕坯的金属板分别插至蒸架上,进入蒸箱,用小汽量缓缓地蒸5 min左右,出笼后刷上芝麻油,在常温条件下充分冷却即可。

3. 技术要领

(1) 调制糕料时要正确掌握其松散程度,过于松散或黏结均会影响制品的质量和后续操作。

(2) 蒸绿豆糕时如观察到糕坯中心部位充分柔软,表示制品已熟。蒸时要求汽量小,时间短,否则会使制品坍塌,花纹不清。

二、桃片糕(图 9-18)

1. 配方(表 9-15)

表 9-15　桃片糕配方

原　料	烘焙百分比(%)	实际重量(g)	原　料	烘焙百分比(%)	实际重量(g)
糖砂	126	475	蜜玫瑰	2.7	10
糕粉	100	375	核桃仁	51	190
糖浆	7	25	—	—	—

2. 制作方法

图 9-18　桃片糕

(1) 选料：选大粒糯米，用箩筛掉杂质和碎米，用 50～60℃的热水淘洗约 10 min，捞起沥去水分后，加盖捂 20 min 即可摊开待用。

(2) 制粉：将捂好的糯米以油制过的河砂拌炒，火势要旺，要求炒到糯米“跑面”时快铲起锅，用箩筛去河砂即可。将炒好的糯米磨成细粉，过筛，置于晾席上摊开吸水回潮即可。

(3) 制糖砂：细砂糖加水按 10∶3 的比例放入锅里溶化煮沸后，除去杂质与糖泡，加饴糖(数量为细砂糖的 5%)继续熬制，夏季熬至 130℃左右，冬季熬至 120℃左右，当将糖液滴入冷水中能“成团”时即起锅。起锅后边加入猪油边搅拌，直至糖油充分混合翻砂后，置于案板上冷却，用擀筒擀散成细糖粉，过筛后即可使用。

(4) 制浆桃仁：精选核桃仁，切碎过筛，选出颗粒均匀的碎桃仁，以糖浆浆制，加蜜玫瑰拌匀即可。

(5) 拌和与装盆：将回粉与糖砂充分揉合后，分 3 层装盆，以 1/3 装底层与面层，以 2/3 拌和浆桃仁放中层，捶紧，走平。

(6) 炖糕：将装盆的糕坯置于热水锅里搭气，水温 50～60℃，时间 2～3 min，即可起锅表面抹上红色素，静置回潮，到次日糕质绵软紧密时即可切片。

(7) 切片：将炖好的糕坯倒出，用机器切片。

3. 技术要领

(1) 糯米必须用温水清洗，使之洁净并充分吸收水分，米内淀粉等微粒因吸水而膨胀。冬季水温要高一点，夏季略低一点，适温应为 55℃左右。

(2) 炒制糕粉时注意拿捏好火色，使米粒内的水分因加热而挥发，米粒达到熟泡的程度。火色过大，会使炒米表面焦糊，里面不熟；火色过小，会影响米的熟泡度，降低米粉的质量。

(3) 糖液煮沸后下饴糖。夏季熬至 130℃左右，冬季熬至 120℃左右，检视糖液滴入冷火中能“成团”即可。

(4) 回粉时间应在 3 天以上,直到手捏粉可成团,不散垮即可。

(5) 糕坯炖制时间不宜太长,否则糕坯过于板结。

工作任务五 上浆类糕点的制作

学习目标

◎ 了解上浆类糕点的分类及特点

◎ 熟悉上浆类糕点的原料选用原则

◎ 掌握上浆类糕点的制作工艺与要点

◎ 掌握熬浆的方法

◎ 熟悉熬浆的基本要求

◎ 能独立进行上浆类糕点品种的制作

课前思考

1. 什么是上浆类糕点?
2. 什么是亮浆? 什么是砂浆?
3. 拌浆与捞浆有何区别?
4. 如何判断糖浆的熬制程度?
5. 上浆类糕点如何成型?

单元一 上浆类糕点的制作工艺

上浆类糕点又叫挂浆类糕点。熬浆与挂浆基本上是油炸制品的一道工序。浆,即糖浆,熬浆就是将白砂糖加适量的水,经加热使糖溶化,熬成具有黏性的液体的制作过程。挂浆是将已炸好的制品表面涂上均匀的糖衣的制作过程。

一、上浆类糕点的原料选用原则

1. 面粉

上浆类糕点的面粉要求选择面筋弹性、韧性和延伸性都不高,但可塑性良好的中筋或低筋面粉。面粉筋度不高,炸出来的制品口感酥脆、化渣;筋度太高,制品顶牙,口感不佳。

2. 阴米

在制作米花糖时常用阴米。精选糯米用水洗净、泡透,蒸至粒粒熟透后再阴干就是阴米。阴米需炸成米花后才能制成米花糖。

3. 淀粉糖浆

淀粉糖浆是制做糕点的一种甜味料。它的名称很不统一,有葡萄糖浆、液体葡萄糖、淀粉糖浆等。其品质好于饴糖，成本高于饴糖。它是淀粉加酸水解，糖化脱色、浓缩而制成的黏稠液体，主要成分是糊精、高糖、麦芽糖、葡萄糖等。淀粉糖浆易为人体吸收，其甜度相当于蔗糖的60%。在上浆类糕点的制作中，将淀粉糖浆加入白砂糖溶液中能阻止蔗糖的重新结晶，即其有抗砂性。

4. 鸡蛋

上浆类糕点如萨其马的制作中鸡蛋的用量比较大。鸡蛋有良好的发泡性和乳化性，经适当的工艺，加入鸡蛋能使制品膨胀、松软，内部组织呈蜂窝状或组织疏松。此外，它能提高制品的营养价值，增加制品的蛋香味。

5. 油脂

上浆类糕点通常采用油炸的方式成熟，对炸油的选择以无味的植物油为主。一些传统制品的制作中，要在炸油中加入一定的猪油以增加制品的香味，如传统萨其马制作。

二、上浆类糕点的制作工艺

(一) 工艺流程

上浆类糕点的制作工艺流程如图9-19所示。

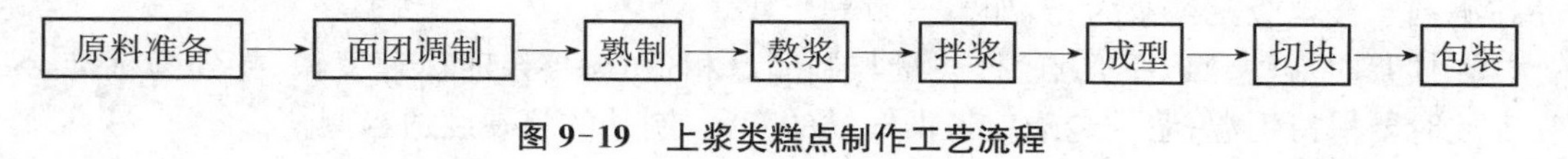

图9-19　上浆类糕点制作工艺流程

(二) 主要工艺环节

1. 面团调制

(1) 面粉团：米粉或面粉加水及其他原料搅拌均匀，揉成面团。

(2) 阴米：精选糯米后用水淘净、泡透，以米内无杂质、米粒中水分过心为准，将泡好的糯米置于旺火上蒸制，使米层受热均匀，粒粒熟透，无夹生现象。蒸好的糯米放于阴凉处晾干即可。晾米中的注意之点是只能阴晾，不能曝晒。因曝晒温度过高，易使米粒外干内湿，米粒表面迸裂。

2. 熟制

油炸是上浆类糕点熟制加工的一种方式，是将糕点生坯放入已加热到一定温度的油内，把制品炸熟。炸制好的糕点应当酥、脆、不撞嘴、不垫牙，外观油润有光泽、丰满，不散不碎。阴米需炸成米花后才能转制成品，炸米花的油温需因时因地制宜，要求米花酥泡、色白，呈灯笼壳状。

油炸时的注意事项有：第一，根据生产量的多少、品种的不同、油炸器皿的大小、火源的强弱，适当增减油量与生坯的比例关系。第二，注意糕点所用原材料的情况、块形的大小及薄厚、受热面积的多少等因素，适量投入生坯至油中，尤其一些底油大的品种更应注意。第三，掌握炸制时间与热油的温度。油炸制品的好坏，关键取决于油温的高低和炸制时间的长短，如果油温高，炸制时间长，则制品的色泽变深，口味变劣，甚至外焦内不熟；反之，若油温低，制品色泽不但不好，而且喝油、易碎。因此油温高时可控制火源，添加凉油，增加制品的投放量；油温低时可加大火力，减少生坯投放量来进行调整。识别油温高低最标准的方法是温度计，也可以根据油加热过程中的变化来进行判断。

3. 熬浆

熬浆是上浆类糕点非常关键的一道工艺。

(1) 亮浆

亦称明浆。它是按 500 g 糖加 200 g 水的比例，熬到 110～112℃左右，加入淀粉糖浆 65 g，再熬到 110～112℃，即可涂到制品上。其色泽明亮，不粘手、不砂、不脱落。如果熬制时间过久，糖浆温度过高，制品涂层厚，粗糙无光泽，口感较硬；如果熬制时间不够，糖浆中水分含量较大，制品吸入部分糖浆而易碎、粘手、不易贮存。

(2) 砂浆

亦称翻浆。它是按 500 g 糖加 150 g 水的比例，不加淀粉糖浆，熬至 110℃即可挂浆，涂到制品上，经翻拌后翻砂。其色泽洁白，使制品表面出现细粒糖霜。浆老，则制品粗糙，变硬，色暗；浆嫩，不翻砂，粘手，制品变软。

4. 挂浆

挂浆的方法主要有拌浆和捞浆两种。拌浆是将炸好的制品倒入锅内，浇入适量的糖浆，用铲子拌合，使制品周围粘上一层糖浆。这种挂浆办法适合各种糖浆，但要求制品比较结实或体积较小，如萨其马、江米条等。捞浆是将制品投入熬好的糖浆内，进行浸泡，待制品粘满糖浆甚至吸足糖浆为止，如蜜三刀等。

在挂浆时应注意以下几点：投浆量与制品量相适宜；拌浆时以速度快、拌匀为标准；浆在存放时要保持恒温；浆的老嫩应根据气候的变化、制品的软硬度适当调整。

5. 成型

上浆类糕点有的品种在上完浆后即可食用，如蜜三刀、江米条等，而有的品种，如萨其马、芙蓉酥等，则需要将拌好浆的制品趁热倒入模具中，用走锤按实、压平，待糖浆冷却，制品定型后再进行下一步的刀工处理。

单元二 上浆类糕点的制作实例

一、萨其马(图 9-20)

1. 配方(表 9-16)

表 9-16 萨其马配方

<table>
<tr><th colspan="2">原 料</th><th>烘焙百分比(%)</th><th>实际重量(g)</th><th colspan="2">原 料</th><th>烘焙百分比(%)</th><th>实际重量(g)</th></tr>
<tr><td rowspan="3">面团</td><td>面粉</td><td>100</td><td>400</td><td rowspan="3">糖浆</td><td>饴糖</td><td>123</td><td>200</td></tr>
<tr><td>鸡蛋</td><td>67</td><td>268</td><td>蜂蜜</td><td>29</td><td>60</td></tr>
<tr><td>臭粉</td><td>1.5</td><td>6</td><td>蜜桂花</td><td>7</td><td>15</td></tr>
<tr><td rowspan="2">糖浆</td><td>砂糖</td><td>100</td><td>200</td><td rowspan="2">辅料</td><td rowspan="2">花生油</td><td rowspan="2">—</td><td rowspan="2">适量</td></tr>
<tr><td>水</td><td>40</td><td>80</td></tr>
</table>

2. 制作方法

(1) 鸡蛋加水搅打均匀，加入面粉，揉成面团。面团静置半小时后，用刀切成薄片，再切成小细条，筛掉浮面。

(2) 花生油烧至 120℃，放入细条面片，炸至黄白色时捞出沥净油。

(3) 将砂糖和水放入锅中烧开，加入饴糖、蜂蜜和蜜桂花熬制到 117℃左右，可用手指拔出单丝即可。

(4) 将炸好的细条面拌上一层糖浆，倒入木框内铺平然后刀切成型，晾凉即成。

图 9-20　萨其马

3. 技术要领

(1) 制作萨其马的面粉可以是中筋面粉。

(2) 在面团中加入泡打粉和酵母可以使得面条油炸后口感酥软。

(3) 奶粉和吉士粉是用来调整口味的，可以使成品带有浓郁的奶香，更加可口。

(4) 炸制面条时一次不宜放入过多的面条，以保证每条面条都能漂浮在油中炸透。

(5) 糖浆煮好后，趁热将晾凉的面条放入，尽快拌匀，让所有面条都裹上糖汁。盛入木框后要尽量压紧，没有压紧的话切块后的萨其马容易散开，不易成型。

二、米花糖(图 9-21)

1. 配方(表 9-17)

表 9-17　米花糖配方

原　料	烘焙百分比(%)	实际重量(g)	原　料	烘焙百分比(%)	实际重量(g)
阴米	100	2 500	植物油	80	2 000
白砂糖	52	1 300	花生仁	22	550
饴糖	22	550	水	22	550
猪油	7.2	180	白芝麻	—	适量

2. 制作方法

(1) 选粒大、色白的糯米淘净，用冷水浸泡 12 h，然后上笼用旺火蒸透，至无米心程度时出笼晾冷后阴干(冬天可晒干)即成。

(2) 将阴米放入锅内焙制，边焙制边下糖水(糖与水的比例为 1∶10)。至糖水下完，阴米发脆，起锅捂封4～5 min。

(3) 将油温控制在 170～200℃之间，下入阴米将其炸至色白、质酥脆即可。

图 9-21　米花糖

(4) 把白砂糖、饴糖、猪油和水一起倒入锅内，加热熬化并搅拌均匀成糖浆。另外把花生仁炒酥脆、去皮和胚芽，选瓣大、色白的备用。将熬制糖浆的铁锅端离炉火，加入米花和花生仁，拌和均匀立即起锅。

(5) 将白芝麻铺在板盆上，再把拌好的米花配料倒入板盆，趁热用木制滚筒擀薄压平，然后开条、成型，进行包装。

3. 技术要领

(1) 阴米蒸制的时间不宜过短，温度不可过低。

(2) 熬糖时要掌握好火候。夏季应火侯老，手测起飞丝 17～20 cm 即可，嫩了容易散垮；冬季应火侯嫩，老了顶牙，飞丝 10～13 cm 时即可。

三、江米条(图 9-22)

1. 配方(表 9-18)

表 9-18　江米条配方

原　料		烘焙百分比(%)	实际重量(g)	原　料		烘焙百分比(%)	实际重量(g)
米粉团	糯米粉	100	2 500	糖浆	细砂糖	28	700
	籼米粉	10	250		水	11	275
	饴糖	34	850		饴糖	6	150
	植物油	36	900	装饰	糖粉	22	550
					炒粳米粉	20	500

2. 制作方法

(1) 将 500 g 糯米粉加水制成米粉团，饴糖加热煮沸后冲入米粉团中，搅拌成糊状，再加入适量的糯米粉擦匀，并根据坯料的黏性大小适当加入籼米粉。

(2) 用擀面棒将米粉团擀压成 5 mm 厚的长方形，再切成 5 mm 宽的细长条，为了防止细长条互相粘连，将剩余的籼米粉散上。将米粉条放入 165℃左右的油锅中炸至金黄色起锅。

(3) 将水和细砂糖和饴糖熬成糖浆，温度控制在 118～122℃以内，待糖浆能拉出细丝后离火。倒入炸好的米粉条，轻轻拌匀。最后将糖粉和炒熟的粳米粉拌匀，撒于米粉条表面，拌匀即可。

图 9-22　江米条

3. 技术要领

(1) 米粉团中籼米粉的多少直接影响制品的黏性，黏性过大操作困难，黏性过小产品成熟时易松散。故籼米粉的用量控制在糯米粉用量的 1/10 左右。

(2) 炸制米粉条的油温一定控制在 165℃左右。油温过低，产品硬而不松；油温过高，产品成熟加快易焦。

工作任务六　月饼制作

学习目标

◎ 了解月饼的分类和特点
◎ 掌握月饼的原料选用原则
◎ 熟悉不同月饼饼皮面团的调制工艺及要点
◎ 掌握月饼的制作工艺
◎ 掌握月饼饼皮面团的调制方法
◎ 掌握月饼的成型方法
◎ 掌握月饼的烘烤技术
◎ 能独立进行典型的广式月饼、云腿月饼、苏式月饼、潮式月饼的制作

课前思考

1. 不同性质饼皮的月饼的感观有何不同？
2. 哪些类型月饼是采用印模成型？
3. 广式月饼和京式提浆饼有何异同点？

单元一　月饼制作工艺

月饼是我国特有的传统节日特色糕点，月圆饼也圆，又是合家分吃，象征着团圆和睦。月饼品种繁多，风味因地各异，其中京式、苏式、广式、潮式等月饼广为我国南北各地的人们所喜食。

一、月饼的分类及特点

月饼可分为两大类：传统月饼和非传统月饼。所谓的传统月饼就是中国本土传统意义下的月饼，而非传统月饼就是根据中国本土月饼和中西方饮食文化结合产生的新式月饼。月饼在全国各地均有生产，按产地分有：京式月饼、广式月饼、潮式月饼、苏式月饼、台式月饼、滇式月饼、港式月饼、徽式月饼、衢式月饼、秦式月饼、晋式月饼等；就口味而言，有甜味月饼、咸味月饼、咸甜味月饼、麻辣味月饼；从馅心讲，有桂花月饼、梅干月饼、五仁月饼、豆沙月饼、玫瑰月饼、莲蓉月饼、冰糖月饼、白果月饼、肉松月饼、黑芝麻月饼、火腿月饼、蛋黄月饼等；按饼皮分，则有糖浆皮月饼、混糖皮月饼、酥皮月饼、奶油皮等；从造型上又有光面与花边之分。

非传统月饼是近年新出来的月饼品类，与传统月饼相区别。较之传统月饼，非传统月饼的油脂含量及糖分较低，注重月饼食材的营养及月饼制作工艺的创新。非传统月饼的出现，颠覆了人们对于月饼的看法。非传统月饼在外形上热衷于新意，追求新颖独特，同时在

口感上不断创新，相对传统月饼一成不变的味道，非传统月饼在口感上更加香醇、更加美味，同时也更加符合现代人对美食与时俱进的追求。吃腻了传统口味的月饼，当代人特别是年轻群体对非传统月饼的口感、工艺等给予了极高的评价，如台湾地区的桃山皮月饼、可可皮月饼、冰淇淋月饼、冰皮月饼等。

二、月饼的原料选用原则

1. 面粉

月饼的面粉要求选择面筋弹性、韧性和延伸性都不高，但可塑性良好的中筋或低筋面粉，特别是需要印模的品种，饼皮不能产生面筋，印出的花纹才清晰。

2. 蛋品

月饼中常用的蛋品包括鸡蛋和咸鸭蛋。鸡蛋在月饼中用途较广，制作广式月饼时需要在月饼表面涂上蛋液，经过烘烤，使其表面金黄有光泽；制作广式椰蓉月饼，在调制椰蓉馅时，加入鸡蛋不仅使月饼馅具有美丽的鹅黄色，使馅料容易黏结成团，便于操作，还增加了月饼的营养价值。咸鸭蛋系鸭蛋用黄泥、食盐腌制而成，咸鸭蛋黄可用来制作蛋黄月饼，以蛋黄色红、质硬为佳。

3. 糖浆

月饼糖浆为转化糖浆，是用蔗糖加水和酸熬煮制成，是蔗糖溶液与酸共热、水解生成葡萄糖与果糖混合物的过程。果糖具有吸湿性强的特点，广式月饼就是转化这一特性，使饼皮柔软油润。

4. 化学膨松剂

对于加入膨松剂的一些混糖类月饼，当烘焙温度达到膨松剂分解温度时，膨松剂便大量产气，随着气体向液、固两相的界面冲击，促成了月饼的膨胀和疏松。

三、月饼的制作工艺

(一) 工艺流程

月饼的制作工艺流程如图 9-23 所示。

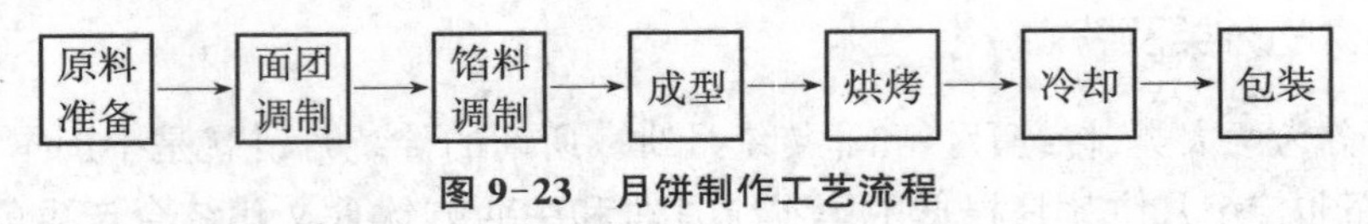

图 9-23　月饼制作工艺流程

(二) 主要工艺环节

1. 面团调制

(1) 糖浆面团：是用糖浆、油脂和其他配料搅拌成乳白色乳浊液，再加入面粉继续搅拌而成。由于糖浆的密度和黏度大，增强了它们的反水化能力，使面粉蛋白质适当地吸水而形成了部分面筋，面团组织细腻、柔软、可塑性好、不渗油，如广式月饼。

(2) 水油面团：是以面粉、水和少量油脂调制而成的，也有以蛋液代替部分水或加入少量饴糖调制而成。面团具有一定的筋性、良好的可塑性和延伸性，用于制作酥皮月饼，如苏式、潮式月饼。

(3) 油酥面团：只使用面粉和油脂调制而成，适用于酥皮类月饼包酥之用，起层酥作用。

由于这种面团中几乎没有形成面筋，所以面团可塑性强、酥性好，没有筋性。因搅拌混入一部分空气夹在粉粒间，经烘烤加热，气体遇热膨胀，使制品酥松。而面团中的淀粉因未吸水胀润，也促使制品口感变脆。

(4) 松酥面团：是指将白糖、猪油和一些化学膨松剂如小苏打、发酵粉等原料调制而成的面团。松酥面团制成的生坯入炉烘烤时，一方面，气体受热膨胀，从而使制品酥松；另一方面，烘烤时膨松剂也受热分解，使成品具有膨松、酥脆特点，如云腿月饼。

2. 成型

月饼的成型主要有手工成型、印模成型和全自动机械成型等方式。成型工艺可以分为成型前的基础操作和成型两方面，成型前的基础操作是面团调制与成型操作的中间环节，属于基本技术范围，但与成型密不可分，而且对成型的质量影响极大。手工成型和印模成型的月饼都要经过这个环节。

3. 烘烤

月饼的熟制方式以烘烤为主。烘烤是月饼生产中十分重要的一环，必须严格遵守操作规程。烘烤过程中，要严格控制炉温和烘烤时间，以防止因烤过头而造成月饼焦糊，或因烘烤时间不足而造成月饼不熟、外熟内不熟等质量问题。不同类型和品种的月饼应采用不同的温度进行烘烤，如表 9-19 所示。

表 9-19 不同类型和品种的月饼相对应的烘烤温度

温度类型	炉温(℃)	适宜品种	特 点
低温	160～170	浅色酥皮类月饼	月饼皮色较白或保持原色
中温	170～200	松酥类、酥皮类月饼	月饼表面颜色为金黄色或黄褐色
高温	200～230	糖浆皮类、硬皮类月饼	月饼表面颜色较深，如枣红色及红褐色

要根据月饼的类型、馅心的种类和坯体的形状、大小、厚薄等来确定炉温和烘烤时间。一般来说，蓉沙类月饼的炉温高些，烘烤时间短；果仁类月饼的炉温可适当降低，烘烤时间稍长。烘烤月饼最忌片面提高炉温，急火快烘，这样易造成表面焦糊结壳、外熟里生。然而，若炉温过低、烘烤时间过长，则因在淀粉糊化前水分受长时间烘烤而散失，会影响糊化，导致黏结力不足，造成制品干硬、组织粗糙、色泽暗淡，油分外析、体形萎缩或者跑糖露馅。因此，控制适当的炉温和烘烤时间是很重要的。电烤箱和隧道炉的炉温是用上火、下火来调整的，可根据产品需要调节上火、下火温度，一般为 200℃左右。酥皮类月饼以下火传导为主，下火大，上火小；浆皮类月饼的上火应略大于下火。

4. 冷却

月饼表皮在烘烤时所接触温度高且长，水分损耗多，出炉时的表皮温度比内部温度高，之后表皮与外界环境接触，由于辐射作用，表皮热量散发，较快冷却；而月饼内部温度低，只有在烘烤完成前最后几分钟才达到 85℃以上，因此内部水分损耗少。月饼出炉后，内部水分重新分布，即从高水分的月饼内部分散到低水分的月饼表皮，再由表皮蒸发。因此月饼冷却完成后方能进行包装销售。

单元二　月饼制作实例

一、广式莲蓉月饼(图 9-24)

图 9-24　广式莲蓉月饼

1. 配方(表 9-20)

表 9-20　广式莲蓉月饼配方

<table>
<tr><th colspan="2">原　料</th><th>烘焙百分比(%)</th><th>实际重量(g)</th><th colspan="2">原　料</th><th>烘焙百分比(%)</th><th>实际重量(g)</th></tr>
<tr><td rowspan="4">面团</td><td>低筋面粉</td><td>100</td><td>1 000</td><td rowspan="2">馅料</td><td>白莲蓉馅</td><td>40</td><td>400</td></tr>
<tr><td>转化糖浆</td><td>80</td><td>800</td><td>—</td><td>—</td><td>—</td></tr>
<tr><td>枧水</td><td>1.6</td><td>16</td><td rowspan="2">装饰</td><td>蛋黄</td><td>—</td><td>2 个</td></tr>
<tr><td>大豆油</td><td>27</td><td>270</td><td>—</td><td>—</td><td>—</td></tr>
</table>

2. 制作方法

(1) 调制面团:将配方内的糖浆、枧水和匀,加入大豆油拌匀,然后加入过筛的低筋面粉和匀即可。搁置松弛 90～120 min。

(2) 称重:月饼皮和白莲蓉馅按 2∶8 或 3∶7 的比例分割均匀。

(3) 包月饼:手掌放一份月饼皮,两手压平,上面放一份月饼馅。一只手轻推月饼馅,另一只手的手掌轻推月饼皮,使月饼皮慢慢展开,直到把月饼馅全部包住为止。

(4) 入模:月饼模具中撒入少许干面粉,摇匀,把多余的面粉倒出。包好的月饼坯表皮也轻轻地抹一层干面粉,把月饼坯放入模具中,轻轻压平,力量要均匀。然后将模具上下左右都敲一下,脱模即可。

(5) 烘烤:烤箱预热至 200℃,在月饼坯表面轻轻喷一层水,放入烤箱烤约 15 min 烤至微微上色,取出刷蛋黄液,再烤 5 min,至表面金黄色即可。

3. 技术要领

(1) 转化糖浆的转化率越高,月饼的回油、回软效果越好。转化糖浆的正常转化率为75%。转化率高的糖浆，葡萄糖和果糖的生成量多，因此制成的广式月饼易回油、回软。

(2) 调制月饼面团时尽量不要产生筋力，否则成品容易收腰塌陷。

(3) 刷蛋液可增加饼皮表面光泽。蛋液要稠度适当，能拉开刷子，薄薄地刷上两层，蛋液过稠会造成烘烤时着色过深，还会影响花纹的清晰度。

二、云腿月饼(图9-25)

1. 配方(表9-21)

表9-21　云腿月饼配方

原料		烘焙百分比(%)	实际重量(g)	原料		烘焙百分比(%)	实际重量(g)
面团	中筋面粉	100	450	面团	鸡蛋	22	100
	蜂蜜	13	60		泡打粉	1.1	5
	猪油	9	40	馅料	宣威火腿	89	400
	水	22	100		绵白糖	89	400
	白糖	9	40		熟面粉	67	300
	盐	0.4	2		蜂蜜	22	100

2. 制作方法

(1) 调制面团：将猪油、水、鸡蛋、白糖、盐、蜂蜜打散、搅拌均匀，然后加入中筋面粉和泡打粉，揉匀成面团。

(2) 调制馅料：火腿上锅蒸熟切丁，加蜂蜜腌制24 h以上，然后加熟面粉、糖搅拌均匀。

(3) 包月饼：制好的馅料放在冰箱里片刻后取出，从面团上取适量小面块揉匀，用手拍成饼状，包适量馅料，把开口处捏在一起，然后倒置过来整型，放在涂了油的烤盘上。

图9-25　云腿月饼

(4) 烘烤：烤箱预热220℃，烤约25 min即可，其间刷蛋液两次。

3. 技术要领

(1) 宣威火腿很咸，使用前必须用清水浸泡减轻咸味。

(2) 炒面粉的时候，一定要注意以小火勤翻炒，防止面粉炒糊，到面粉炒黄即可。

(3) 和面团的时候，一定要分多次加入糖油液，否则面和稀了影响成型操作。

(4) 馅料和饼皮的比例可以是5∶5，也可以是4∶6。

三、苏式五仁月饼(图9-26)

1. 配方(表9-22)

表 9-22　苏式月饼配方

原　料		烘焙百分比(%)	实际重量(g)	原　料		烘焙百分比(%)	实际重量(g)
水油面团	中筋面粉	100	300	馅料	核桃仁	100	80
	白糖(细)	16	48		瓜子仁	100	80
	猪油	37.5	105		杏仁片	100	80
	水	58	174		白芝麻	100	80
油酥面团	中筋面粉	100	200		花生仁	100	80
	猪油	50	100		糖粉	400	320
	—	—	—		猪油	160	128
	—	—	—		色拉油	90	72
	—	—	—		糕粉	240	192

2. 制作方法

(1) 调制五仁馅:先将各种干果仁烤熟备用,核桃仁、花生切成碎块。把所有干果仁与糖粉、猪油、色拉油混合均匀,最后加入糕粉拌匀即成五仁馅。

(2) 调制水油面团:将水油面团的所有原料混合均匀,揉和成光滑面团。

(3) 调制油酥面团:将中筋面粉与猪油擦拌均匀成面团。

(4) 制作酥皮:取一小块水油面团包住一小块油酥面团,搓圆,按扁后擀成牛舌形,再由外向内卷成圆筒状,按扁,叠成三层,最后擀成圆形面片即可。

图 9-26　苏式月饼

(5) 包月饼:将酥皮中间放上馅料,包起,将收口朝下,用手掌略微压扁,放在刷了油的烤盘中。

(6) 烘烤:烤箱预热 190℃,烤 15 min 左右翻面,再烤 20 min 至表面微微上色即可。

3. 技术要领

(1) 油酥包入水油皮内后,用擀面杖擀薄时不宜擀得太短、太窄,以免皮酥不均匀,影响制品质量。

(2) 不同的干果烤的时间可能不同,尽量将不同种类的干果分批烤熟,不要一起放入烤箱。

(3) 加入糕粉的时候要注意,糕粉的用量根据实际情况可能会有所不同,不一定需要全部加入,只要揉好的五仁馅软硬程度合适就行。

四、潮式月饼(图 9-27)

1. 配方(表 9-23)

表 9-23　潮式月饼配方

原　料		烘焙百分比（%）	实际重量（g）	原　料		烘焙百分比（%）	实际重量（g）
水油面团	低筋面粉	80	2 000	油酥面团	低筋面粉	100	2 200
	高筋面粉	20	500		猪油	50	1 100
	细砂糖	12	300	馅料	白莲蓉	20	500
	猪油	20	500		咸鸭蛋黄	—	20 个
	水	50	1 250		—	—	—

2. 制作方法

(1) 调制馅料：咸鸭蛋黄放入烤箱中用 150℃温度烤至蛋黄吐油熟制，取出冷却。白莲蓉馅分成每个重 40 g 的剂子，包入咸鸭蛋黄，搓成圆球状备用。

(2) 调制水油面团：低筋面粉与高筋面粉混合均匀，再与其他原料混合，揉和成团，备用。

(3) 调制油酥面团：将低筋面粉与猪油擦拌均匀成团。

图 9-27　潮式月饼

(4) 制作酥皮：水油面团擀开成长方形面片，宽度和油酥面团长度一致，长度约为油酥面团宽度的两倍，将油酥面团放在水油面片的一半上，另一半水油面片折过来将油酥面团盖住，排掉中间的气泡后收边，用擀面杖擀开、擀薄，三叠后再一次擀开、擀薄，重复一次折叠过程，将面片擀成厚约0.5 cm的长方形备用。用小刀斜刀去掉两头多余的面片，用擀面棍微微擀薄将面片，将面片由外向内卷成圆筒状，再用刀切成圆形酥皮剂子，将剂子竖立按成圆皮。

(5) 包馅成型：取面皮一个，用擀面棍微微擀压成圆饼状，包入馅料，收口，捏成圆球形，放入烤盘中。

(6) 烘烤：将所有生坯在烤盘中摆放整齐，烤箱预热，上火 180℃/下火 180℃，烘烤 20 min 至表面颜色微黄即可。

3. 技术要领

(1) 油酥做好后可以微微冷冻一下，以方便操作。

(2) 烘烤过程中可以用软刷在生坯表面刷一层油，这样烘烤出的潮式月饼的酥皮层次更加清晰、明显。

主要参考文献

[1] 张守文. 面包科学与加工技术. 北京:中国轻工业出版社,1996
[2] 吴孟. 面包糕点饼干工艺学. 北京:中国商业出版社,1992
[3] 钟志惠. 西点工艺学(上册). 成都:四川科学技术出版社,2005
[4] 钟志惠. 西点生产技术大全. 北京:化学工业出版社,2012
[5] 钟志惠. 面包生产技术与配方. 北京:化学工业出版社,2009
[6] 钟志惠. 蛋糕生产技术与配方. 北京:化学工业出版社,2009
[7] 钟志惠. 西饼生产技术与配方. 北京:化学工业出版社,2009
[8] 钟志惠. 中式糕点生产技术与配方. 北京:化学工业出版社,2009
[9] 李里特,等. 焙烤食品工艺学. 北京:中国轻工业出版社,2000
[10] 吉斯伦·W. 专业烘焙. 3 版. 大连:大连理工大学出版社,2004
[11] 张守文. 国家职业资格培训教程:烘焙工. 北京:中国轻工业出版社,2004
[12] 刘汉江. 烘焙工业实用手册. 北京:中国轻工业出版社,2003
[13] 刘荣华. 现代面包制作百科. 台北:全麦烘焙出版社,1987
[14] 李楠,等. 面包制作 116 款. 北京:中国轻工业出版社,2007
[15] 曹继桐. 糖艺. 沈阳:辽宁科学技术出版社,2005
[16] 肖崇俊. 西式糕点制作新技术精选. 北京:中国轻工业出版社,2000
[17] 李培圩. 面包生产工艺与配方. 北京:中国轻工业出版社,1999
[18] 江琦修. 面包制作技术图解. 香港:万里机构·饮食天地出版社,1998
[19] 上海市糖业烟酒公司. 糕点制作原理与工艺. 上海:上海科学技术出版社,1984
[20] 王学政,王启贵. 中西糕点大全. 北京:中国旅游出版社,1982
[21] 阿曼德拉·J. 面包师手册. 徐书鸣,译. 北京:中国轻工业出版社,2000
[22] Bennion E B, Bamford G S T. 蛋糕加工工艺. 6 版. 金茂国,金屹,译. 北京:中国轻工业出版社,2004
[23] Cauvain S P, Young L S. 面包加工工艺. 金茂国,译. 北京:中国轻工业出版社,2004
[24] Thrave S. Munchies, Dips, Spreads, and Breads. [s. l.]: Chartwell Books, 1995
[25] Ford M. Making Cakes. [s. l.]: Ford Cake Artistry Center Ltd, 1989
[26] Friberg B. Pastry Chef. New York: Van Nostrand Reinhold, 1990